软件开发 人才培养系列丛书

Java 面向对象程序开发及实战

（第2版）

+ 肖睿 潘庆先 孔德华 周光宇◎主编

+ 李源彬 于琦龙 赵坤◎副主编

人民邮电出版社

北京

图书在版编目（CIP）数据

Java面向对象程序开发及实战 / 肖睿等主编. -- 2版. -- 北京 : 人民邮电出版社, 2022.6 (2023.9重印)
ISBN 978-7-115-58642-1

Ⅰ. ①J… Ⅱ. ①肖… Ⅲ. ①JAVA语言－程序设计－教材 Ⅳ. ①TP312.8

中国版本图书馆CIP数据核字(2022)第017636号

内容提要

Java是当前全球使用范围较广的面向对象开发语言。本书以Java基础语法及面向对象知识为核心，主要介绍了JDK的安装配置、IntelliJ IDEA开发环境的安装和使用、Java的数据类型和运算符、流程控制语句、数组、带参方法和无参方法、面向对象的3个基本特性（封装、继承和多态）、抽象类和接口等知识，并通过网上订餐系统和QuickHit游戏项目综合提升读者的Java程序开发能力。为保证学习效果，本书紧密结合实际，利用大量案例进行说明和讲解，提供含金量十足的开发经验。本书围绕Java基础语法和面向对象开发思想进行讲解，并配以完善的学习资料和支持服务，包括视频教程、技术文档、案例素材、技能实训源码等，为读者带来全方位的学习体验。

本书可作为高等院校计算机、人工智能、自动化等专业的相关课程教材，也可作为计算机相关领域从业人员的参考用书。

◆ 主　　编　肖　睿　潘庆先　孔德华　周光宇
副 主 编　李源彬　于琦龙　赵　坤
责任编辑　祝智敏
责任印制　王　郁　陈　犇
◆ 人民邮电出版社出版发行　　北京市丰台区成寿寺路11号
邮编　100164　　电子邮件　315@ptpress.com.cn
网址　https://www.ptpress.com.cn
三河市君旺印务有限公司印刷
◆ 开本：787×1092　1/16
印张：19　　2022年6月第2版
字数：458千字　　2023年9月河北第4次印刷

定价：69.80元

读者服务热线：(010)81055256　印装质量热线：(010)81055316
反盗版热线：(010)81055315
广告经营许可证：京东市监广登字20170147号

编 委 会

前 言

随着国家“互联网+”的发展，我国互联网产业迎来前所未有的“大爆发”，更多的机遇随之出现，相应的产业对于从业者的实用技能要求也越来越高。本书专门选取产业所需核心实用技能作为内容，为学习者向从业者过渡、为现有从业者技能提升而量身打造。

本书适用于对 Java 编程感兴趣的读者，旨在帮助读者掌握 Java 基础语法以及使用面向对象的方式编写 Java 程序，带领读者开启 Java 编程的旅程。

本书的写作背景

21 世纪，信息技术越来越深入地影响着我们的生活。在这个时代，不论是企业、机构还是个人，都在使用信息技术开发具有不同功能的网站及应用软件，其中很大一部分应用软件是使用 Java 开发的。Java 多年蝉联 TIOBE 编程语言排行榜第一名，在企业应用开发、大数据开发、移动开发领域都有非常广泛的应用。

2018 年，根据积累多年的职业教育经验，辅以科学详细的企业调研，课工场编写了《Java 面向对象程序开发及实战》。该书一经推出，因其内容的实用性、合理性、易学性，受到了广大读者的关注及欢迎，并先后印刷多次。

随着相关技术的升级，课工场与时俱进，对《Java 面向对象程序开发及实战》内容进行重磅升级，并打造了本书。相较原版，本书的升级点如下。

1. **升级开发环境版本**

本书将 Java 开发环境依赖的 JDK 版本升级为当前企业开发所用的主流版本 JDK8，并将 IDE 开发工具更新为当前企业开发广泛使用的 IntelliJ IDEA。

2. **拓展技术内容覆盖面**

本书在原有的 Java 基础语法及面向对象技术内容基础上，增加了因 JDK 版本升级而新引入的语法特性，拓展了本书的技术内容覆盖面。

3. **优化难点技术讲解方法**

本书重点内容——Java 面向对象的三大特性，对初学 Java 的读者来说会比较抽象，是学习的一个难点。升级后，在讲解此处技术内容时，采用引入生活案例、对比讲解等教学方法，将抽象思维具体化、代码应用生活化，从而降低了难点技术的学习难度，助力读者取得更好的学习效果。

4. **扩充实用的项目案例**

结合 Java 基础语法及面向对象知识的实际应用场景，本书对部分章节的项目案例进行了扩充。需求升级，更贴近企业开发真实场景；代码升级，提高示例和练习题的含金量，帮助读者更好地理解和掌握 Java 基础语法及面向对象的开发思想。

Java 基础语法及面向对象知识学习路线图

为了帮助读者快速了解本书的知识结构，我们整理了本书的学习路线图。

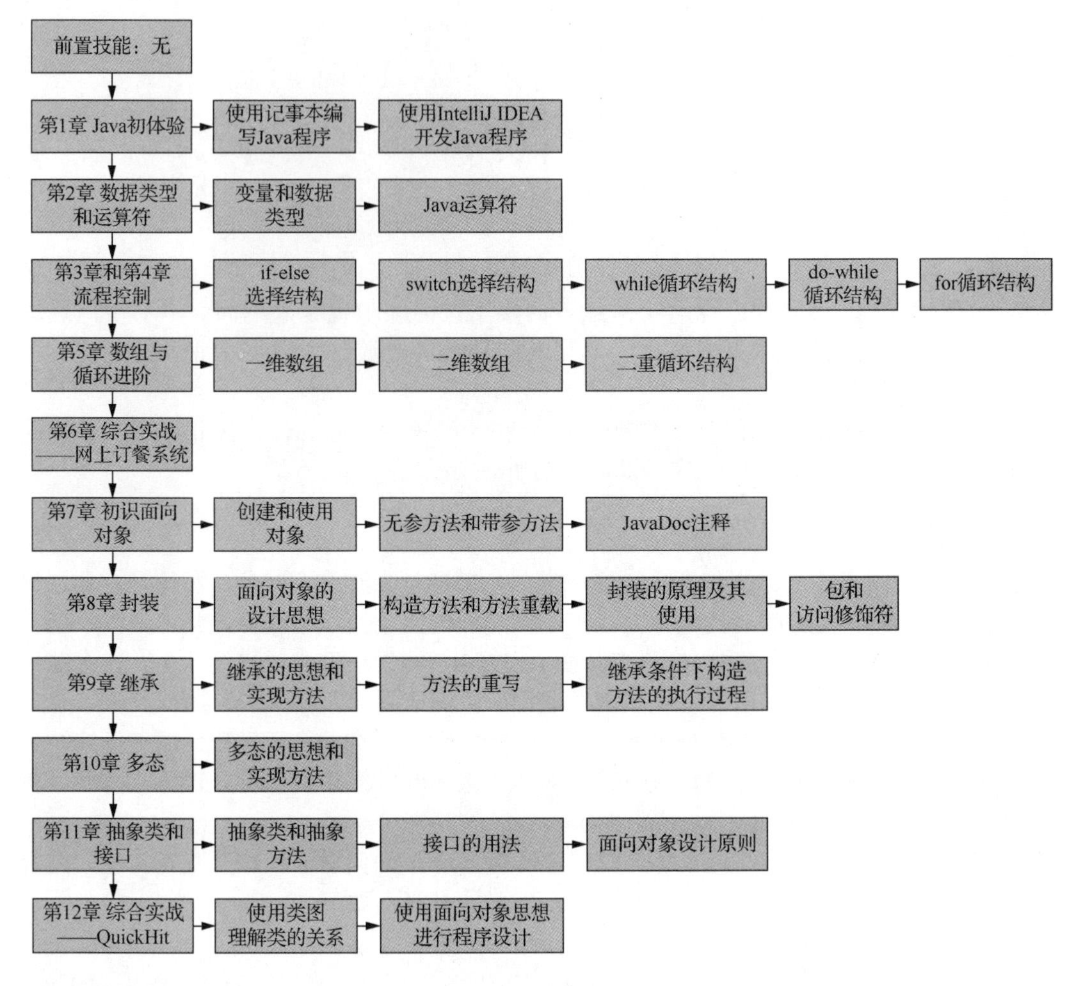

本书特色

（1）实践性强。本书以我行我素购物管理系统和开心农场游戏作为贯穿全书的项目，将技能点有机整合串联起来，降低了学习难度，提高了学习的参与感。本书选取网上订餐系统和 QuickHit 打字游戏作为实战内容，通过接近读者生活并易于理解的项目，帮助读者巩固训练 Java 的基本语法与面向对象的开发思想。

（2）设计科学。作者从岗位需求分析、用户能力分析、技能点设计、课程体系总体架构设计、课程体系核心模块拆解、项目管理和质量控制等多个环节深入分析，保证研发的教材符合岗位应用的需求，内容循序渐进，保证学习效果。

（3）资源丰富。在完善学习路径的同时，本书还强调教学场景的支持和教学服务的支撑。本书资源主要包括教学 PPT、教学素材及示例代码、作业及答案、微课视频等，读者可以通过访问人邮教育社区（http://www.ryjiaoyu.com）下载本书的配套资源。

本书由课工场大数据开发教研团队组织编写，参与编写的还有潘庆先、孔德华、周光宇、李源彬、于琦龙、赵坤等高校老师。尽管编者在写作过程中力求准确、完善，但书中不妥或错误之处仍在所难免，殷切希望广大读者批评指正！

编者

2021 年末

目 录

第 1 章

Java 初体验

技能目标

- ❖ 理解程序
- ❖ 了解 Java 的技术内容
- ❖ 会安装 JDK 及配置环境变量
- ❖ 会使用记事本编写简单的 Java 程序
- ❖ 熟悉 IntelliJ IDEA 开发环境

本章任务

学习本章，需要完成以下两个任务。

任务 1：使用记事本编写 Java 程序

任务 2：使用 IntelliJ IDEA 开发 Java 程序

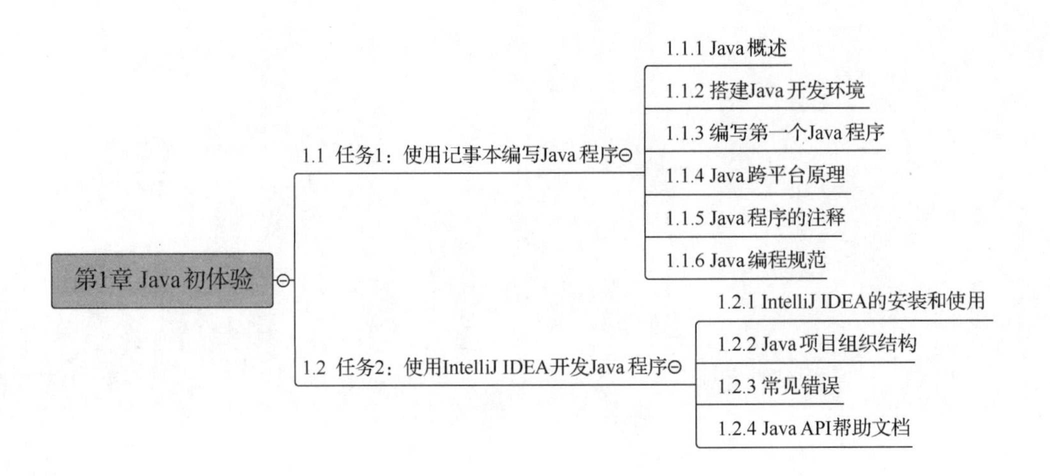

1.1 任务 1：使用记事本编写 Java 程序

学习目标如下。

- 理解什么是程序以及 Java 的相关技术内容。
- 安装 JDK 及配置环境变量。
- 使用记事本编写 Java 程序，并在命令行编译和执行 Java 程序。
- 理解 Java 跨平台工作原理。
- 会编写 Java 注释。
- 了解 Java 编程规范。

1.1.1 Java 概述

自 20 世纪 60 年代以来，世界上公布的程序设计语言已有上千种之多，但是只有很小一部分得到了广泛的应用。Java 是一门面向对象编程语言，具有功能强大和简单易用的特征。Java 可以用来编写桌面应用程序、Web 应用程序、分布式系统和嵌入式系统应用程序等。

1．什么是程序

“程序”一词源于生活，通常指完成某些事情的一种既定方式和过程。下面看一看生活中到银行柜台取钱的程序，如图 1.1 所示。

到银行柜台取钱的步骤如下。

（1）带上存折或银行卡到银行。

（2）取号排队。

（3）将存折或银行卡递给银行职员并告知取款数额。

（4）输入取款密码。

（5）银行职员办理取款事宜。

（6）拿到钱，带上存折或银行卡。

（7）离开银行。

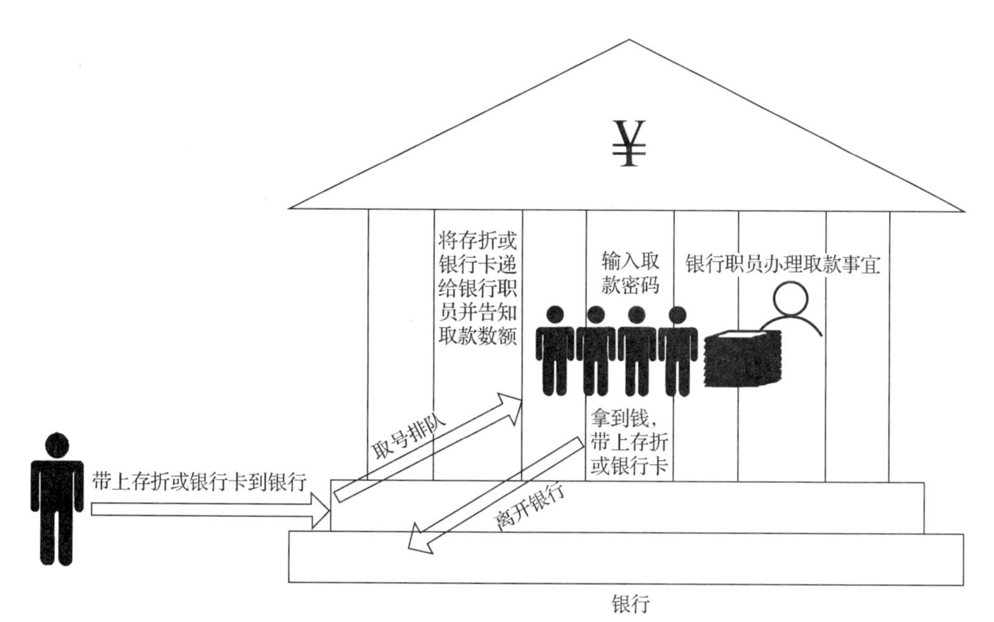

图1.1　到银行柜台取钱的程序

简单地说，程序可以看做对一系列动作执行过程的描述。图 1.1 描述的是一个非常简单的程序，实际上该程序也可能变得很复杂。例如，等到取款时发现带的是另一家银行的银行卡，就需要回家取卡，再次排队，这样就出现了重复性动作，步骤也会相应地增加。

计算机中的程序和日常生活中的程序很相似。使用计算机时，就是利用计算机解决各种不同的问题。但是，计算机不会自己思考，因此要明确告诉它做什么工作及需要几个步骤才能完成该工作。试想一下，计算机程序执行的整个过程是怎样的？计算机完成一件我们分配给它的任务，如“取钱”，它会按照我们的命令去执行，在我们的支配下完成预定任务。这里，我们所下达的每一道命令都称为指令，它对应着计算机执行的一个基本动作。计算机按照某种顺序完成一系列指令，这一系列指令的集合称为程序。

如何编写程序呢？这就需要一个工具——计算机语言。人类有自己的交流语言，而人与计算机对话就要使用计算机语言。计算机语言有很多种，它们都有自己的语法规则，可以选用其中一种来描述程序，传达给计算机。例如，用 Java 描述的程序称为 Java 程序。计算机阅读该程序，也就是阅读指令集合，然后按部就班地严格执行。通常来讲，编写程序时选用的语言是便于人类读写的语言，俗称高级语言。但是计算机仅明白 0 和 1 代码组成的低级语言（即二进制形式的机器语言），阅读程序时需要进行语言转换。开发高级语言的工程师们已经为我们准备好了“翻译官”，我们只要学好高级语言就可以了。

2. Java

Java 是 Sun 公司（现甲骨文股份有限公司）于 1995 年推出的高级语言，Java 技术可以应用在很多类型和规模的设备上，小到计算机芯片、蜂窝电话，大到超级计算机。开发 Java 的基本目标是创建能嵌入消费类电子设备的软件，构建一门既可移植又可跨平台的高级语言。詹姆斯·高斯林（“Java 之父”）和一个由其他程序员组成的小组是这项开发工作的先锋。这门高级语言最初被称为“Oak”，后来改名为“Java”。慢慢地，人们逐步意识到 Internet 应用具有可移植性和跨平台性的问题，所以开始不断寻求能解决这些问题的语言。人们发现 Java 程序既小巧又安全，而且可以移植，也能够解决 Internet 应用跨平台的问题，因此 Java 很快取得了巨大成功，并被全世界成千上万的程序员使用。Java 图标如图 1.2 所示。

图1.2　Java图标

1995 年 Java 诞生之后，迅速成为一门流行的编程语言。

1996 年 Sun 公司推出了 Java 开发工具包，也就是 JDK 1.0，它提供了强大的类库支持。

1998 年 Sun 公司推出了 JDK1.2，它是 Java 里程碑式的版本。为了加以区别，Sun 公司将 Java 改名为 Java 2，即第二代 Java，并且将 Java 分成 Java SE、Java ME 和 Java EE 3 个版本，即 Java 标准版、Java 微缩版和 Java 企业版，全面进军桌面、嵌入式、企业级 3 个不同的开发领域，后又发布了 JDK 1.4、JDK 1.5、JDK 6.0（1.6.0）、JDK 7.0（1.7.0）、JDK8（1.8.0）等版本。

3. Java 可以做什么

在计算机软件应用领域中，可以把 Java 应用分为两种典型类型：一种是安装和运行在本机上的桌面应用程序，如政府和企业中常用的各种信息管理系统，物流配送信息管理系统如图 1.3 所示；另一种是通过浏览器访问的面向 Internet 的应用程序，如网上商城，如图 1.4 所示。

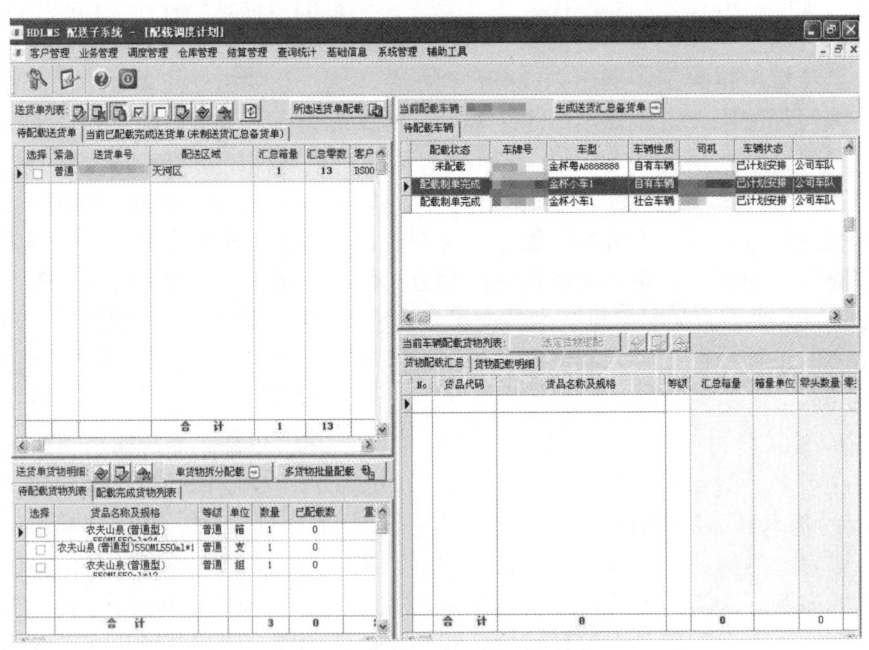

图1.3　物流配送信息管理系统

图1.4 网上商城

除此之外，Java 还能够做出非常炫酷的图像，图 1.5 和图 1.6 所示就是使用 Java 开发的呈现图像 2D 效果和 3D 立体效果的应用程序。

图1.5 使用Java开发的呈现图像2D效果的桌面应用程序

4. Java 技术平台

Java 既可以指 Java 编程语言，又可以指与其相关的很多技术。Sun 公司对 Java 技术进行了市场划分，其中应用较广泛的两种 Java 技术是 Java SE 和 Java EE。

（1）Java SE

Java 平台标准版（Java Platform Standard Edition，Java SE）是 Java 技术的核心，提供基础的 Java 开发工具、执行环境与应用程序接口（Application Programming Interface，API）。

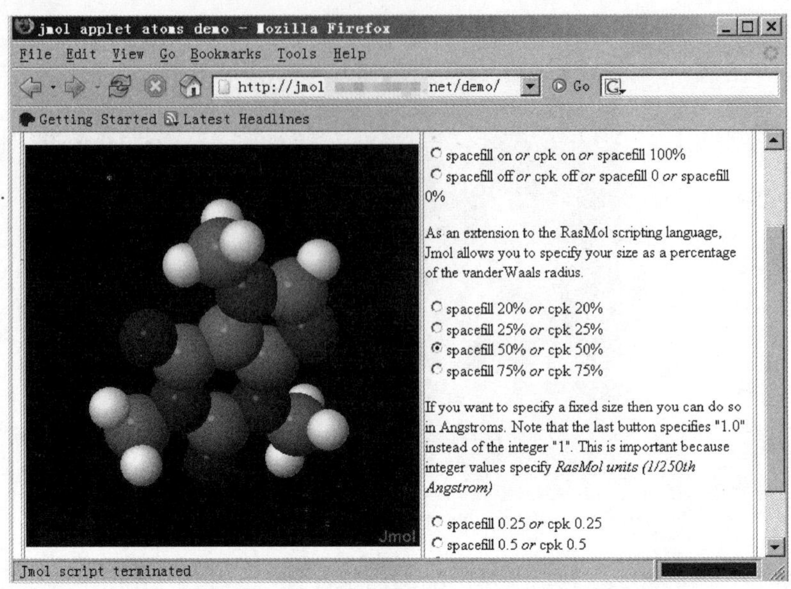

图1.6　使用Java开发的呈现图像3D立体效果的应用程序

（2）Java EE

Java 平台企业版（Java Platform Enterprise Edition，Java EE）是在 Java SE 的基础上扩展的，主要用于网络程序和企业级应用的开发。

Java SE 和 Java EE 的关系如图 1.7 所示。

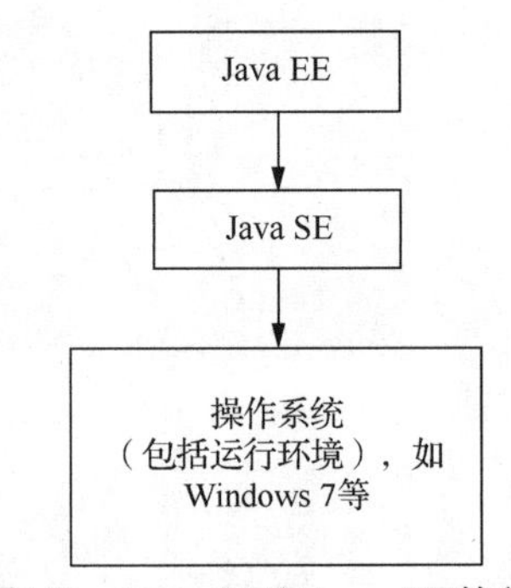

图1.7　Java SE和Java EE的关系

1.1.2　搭建 Java 开发环境

1．下载并安装 JDK

Java 程序的编译、运行离不开 JDK 环境。JDK 是用于开发 Java 应用程序的工具包，它提供了编译、运行 Java 程序所需的各种工具和资源。

Oracle 的官方网站提供最新 JDK 安装文件的下载地址。本书使用 JDK 8，下载 JDK 后（以 jdk-8u161-windows-x64.exe 为例），双击 JDK 安装文件开始安装，在安装过程中保持默认设置，一直单击“下一步”，最终完成安装。

JDK 安装和第一个 Java 程序

安装完成后，JDK 的安装目录为 C:\Program Files\Java\jdk1.8.0_161，如图 1.8 所示。

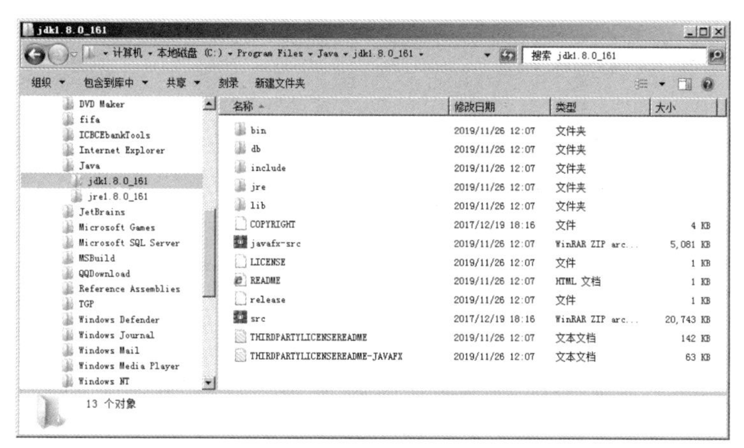

图1.8　JDK安装目录

下面是 JDK 中的重要目录和文件。

- bin 目录：存放编译、运行 Java 程序的可执行文件。
- db 目录：安装 Java DB 的路径。
- include 目录：存放一些供 C 语言使用的标题文件。
- jre（Java Runtime Environment）目录：存放 Java 运行环境文件。
- lib 目录：存放 Java 的类库文件。
- src.zip 文件：构成 Java 平台核心 API 的所有类的源文件。

2. 配置环境变量

由于 bin 目录中存放的是各种 Java 命令，因此，为了在任何路径下都能找到并执行这些常用的 Java 命令，需要配置系统的环境变量。

下面是在 Windows 7 中，配置 JDK 系统环境变量 Path 的具体步骤。

（1）在“开始”菜单中选择“控制面板”，在打开的“控制面板”中单击“系统和安全”→“系统”→“高级系统设置”，打开“系统属性”对话框。

（2）在“系统属性”对话框的“高级”选项卡中，单击“环境变量”，弹出“环境变量”对话框。

（3）配置环境变量 Path。在 Path 变量值的开头增加本机 JDK 的安装路径 C:\Program Files\Java\jdk1.8.0_161\bin 和半角分号“;”，如图 1.9 所示。

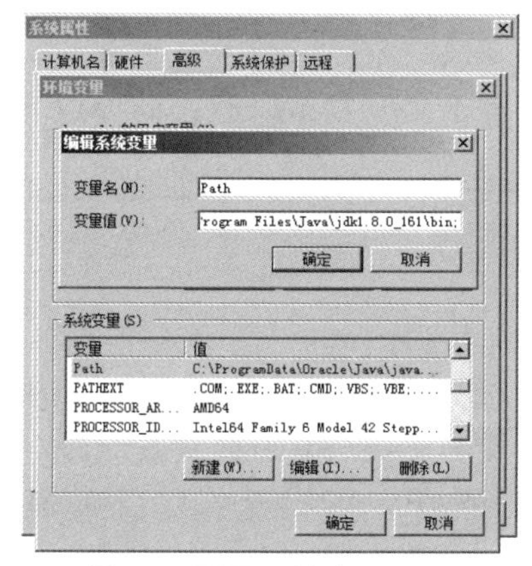

图1.9　配置环境变量Path

（4）进入 DOS 界面，执行命令“java - version”来测试 JDK 是否安装成功。如果 JDK 安装成功，便可以获得图 1.10 所示的信息。

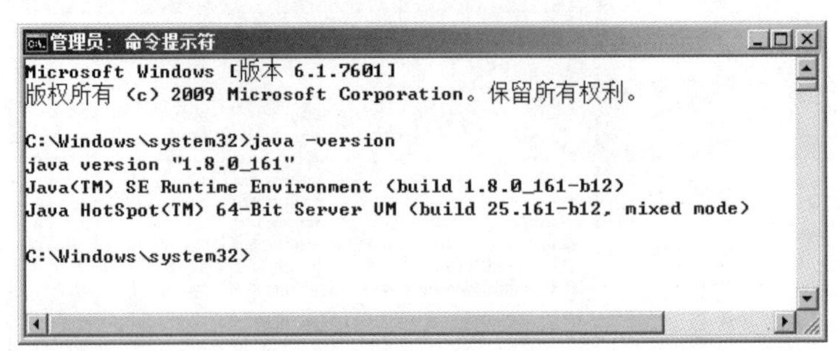

图1.10　测试JDK是否安装成功

1.1.3　编写第一个 Java 程序

编写 Java 程序的基本步骤如下。

（1）创建 Java 源程序。Java 源程序以.java 作为扩展名，用 Java 编写，可以用任何文本编辑器创建与编辑。

（2）编译源程序生成字节码（Bytecode）文件。Java 编译器读取 Java 源程序并将其“翻译”成 Java 虚拟机（Java Virtual Machine，JVM）能够理解的指令集合，且以字节码的形式保存在文件中。字节码文件以.class 作为扩展名。

（3）运行字节码文件。Java 解释器读取字节码，将指令翻译成计算机能执行的代码，完成运行过程。

下面通过示例来学习一下 Java 程序的编写。

1．创建 Java 源程序

示例 1

使用记事本编写 Java 程序，在命令行窗口执行后输出“HelloWorld”。

实现步骤如下。

（1）创建记事本文件，并以.java 作为扩展名进行保存。例如，在文件夹下创建 HelloWorld.java 文件。

（2）打开 HelloWorld.java 文件，并在其中编写 Java 代码。

关键代码：

```
public class HelloWorld{
     public static void main(String[] args){
          System.out.println("Hello World");
     }
}
```

代码分析如下。

➢ public class HelloWorld{}是 Java 程序的主体框架。其中，HelloWorld 为类的名称，它要和程序文件的名称一模一样。“类”的概念会在后面的章节中深入讲解。类名前面要用 public（公共的）和 class（类）两个词修饰，它们的先后顺序不能改变，中间要用空格分隔。类名后面跟一对大括号，“{”和“}”分别标志着类定义块的开始和结束，所有属于该类的代码都放在“{”和“}”中。

- main()方法是 Java 程序的执行入口，一个程序只能有一个 main()方法。在编写 main()方法时，要求按照上面的格式和内容进行书写，main()方法前面使用 public、static、void 修饰，它们都是必需的，而且顺序不能改变，中间用空格分隔。另外，main 后面的小括号和其中的内容 “String[] args” 必不可少。注意，main()方法后面也有一对大括号，把让计算机执行的指令都写在里面。目前只要准确牢记 main()方法的框架就可以了，在后面的章节中会慢慢讲解它每部分的含义。
- System.out.println()是 Java 自带的功能，使用它可以向控制台输出信息。print 的含义是“输出”，ln 可以看作 line（行）的缩写，println 可以理解为输出一行。在程序中，只要把需要输出的内容用英文引号引起来放在 println()的小括号里即可。

问题：System.out.println()和 System.out.print()有什么区别？

回答如下。

它们两个都是 Java 提供的用于向控制台输出信息的语句。不同的是，println()在输出完引号中的信息后会自动换行，print()在输出完信息后不会自动换行。

代码片段 1：

```
System.out.println("我的爱好:");
System.out.println("打网球");
```

代码片段 2：

```
System.out.print("我的爱好:");
System.out.print("打网球");
```

代码片段 1 输出结果如下。

```
我的爱好:
打网球
```

代码片段 2 输出结果如下。

```
我的爱好:打网球
```

System.out.println("")和 System.out.print("\n")可以达到同样的效果，引号中的“\n”将光标移动到下一行的第一格，也就是换行。这里“\n”称为转义字符。另外一个比较常用的转义字符是“\t”，它的作用是将光标移动到下一个水平制表的位置（一个制表位等于 8 个空格）。

2. 编译并运行

JDK 含有编译、调试和执行 Java 程序所需的命令行工具。javac 命令用于将 Java 源代码文件编译成字节码文件，在控制台使用 javac 命令对.java 文件进行编译。如果编译成功，会在 HelloWorld.java 文件同级目录下生成名为 HelloWorld.class 的字节码文件，如图 1.11 所示。

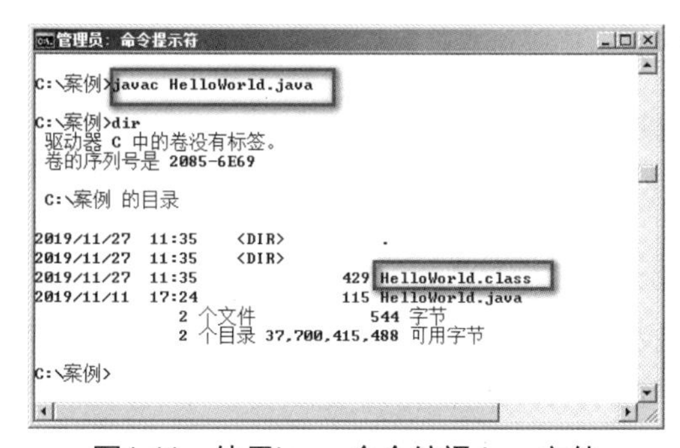

图1.11　使用javac命令编译.java文件

java 命令用于执行 Java 字节码文件，也就是执行程序。因此，在控制台使用 java 命令运行编译后生成的.class 文件，就可以输出程序结果，如图 1.12 所示。

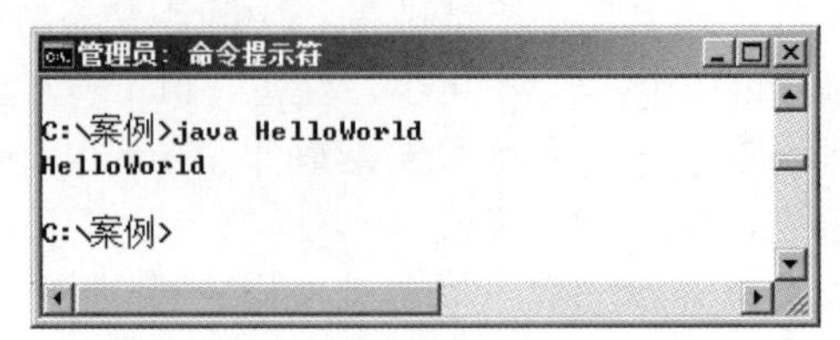

图1.12　使用java命令执行Java程序

在执行 javac 命令时，后面要加源文件名，扩展名为.java；在执行 java 命令时，后面加的是类名，此时没有扩展名，这里是 HelloWorld 类。

1.1.4　Java 跨平台原理

Java 是一门被广泛使用的编程语言，它的主要特点在于它是一门既面向对象又可跨平台的语言。跨平台是指程序可以在多种平台（Microsoft Windows、Apple Macintosh 和 Linux 等）上运行，即编写一次，随处运行（Write Once，Run Anywhere）。这是如何实现的呢？Java 通过为每个计算机系统提供一个叫作 Java 虚拟机的环境来实现跨平台。

Java 虚拟机是可运行 Java 字节码文件的虚拟计算机系统。可以将 Java 虚拟机看成一个微型操作系统，在它上面可以执行 Java 的字节码文件。Java 虚拟机附着在具体操作系统之上，本身具有一套虚拟机指令，但 Java 虚拟机通常在软件上而不是在硬件上实现。Java 虚拟机形成了一个抽象层，将底层硬件平台、操作系统与编译过的代码联系起来。Java 字节码具有通用的形式，字节码通过 Java 虚拟机处理后可以转换成具体计算机可执行的程序，从而实现 Java 的跨平台性。Java 程序的整个编译和执行过程如图 1.13 所示。

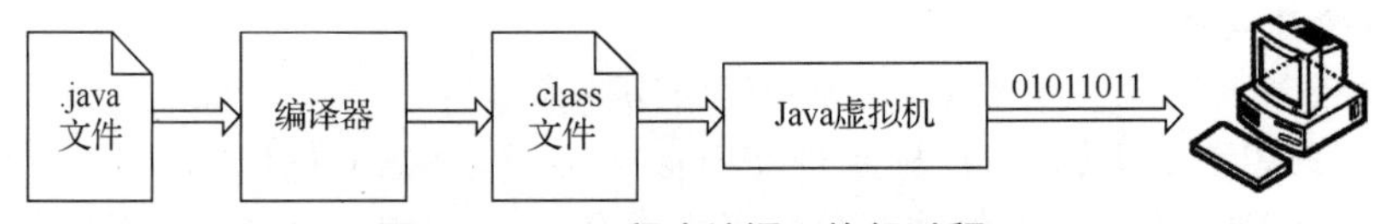

图1.13　Java程序编译和执行过程

1.1.5　Java 程序的注释

为了方便程序的阅读，Java 允许在程序中标注一些说明性的文字，这就是程序的注释。注意，编译器对于这些注释并不做任何处理。在 Java 中，常用的注释有两种：单行注释和多行注释。

1. **单行注释**

如果说明性的文字较少，能放在一行中，可以使用单行注释。单行注释使用“//”开头，每一行中“//”后面的文字都被认为是注释。单行注释通常用在代码行之间，或者一行代码的后面，用来说明某一块代码的作用。

示例 2

在示例 1 的代码中添加一个单行注释，用来说明 System.out.println()的作用。

关键代码：

```
public class HelloWorld{
     public static void main(String[] args){
          //输出信息到控制台
          System.out.println("HelloWorld");
     }
}
```

这样，当别人阅读这段代码的时候，就可通过注释快速理解代码的含义。

2. *多行注释*

多行注释以“/*”开头，以“*/”结尾，在“/*”和“*/”之间的内容都被看作注释。当说明的文字较多，需要占用多行时，可使用多行注释。

在 IntelliJ IDEA 中，选中代码块并按“Ctrl+Shift+/”组合键可以生成多行注释；输入“/*”并按 Enter 键将会自动补全多行注释符。

示例 3

在示例 1 代码的基础上添加注释，说明文件的名称、创建日期、功能。

关键代码：

```
/*
  * HelloWorld.java
  * 2019-11-27
  * 第一个 Java 程序
  */
public class HelloWorld{
   public static void main(String[] args){
        System.out.println("Hello World");
   }
}
```

1.1.6 Java 编程规范

在日常生活中，大家都要学习普通话，目的是让不同地区的人可以更加容易地进行沟通。编码规范就是程序世界中的“普通话”。编码规范对于程序员来说非常重要，因为在一个软件的开发和使用过程中，80%的时间是花费在维护上的，而且软件的维护工作通常不是由最初的开发人员来完成的。编码规范可以增强代码的可读性，使软件开发和维护更加方便。编码规范是一个程序员应该遵守的基本规则，其中有一些是行业内默认的做法，当然不同的公司还会有一套自己的编码规范。

下面列出一些基本的编码规范：

- 类名必须使用 public 修饰。
- 一行只写一条语句。
- 用{}括起来的部分通常表示程序的某一层次结构。“{”一般放在这一结构开始行的最末，“}”与该结构开始行的第一个字母对齐，并单独占一行。
- 低一层次的语句或注释应该在高一层次的语句或注释的基础上缩进若干个空格后再书写，使程序更加清晰，增强程序的可读性。

技能训练

上机练习 1——使用记事本编写 Java 程序，在控制台输出信息

需求说明

➢ 在控制台输出一行信息“大家好！我是××，非常热爱 Java 程序！”。

实现思路

（1）创建记事本文件，文件名为 Introduce.java。

（2）编写 Java 代码并添加必要的注释。

```
System.out.println("×××");  //双引号中为需要输出的内容
```

（3）使用 javac 命令编译.java 文件。

（4）使用 java 命令执行编译后的.class 文件。

1.2 任务 2：使用 IntelliJ IDEA 开发 Java 程序

学习目标如下。

➢ 安装 IntelliJ IDEA 集成开发环境。

➢ 使用 IntelliJ IDEA 开发 Java 程序。

1.2.1 IntelliJ IDEA 的安装和使用

使用文本编辑器（例如记事本）开发 Java 程序效率低下，尤其是在开发大型项目时，无法实现项目的管理和维护。基于这种情况，很多团队开发了一些集成开发环境（Integrated Development Environment，IDE），可以很方便地实现 Java 程序开发和项目管理，让程序员从复杂、烦琐的代码管理、维护中解脱出来，专注于程序功能和业务逻辑的实现。

IntelliJ IDEA 就是一款非常优秀、深受 Java 开发人员喜爱的 Java 集成开发环境工具软件，目前在业界被公认为较好的 Java 开发工具。它由 JetBrains 软件公司开发，在智能代码助手、代码自动提示、重构、J2EE 支持、各类版本工具（git、svn 等）、JUnit、CVS 整合、代码分析等方面的功能尤为出众。俗话说，“工欲善其事，必先利其器”，IntelliJ IDEA 让程序开发的效率大大提升。随着 Java 学习的不断深入，你会更多地体验到这款强大的 IDE 所带给你的巨大开发便利。

下面，我们使用 IntelliJ IDEA 来开发 Java 程序，当然也是遵循编写→编译→运行这条主线，开发过程可分为以下几步。

1. *创建项目*

创建项目是为了方便管理，就像我们在计算机中建立文件夹管理文件一样，开发 Java 程序时也会有很多文件。IntelliJ IDEA 通过项目能够把共同完成一项需求的程序文件都放在一起进行统一管理。

打开 IntelliJ IDEA 开发环境后，系统会启动欢迎界面，如图 1.14 所示。

单击“Create New Project”，开始新项目的创建，如图 1.15 所示。

首先，在界面的左侧选择项目类型。这里我们要开发的是最基本的 Java 程序，因此选择“Java”。

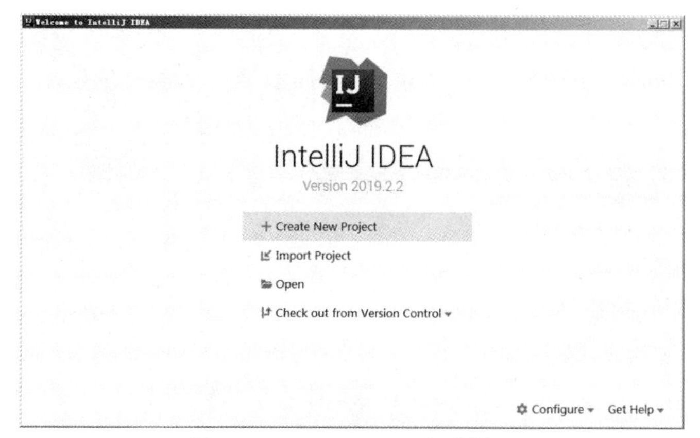

图1.14　IntelliJ IDEA启动界面

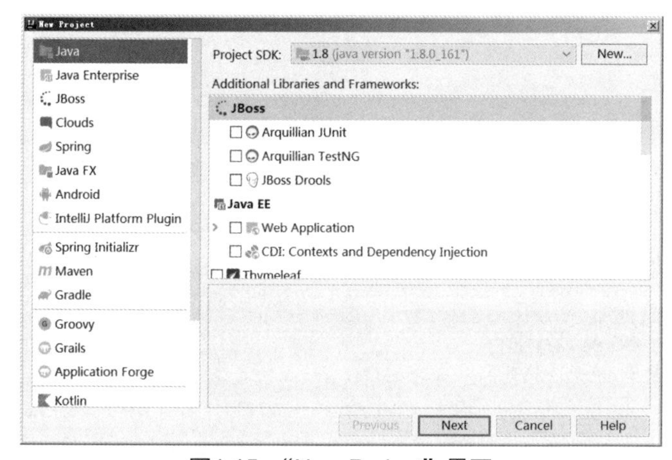

图1.15　“New Project”界面

其次，设置项目使用的 SDK（Software Development Kit）。需要注意的是，在 IntelliJ IDEA 中，每个新项目（Project）都需要设置自己的 SDK。如果列出的 Project SDK 没有你需要的，可以单击 Project SDK 那一行中的“New”按钮进行重新设置。单击“New”按钮打开图 1.16 所示的界面，选择 Java SDK 安装目录下的 jdk1.8.0_161，单击“OK”按钮完成当前项目的 SDK 设置。

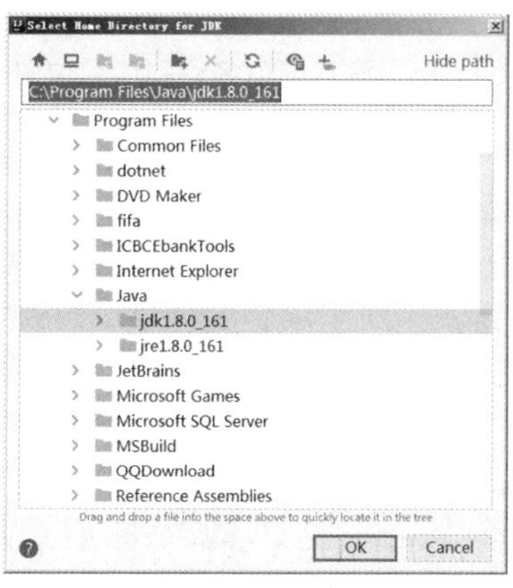

图1.16　选择Java JDK

我们现在开发的 Java 程序还比较简单，不需要导入额外的库和框架，因此，在图 1.15 所示界面中单击“Next”按钮进入下一步，进入提示是否从模板创建项目页面，如图 1.17 所示。

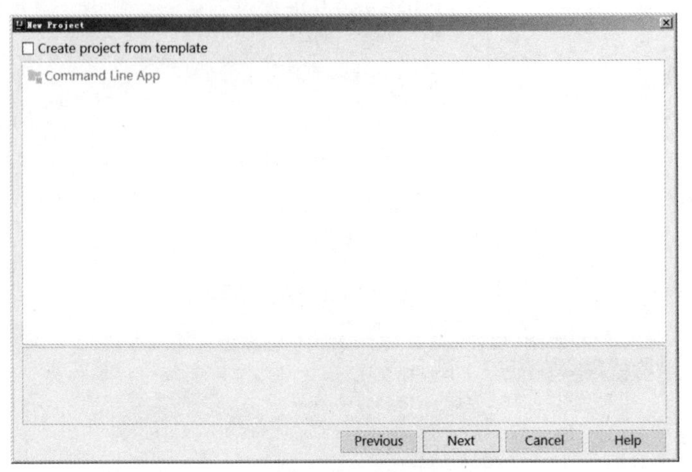

图1.17　提示是否从模板创建项目

这里，我们不需要从模板创建项目，直接单击“Next”按钮进入下一步，进入设置项目名称和项目位置页面，如图 1.18 所示。

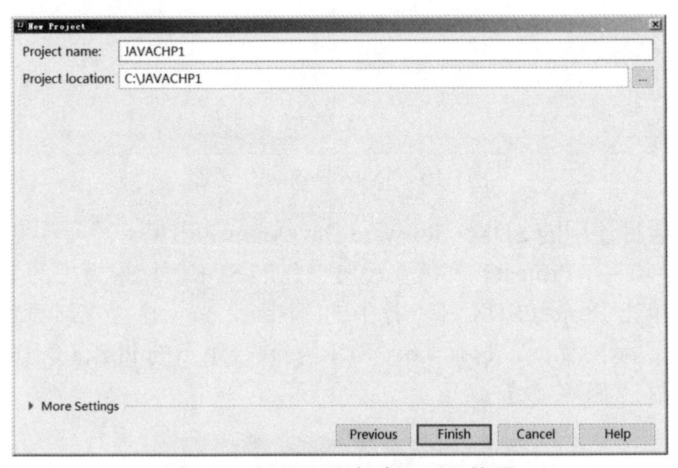

图1.18　设置项目名称和项目位置

接下来，在“Project name”后的文本框中输入项目的名称，这里将其命名为“JAVACHP1”，在“Project location”后的文本框中输入项目存储的位置，也可以单击 ... 按钮在文件系统中进行选择。

最后，单击“Finish”按钮就完成了项目的创建。

如果在打开的 IntelliJ IDEA 中创建项目，可以直接在菜单中单击“File”→“New”→“Project”选项打开图 1.15 所示的“New Project”界面进行创建，创建过程是一样的。

2. 创建并编写 Java 源程序

项目创建完毕，在打开的 IntelliJ IDEA 软件界面的左侧列出了已创建的项目。右击项目中的 src 文件夹，在弹出的菜单中单击“New”→“Java Class”选项，打开“New Java

Class”界面，如图 1.19 所示。

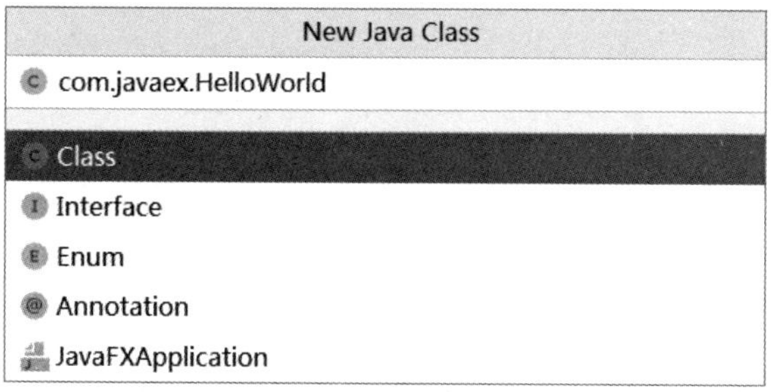

New Java Class
com.javaex.HelloWorld
Class
Interface
Enum
Annotation
JavaFXApplication

图1.19　新建Java类

输入“com.javaex.HelloWorld”，其中，com.javaex 为自定义的 Java 包（Package）的名称，HelloWorld 为类的名称，按 Enter 键就可以快速创建 Java 类。IntelliJ IDEA 自动生成一个 HelloWorld.java 文件，并创建基本的程序框架。图 1.20 展示了代码编辑区中显示的已创建的 Java 文件内容。只要在类框架的基础上编写必要的 Java 代码就可以实现需求。

HelloWorld.java

```
1  package com.javaex;
2
3  public class HelloWorld {
4  }
5
```

图1.20　自动生成的HelloWorld.java文件内容

下面来实现示例 4 的需求。

示例 4

编写小程序，输出“我的第一个 IntelliJ IDEA 小程序!”。

在 IntelliJ IDEA 自动生成的 HelloWorld.java 文件中写入如下代码。

关键代码：

```
package com.javaex;
public class HelloWorld {
    public static void main (String[] args){
      System.out.println("我的第一个 IntelliJ IDEA 小程序!");
    }
}
```

小技巧

IntelliJ IDEA 提供了强大的代码补全功能，例如，在类中输入 m 或 psvm，系统会提示创建 main()方法声明（见图 1.21），按 Enter 键即可完成 main()框架的创建，非常方便快捷。

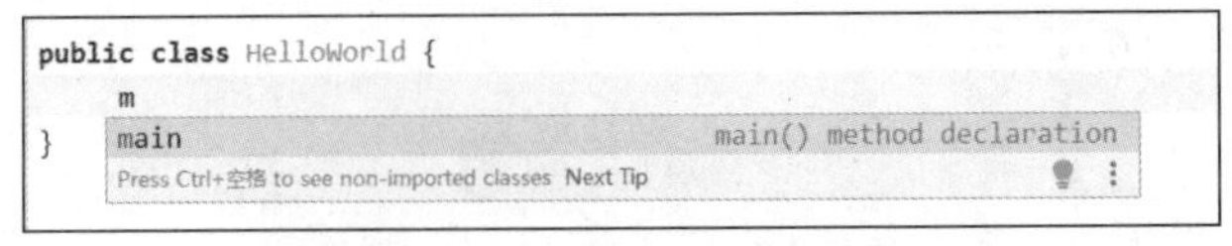

图1.21　快捷创建main()框架

3. 编译和运行 Java 源程序

完成了 Java 源程序的编写，就可以编译和运行了。右击项目目录下 src 文件夹中的 HelloWorld.java 源程序，在弹出的菜单中单击“Run 'HelloWorld.main()'”选项（或者切换工具栏 HelloWorld 中的 Java 源程序为 HelloWorld 并单击 ▶ 图标）运行 Java 源程序。需要说明的是，具有 main()方法的类也可以直接从编辑器中运行，如图 1.22 所示，在代码编辑窗口左边有绿色箭头标记，单击其中一个标记，然后单击“Run 'HelloWorld.main()'”选项即可。

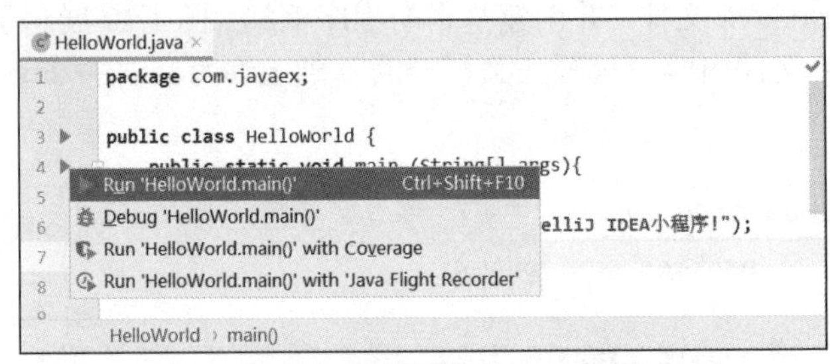

图1.22　从编辑器中运行Java源程序

IntelliJ IDEA 首先对 Java 源程序进行编译，如果有错误，会给出相应的提示。如果代码无误，编译完成后，将在屏幕底部打开“运行（Run）”工具窗口，示例 4 程序运行结果如图 1.23 所示。

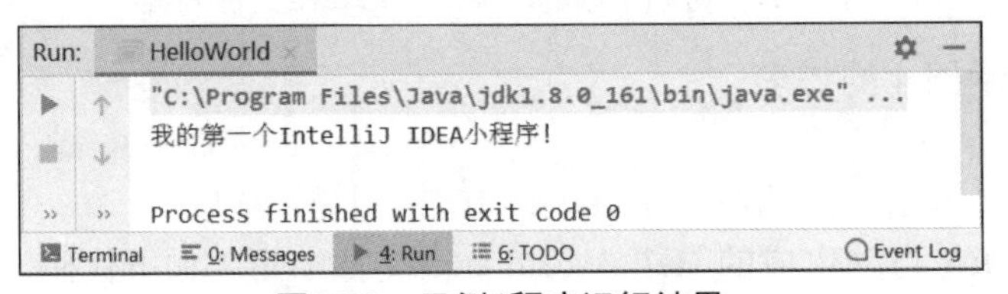

图1.23　示例4程序运行结果

在图 1.23 中，程序第一行标明 IntelliJ IDEA 用于运行该类的命令片段，单击可以查看整个命令行信息。接下来显示程序的输出结果“我的第一个 IntelliJ IDEA 小程序！”。最后一行显示进程已正常退出。

小技巧

IntelliJ IDEA 提供了丰富的快捷键/组合键，其中运行 Java 源程序的组合键为：Ctrl+Shift+F10。

1.2.2　Java 项目组织结构

了解了如何使用 IntelliJ IDEA 来创建项目和 Java 源程序，下面看一下在 IntelliJ IDEA

中 Java 项目的组织结构。

1. **项目结构**

在 IntelliJ IDEA 界面的左侧，可以看到创建的 Java 项目结构，如图 1.24 所示。

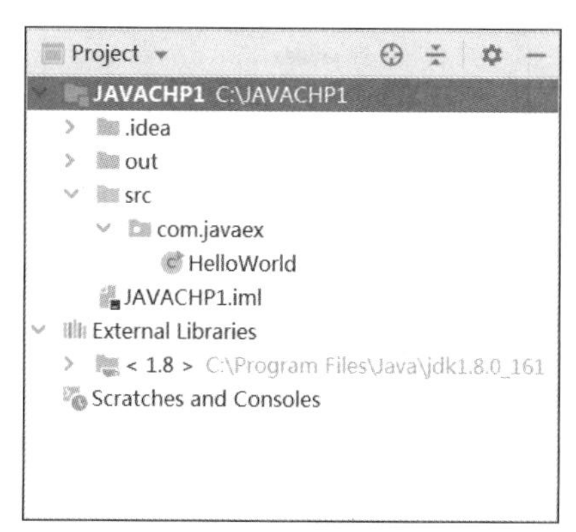

图1.24　项目结构视图

其中有两个顶级节点，如下所示。

（1）JAVACHP1 节点：表示创建的 Java 模块。该节点下.idea 文件夹用于存储项目的配置数据，JAVACHP1.iml 用于存储模块的配置数据。该节点下 src 文件夹用于存储源代码。其中，HelloWorld.java 存储在 src 文件夹下的 com.javaex 包中。out 文件夹是运行程序之后产生的目录结构，用于存储源程序编译后生成的文件，即扩展名为.class 的文件。

（2）External Libraries 节点：表示项目所需的所有外部资源类别。目前在此类别中是组成 JDK 的.jar 文件。

2. **包（Package）结构**

什么是包呢？我们可以把它理解为文件夹。在文件系统中，我们会利用文件夹分类管理文件，在 Java 中则使用包来组织 Java 源文件。在 IntelliJ IDEA 界面的左侧，可以通过“Projeet”切换到包结构视图，如图 1.25 所示。

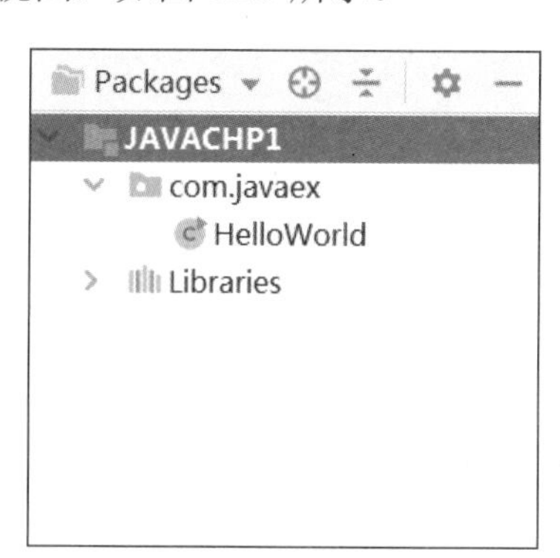

图1.25　包结构视图

通过包结构视图，可以清晰地看到项目中所有的包以及 Java 源文件的组织结构。

3. **项目文件（Project Files）结构**

通过 IntelliJ IDEA 界面左侧的“Project”还可以切换到项目文件视图，如图 1.26 所示。

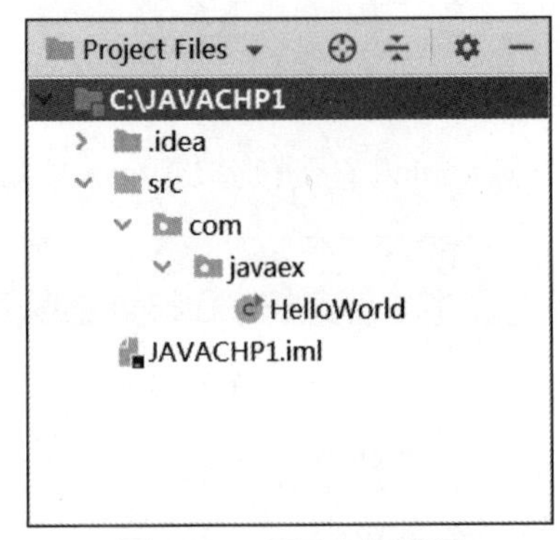

图1.26　项目文件视图

项目文件视图类似于 Windows 中的资源管理器，它将项目中包含的文件及层次关系都展示出来。从这里可以看到，新建项目时创建的包 com.javaex 在文件系统中是文件夹。

1.2.3　常见错误

程序开发存在一条定律，即“一定会出错”。有时候我们会不经意犯一些错误，还可能为了测试代码故意制造一些错误。无论怎样，我们都要能够认识并避免常见的错误。

下面对刚才运行成功的程序做一些修改，看看常见的错误有什么，以及 IntelliJ IDEA 会给我们提供什么样的帮助。

1. 类不可以随便命名

在前面介绍 Java 程序框架时提到，HelloWorld 是类名，是程序开发人员自由命名的，那么类是不是可以随便命名呢？在 HelloWorld.java 文件中，把类名改为 helloWorld，修改后的代码如下所示。

常见错误 1：

```
package com.javaex;
public class helloWorld {  //将类名修改为 helloWorld
    public static void main (String[] args){
        System.out.println("我的第一个 IntelliJ IDEA 小程序!");
    }
}
```

修改后保存代码，在 IntelliJ IDEA 代码编辑窗口出现了红色的波浪线，将鼠标指针移动到该行右侧的红色标记处会给出提示信息：“Class 'helloWorld' is public, should be declared in a file named 'helloWorld.java'”，如图 1.27 所示。

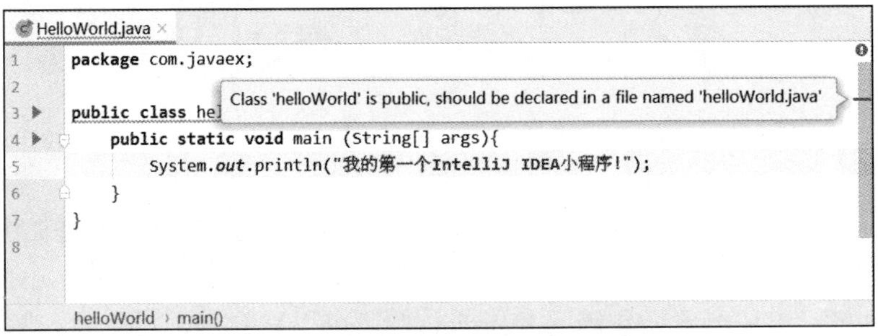

图1.27　更改类名后的错误提示信息

如果此时运行代码，在运行结果信息窗口会给出错误提示，如图 1.28 所示。

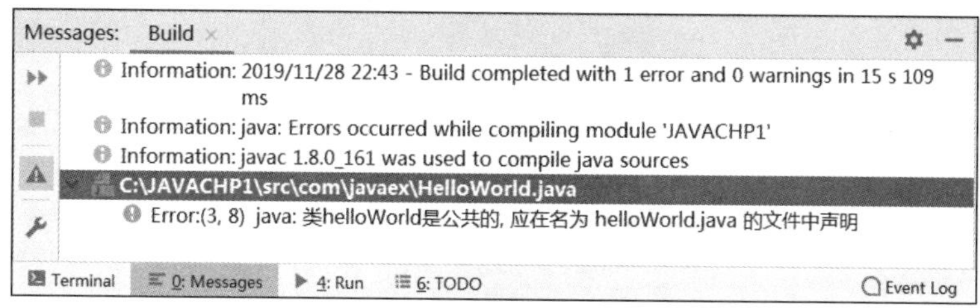

图1.28　构建错误提示信息

因此，我们得出第一个结论。

结论一：public 修饰的类必须与 Java 文件同名。

2. void 不可少

在 main()方法的框架中，void 告知编译器 main()方法没有返回值。既然没有，那可不可以去掉 void 呢？去掉 void 后的代码如下所示。

常见错误 2：

```
package com.javaex;
public class HelloWorld {
      public static main (String[] args){ //去掉了 void
          System.out.println("我的第一个 IntelliJ IDEA 小程序!");
      }
}
```

将修改后的代码保存后，可以看到 IntelliJ IDEA 给出了提示信息："Invalid method declaration; return type required"（方法声明无效，需要返回值类型）。因此，得出第二个结论。

结论二：main()方法中的 void 不可少。

3. Java 对英文字母大小写敏感

英文字母有大小写之分，那么在 Java 中，是否可以随意使用大小写字母呢？把用来输出信息的 System 的首字母改为小写，修改后的代码如下所示。

常见错误 3：

```
package com.javaex;
public class HelloWorld {
      public static void main (String[] args){
            system.out.println("我的第一个 IntelliJ IDEA 小程序!");
      }
}
```

将修改后的代码保存，可以看到 IntelliJ IDEA 给出了提示信息："Cannot resolve symbol 'system'"（无法解析 system）。因此得出第三个结论。

结论三：Java 对英文字母大小写敏感。

4. ";" 是必需的

仍然修改输出消息的那一行代码，将句末的";"去掉，修改后的代码如下所示。

常见错误 4：

```
package com.javaex;
public class HelloWorld {
```

```
    public static void main (String[] args){
        system.out.println("我的第一个 IntelliJ IDEA 小程序!") //去掉句末的";"
    }
}
```

将修改后的代码保存，可以看到 IntelliJ IDEA 给出了提示信息：“';' expected”（需要';'）。因此得出第四个结论。

结论四：在 Java 中，一个完整的语句要以“;”结束。

5. “"”是必需的

另一个常犯的错误就是不小心漏掉一些东西，如忘记写括号，一对括号只写了一个，一对引号只写了一个等。下面所示的代码就是少写了一个引号。保存并运行这段代码，IntelliJ IDEA 会给出多个错误提示信息。

常见错误 5：

```
package com.javaex;
public class HelloWorld {
    public static void main (String[] args){
        System.out.println("我的第一个 IntelliJ IDEA 小程序!);
    }
}
```

在后面的学习中会专门探讨字符串是什么，现在得出第五个结论。

结论五：输出的字符串必须用引号引起来，而且必须是英文的引号。

说明

我们了解了 5 个常犯的错误，并且知道了应该怎样修改。可能有的错误信息现在还不能够完全理解，但是没有关系，现在的任务是避免出现这些错误，一旦出现了这些错误，能够找到错在哪里、知道怎样修改即可。

1.2.4 Java API 帮助文档

在开发过程中如果遇到疑难问题，除了可以在网络中寻找答案，也可以在 Java API 帮助文档（以下简称“JDK 文档”）中查找答案。JDK 文档是 Oracle 公司提供的一整套文档资料，其中包括 Java 各种技术的详细资料，以及 JDK 中提供的各种类型的帮助说明。它是 Java 开发人员必备的、权威的参考资料，就好比字典一样。在开发过程中要养成查阅 JDK 文档的习惯，到 JDK 文档中寻找问题的答案。JDK 8 文档如图 1.29 所示。

技能训练

上机练习 2——开发“我行我素购物管理系统”，输出购物清单

训练要点

➢ 使用 IntelliJ IDEA 开发 Java 程序的步骤。

➢ 熟练掌握使用 IntelliJ IDEA 的相关技巧。

需求说明

➢ 输出购物清单，包括商品名称、购买数量、商品单价和金额。要求：使用“\t”和“\n”进行输出格式的控制。

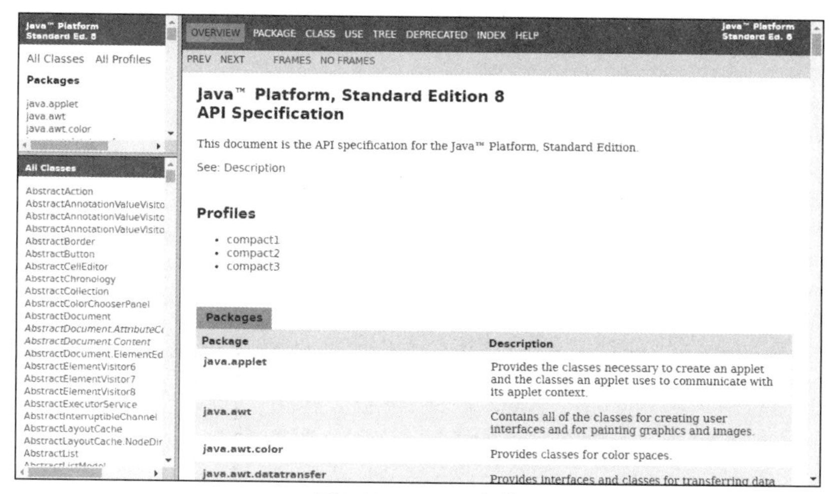

图1.29　JDK 8文档

程序运行结果（购物清单）如图 1.30 所示。

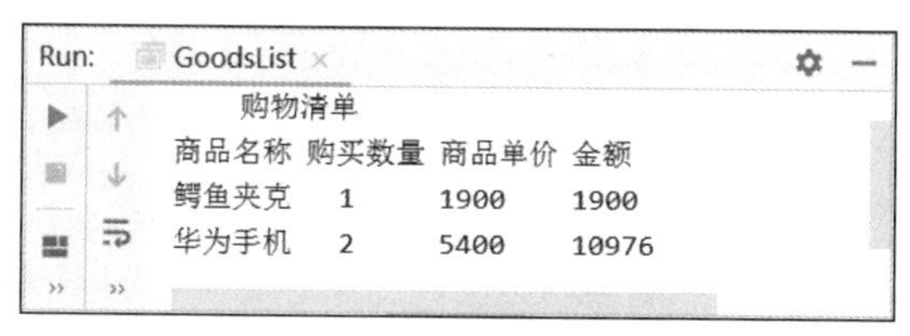

图1.30　购物清单

➢ 练习 IntelliJ IDEA 相关操作。

（1）重命名类。

（2）打开已有项目。

实现思路

（1）使用 IntelliJ IDEA 开发 Java 程序。

① 创建项目 MyShopping，在项目中创建 Java 类，设置包名为 com.javaex.myshopping。

② 实现类的功能，输出购物清单。注意：使用“\t”和“\n”控制输出格式。

（2）练习 IntelliJ IDEA 相关操作。

① 重命名类的方法：在 Java 源程序中选中类名并右击，在打开的菜单中单击“Refactor”→“Rename”选项，然后重新设置类名并按 Enter 键，Java 源文件的名称也会同时被重命名。

② 打开已有项目：单击“File”→“Open”选项，在打开的界面中选择已有项目所在的文件夹即可。

上机练习 3——开发“我行我素购物管理系统”，实现输出系统登录菜单和主菜单功能

需求说明

➢ 在 MyShopping 项目基础上输出以下信息。

（1）系统登录菜单主要包括“1. 登录系统”和“2. 退出”，程序运行结果如图 1.31 所示。

（2）系统主菜单主要包括“1．客户信息管理”“2．购物结算”“3．真情回馈”和“4．注销”，程序运行结果如图 1.32 所示。

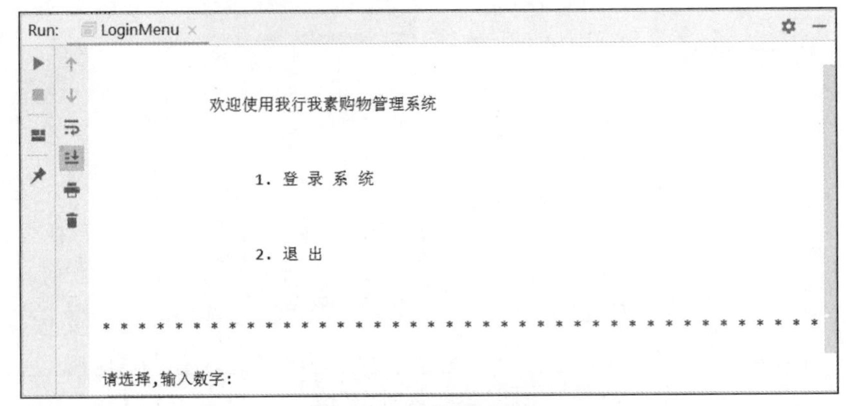

图1.31　系统登录菜单

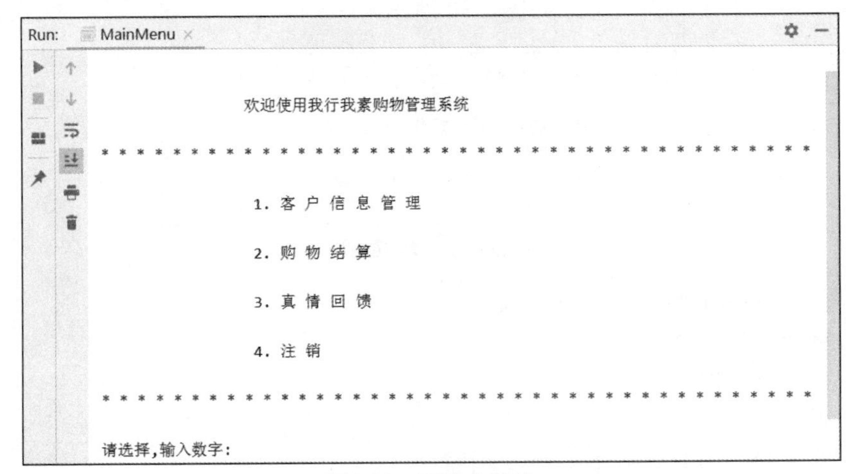

图1.32　系统主菜单

提示

根据图中的输出格式进行输出，注意使用“\t”和“\n”进行控制。例如，每个菜单项前面输出的空格，可以使用多个“\t”来实现。

本章小结

本章学习了以下知识点。

➢ 程序是为了让计算机执行某些操作或解决某个问题而编写的一系列有序指令的集合。

➢ Java 是一门具有跨平台特性的高级程序开发语言，Java 包括编程语言和相关的技术。

➢ Java 主要用于开发两类程序：桌面应用程序和 Internet 应用程序。

➢ Java 开发需要正确地安装 JDK 并配置 JDK 环境，编写的 Java 源程序要经过编译器编译为.class 字节码文件，才能在 Java 虚拟机上运行，这些工作都离不开 JDK 环境。

➢ 可以使用记事本编写简单的 Java 程序并在命令行窗口执行，但效率低。IntelliJ IDEA 是当前较主流、功能强大且深受开发人员喜爱的集成开发环境，正确使用 IntelliJ IDEA 可以方便、高效地开发、管理、调试项目。

➢ 在学习和工作中，JDK 文档是 Java 程序员的必备工具，遇到问题要能在 JDK 文档中寻找答案。

本章作业

1．请写出 Java 程序执行过程与编译原理。

2．在记事本中编写 Plan.java 程序，输出你本周的学习计划。输出结果如图 1.33 所示。

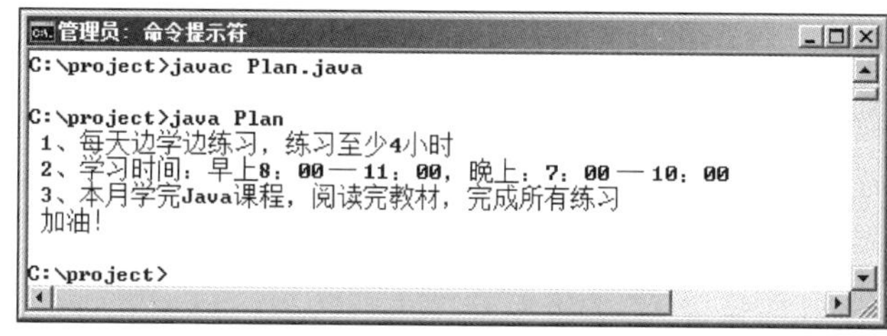

图1.33　学习计划

3．在 IntelliJ IDEA 中编写程序 MySchedule，输出你本周的课程表。输出结果如图 1.34 所示。

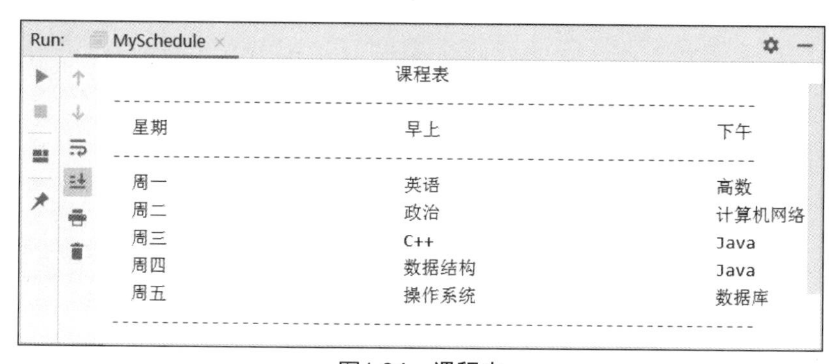

图1.34　课程表

第 2 章

数据类型和运算符

技能目标

- ❖ 了解变量的概念
- ❖ 掌握常用 Java 数据类型
- ❖ 会声明和使用变量
- ❖ 会进行数据类型的转换
- ❖ 会使用 Java 运算符进行数据运算

本章任务

学习本章，需要完成以下两个任务。

任务 1：实现个人简历信息输出

任务 2：编写程序实现购物结算和模拟幸运抽奖

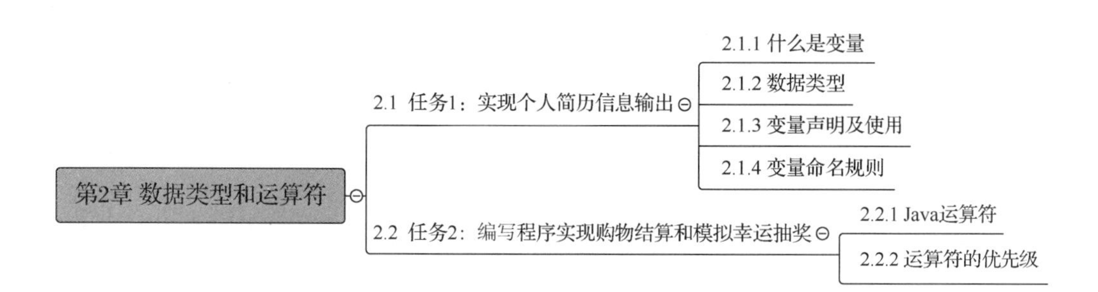

2.1 任务 1：实现个人简历信息输出

学习目标如下。

- 了解变量的概念。
- 掌握常用 Java 数据类型。
- 会声明变量并给变量赋值。

2.1.1 什么是变量

计算机程序可以处理各种各样的数据，包括数值、文本、图像、音频、视频、网页等。计算机的内存类似于人的大脑，计算机使用内存“记忆”运算时要使用的大量数据。内存是一个物理设备，如何存储数据呢？很简单，把内存想象成旅馆，要存储的数据就好比要住宿的客人。试想一下去旅馆住宿的场景。首先，旅馆的服务员会询问客人要住什么样的房间，如单人间、双人间、总统套间。然后，根据选择的房间类型，服务员会安排一个合适的房间。“先开房间，后入住”就描述了数据存入内存的过程。首先，根据数据的类型为它在内存中分配一块空间（即找一个合适的房间），然后数据就可以放进这块空间（即入住）。下面结合一个实际的问题，了解一下内存的作用。

问题：在银行中存储 1000 元，银行一年的利息是 5%，那么一年后存款是多少？

分析如下。

很简单，首先计算机在内存中开辟一块空间用来存储 1000，然后把存储在内存中的数据 1000 取出进行计算，根据公式“本金×利率+本金”（即 1000×5%+1000），得到结果 1050 重新存入该内存空间，这就是一年后的存款。图 2.1 显示了内存中存储数据的变化。可见，数据被存储在内存中，目的是便于在需要时取出来使用，或者如果这个数据改变了，内存中存储的数据也会随之相应地更新，以便下次使用新的数据。

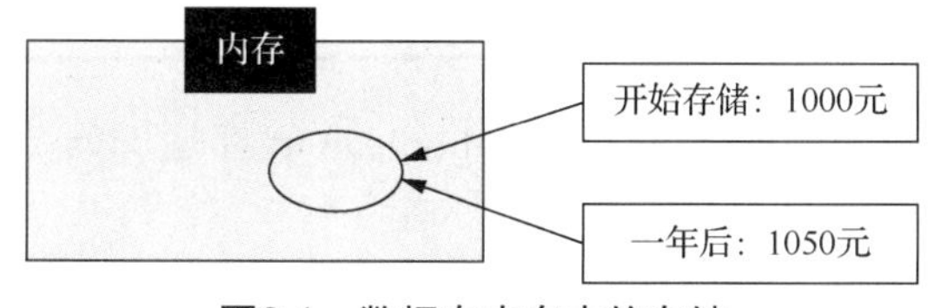

图2.1　数据在内存中的存储

那么，内存中存储的数据到底在哪里，我们怎样获得它呢？通常，根据内存地址可以找到这块内存空间的位置，也就找到了存储的数据。但是内存地址非常不好记，因此，我们给这块内存空间起一个别名，通过别名找到对应内存空间存储的数据，这就是变量。

变量是一个数据存储空间的表示。变量和旅馆中的房间存在表 2.1 所示的对应关系。

表 2.1　变量与房间的对应关系

旅馆中的房间	变量
房间名称	变量名
房间类型	变量类型
入住的客人	变量的值

通过变量名可以简单快速地找到存储的数据。将数据赋给变量，就是将数据存储到该变量名指代的那个内存空间；调用变量，就是将那个内存空间存储的数据取出来使用。可见，变量是存储数据的一个基本单元，不同的变量相互独立。

2.1.2　数据类型

数据是以某种特定形式存在的，如整数、字符等。不同的数据之间往往还存在某些联系，如若干个字符组成一个字符串。对于不同的数据，处理的算法或操作有所不同，如多个整数之间做加、减、乘、除的算术运算，多个字符之间进行组合、拆分、截取和查找的操作。

因此，数据类型是一组性质相同的值的集合，以及定义在这个值集合上的一组操作的总称。在 Java 中主要分为两种数据类型：基本数据类型和引用数据类型。

（1）基本数据类型

Java 中的 8 种基本数据类型分类如图 2.2 所示。

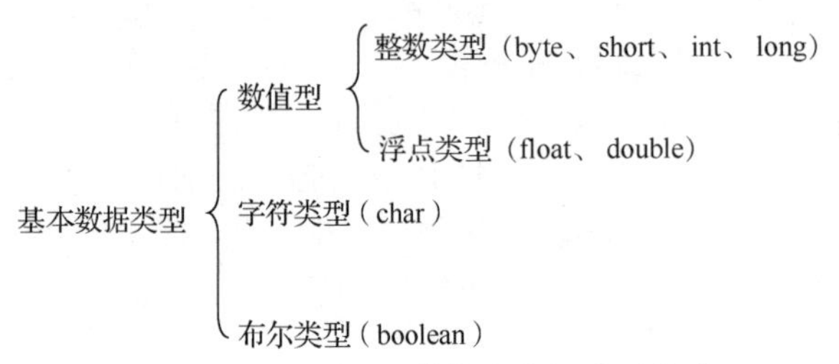

图2.2　Java中的8种基本数据类型分类

其中，数值型用来表示数字，字符类型用来表示字符，还有一类“布尔类型”用来表示什么呢？例如在判断一件艺术品真假的时候常说“这是真的”或“这是假的”。另外，也会经常做一些这样的判断：“地铁 2 号线的首发时间是 5：00 吗？”“这次考试成绩在 90 分之上吗？”等。这些问题的答案只能有两个，要么是“是”（即真）要么是“否”（即假）。这时就需要使用 Java 中的布尔类型来表示真假。boolean 类型有两个值，而且只有两个值：true（表示“真”）和 false（表示“假”）。

注意，在图 2.2 中，int、double、char、boolean 等都是 Java 定义的关键字，关键字都为小写。

另外，数据对存储空间是有要求的，不同的数据在存储时所需要的内存空间各不相同，如果分配的内存空间过小会导致数据无法存储。Java 中的基本数据类型取值范围如表 2.2 所示。

表 2.2　Java 中的基本数据类型取值范围

基本数据类型	长度	示例	取值范围
boolean	1 字节 8 位	true	true、false
byte	1 字节 8 位有符号整数	–12	–128 ～ +127
short	2 字节 16 位有符号整数	100	–32768 ～ +32767
int	4 字节 32 位有符号整数	12	–2147483648 ～ +2147483647
long	8 字节 64 位有符号整数	10000	-2^{63} ～ $+2^{63}-1$
char	2 字节 16 位 Unicode 字符	'a'	0 ～ 65535
float	4 字节 32 位浮点数	3.4f	–3.4E38 ～ 3.4E38
double	8 字节 64 位浮点数	–2.4e3D	–1.7E308 ～ 1.7E308

注意

（1）char 类型占 2 字节，采用 Unicode 码。

（2）所有的基本数据类型长度固定，不会因为硬件、软件系统不同而发生变化。

（2）引用数据类型

Java 中的引用数据类型主要包含类、接口和数组等，这些在后续的章节中会深入讲解。其中，我们经常会使用 String 类型（即字符串类型）来存储姓名、商品介绍等信息，这里 String 类型就是 Java 提供的一个类，是引用数据类型。

2.1.3　变量声明及使用

在程序运行的过程中，将数据通过变量加以存储，以便程序随时使用。

变量

示例 1

根据 2.1.1 小节中描述的问题，在内存中存储本金 1000 元，显示内存中存储数据的值。

关键代码：

```
public class MyVariable {
public static void main(String[] args) {
            int money = 1000;                //存储本金
            System.out.println(money);       //显示存储数据的值
      }
}
```

示例 1 代码展示了存储数据和使用数据的过程，输出结果为 1000。

整体步骤分析如下。

（1）声明变量，即根据数据类型在内存中申请一块空间，这里需要给变量命名。

语法：

数据类型 变量名；

其中，“数据类型”可以是 Java 定义的任意一种数据类型。例如，要存储某次考试最高分 98.5、获得最高分的学生姓名“张三”及性别“男”。

```
double score;        //声明双精度浮点类型变量 score 存储分数
```

```
String name;         //声明字符串类型变量 name 存储学生姓名
char sex;            //声明字符类型变量 sex 存储性别
```

（2）给变量赋值，即将数据存储至对应的内存空间。

语法：

变量名 = 值;

例如：

```
score = 98.5;        //存储 98.5
name = "张三";        //存储"张三"
sex = '男';           //存储'男'
```

这样的分解步骤有些烦琐，也可以在声明一个变量的同时给变量赋值。

语法：

数据类型 变量名 = 值;

例如：

```
double score = 98.5;
String name = "张三";
char sex = '男';
```

（3）调用变量，即使用存储的数据。例如：

```
System.out.println(score);   //输出变量 score 存储的值
System.out.println(name);    //输出变量 name 存储的值
System.out.println(sex);     //输出变量 sex 存储的值
```

可见，使用声明的变量就是使用变量对应的内存空间中存储的数据。

另外，需要注意的是，尽管可以选用任意一种自己喜欢的方式进行变量声明和赋值，但是要记住变量必须在声明和赋值后才能使用。因此要想使用一个变量，变量的声明和赋值必不可少。

2.1.4 变量命名规则

要正确地给 Java 变量命名，必须遵守一定的规则。Java 变量命名规则如表 2.3 所示。

表 2.3 Java 变量命名规则

序号	条件	合法变量名	非法变量名
1	变量必须以字母、下划线“_”或“$”符号开头	_myCar、score1、$myCar、graph1_1	*myvariable1 //不能以*开头
2	变量可以包括数字，但不能以数字开头		9variable //不能以数字开头
3	除了“_”和“$”符号以外，变量名不能包含其他任何特殊字符		variable% //不能包含% a+b //不能包括+ My Variable //不能包括空格
4	不能使用 Java 的关键字，如 int、class、public 等		t1-2 //不能包括连字符

Java 变量名的长度没有任何限制，但是 Java 区分大小写，所以 price 和 Price 是两个完全不同的变量。

问题：什么是 Java 关键字？

回答如下。

Java 关键字是 Java 中定义的、有特别意义的标识符，如 public、int、class、boolean、void、char、double、package、static 等。随着学习的深入，会接触到越来越多的 Java 关键字。Java 关键字不能用作变量名、类名、包名等。

给变量命名时，除了一定要遵守 Java 命名规则，为了提高代码的可读性和可维护性，还要遵守一些基本的编程规范。

（1）见名知义原则。

见名知义原则是指在命名时，要使用能反映被定义者的含义或作用的变量名。这样，其他人在阅读代码时通过名称就可以对程序有所了解。例如，定义姓名时使用 name，定义年龄时使用 age，定义学生姓名时使用 studentName，定义老师年龄时使用 teacherAge，这些变量名一看便能知道其代表的含义。如果定义为 a、A1、s 等名称，虽然没有错，但是对于理解程序没有任何意义，应该避免使用这种变量名。

（2）驼峰命名法。

驼峰命名法就是指如果变量名由一个或多个单词连接在一起，第一个单词全是小写字母，第二个单词及后续每一个单词的首字母都采用大写字母，这样的变量名看上去就像驼峰一样此起彼伏，如 fileUtil、fileName、dataManager、studentInfo。采用驼峰命名法来命名变量是一种惯例，并不绝对强制，为的是增强程序的可读性。

技能训练

上机练习 1——输出个人简历

需求说明

➢ 使用变量存储数据，实现个人简历信息的输出。

实现思路及关键代码

（1）设置变量并赋值，例如：

```
int age = 25;  //年龄
String name = "小明"; //姓名
int workTime = 3; //工作年限
String techDirection = "Java";//技术方向
String favorite = "篮球"; //兴趣爱好
String projectCount = "5";//完成项目数目
```

（2）输出变量信息，如图 2.3 所示。

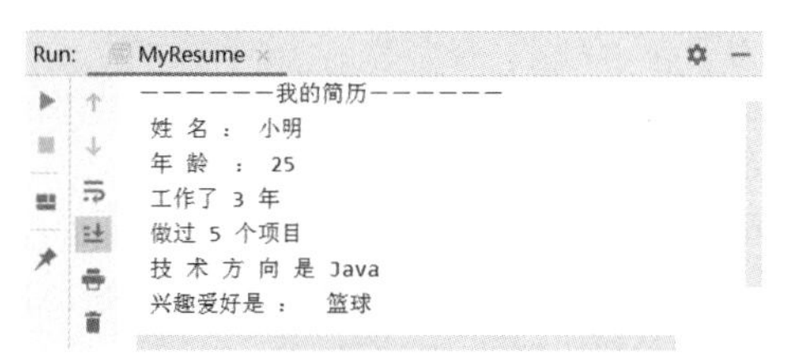

图2.3　上机练习1的程序运行结果

2.2 任务 2：编写程序实现购物结算和模拟幸运抽奖

学习目标如下。

➢ 会使用 Java 运算符。

➢ 会进行数据类型转换。

2.2.1 Java 运算符

运算符用于执行程序代码运算，可以针对一个以上操作数进行运算。例如 2+3，其操作数是 2 和 3，运算符则是“+”。Java 提供了 6 类运算符，分别是赋值运算符、算术运算符、关系运算符、逻辑运算符、位运算符和条件运算符。

Java 常用运算符

1．赋值运算符

在前面几节中，给变量赋值时使用的“=”就是赋值运算符。赋值运算符用于给变量指定变量值，例如：

```
int money = 1000;       //存储本金
double height = 177.5;  //存储体重
```

示例 2

王浩的 Java 成绩是 80 分，张萌的 Java 成绩与王浩的相同，输出张萌的成绩。

关键代码：

```
public class OperatorDemo {
     public static void main(String[] args) {
          int wangScore = 80;       //王浩成绩
          int zhangScore;          //张萌成绩
          zhangScore = wangScore;
          System.out.println("张萌的成绩是：" + zhangScore);
     }
}
```

由示例 2 可知，“=”可以将某个数值赋给变量，或是将某个表达式的值赋给变量。表达式就是符号（如加号、减号）与操作数（如 b、3 等）的组合。例如：

```
int b=2;
int a = (b + 3) * (b - 1);//①
```

注意

标记①的语句将变量 b 的值取出后进行计算，然后将计算结果存储到变量 a 中。如果写成“(b+3) * (b-1) = a”，则会出错。切记，“=”的功能是将等号右边表达式的值赋给等号左边的变量。

2．算术运算符

我们从小时候就开始学习如何进行算术运算了。最简单的算术运算是加、减、乘、除的运算。那么，如何编写程序让计算机来完成算术运算呢？Java 中提供运算功能的就是算术运算符，表 2.4 展示了常用的算术运算符。

表 2.4　常用的算术运算符

运算符	说明	举例
+	加法运算符，求操作数的和	5+3 等于 8
-	减法运算符，求操作数的差	5-3 等于 2
*	乘法运算符，求操作数的乘积	5*3 等于 15
/	除法运算符，求操作数的商	5/3 等于 1
%	取余运算符，求操作数相除的余数	5%3 等于 2
++	自增运算符，将操作数值加 1	i=2; i++; 结果是：i=3
--	自减运算符，将操作数值减 1	i=2; i--; 结果是：i=1

下面使用 Java 提供的算术运算符解决一个简单的问题。

示例 3

从运行窗口输入王浩的 3 门课程（Javascript、Java、SQL）的成绩，编写程序计算 Java 课程和 SQL 课程的成绩差；3 门课程的平均分。

先声明变量存储数据，数据来源于用户从运行窗口中输入的信息；然后进行计算并输出结果。

关键代码：

```
import java.util.Scanner;

public class ScoreStat {
    public static void main(String[] args) {
        Scanner input = new Scanner(System.in);
        System.out.print("Javascript 的成绩是:");
        int js = input.nextInt();      //Javascript 成绩
        System.out.print("Java 的成绩是:");
        int java = input.nextInt();     //Java 成绩
        System.out.print("SQL 的成绩是:");
        int sql = input.nextInt();      //SQL 成绩
        int diffen;                    //分数差
        double avg;                        //平均分
        System.out.println("-----------------------");
        System.out.println("JS\tSQL\tJava");
        System.out.println(js + "\t" + sql + "\t" + java);
        System.out.println("-----------------------");
        diffen = java - sql;                //计算 Java 和 SQL 的成绩差
        System.out.println("Java 和 SQL 的成绩差:" + diffen);
        avg = (js + java + sql) / 3;      //计算平均分
        System.out.println("3 门课的平均分是: " + avg);
    }
}
```

程序运行结果如图 2.4 所示。

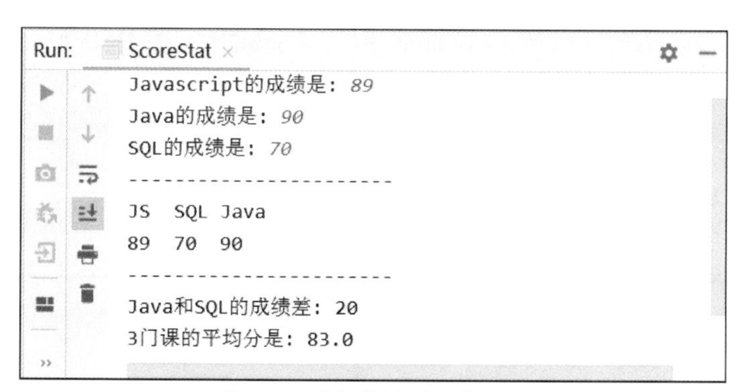

图2.4　示例3程序的运行结果

示例 3 中，从运行窗口输入数据，然后把它存储在已经定义好的变量中，而不是直接在程序中给变量赋值。这种交互是通过 Java 的 Scanner 类实现的，Scanner 类是用于扫描输入文本的实用程序。使用 Scanner 类可以接收用户从键盘输入的数据，通过以下 3 个步骤来完成。

（1）导入 Scanner 类，即指定 Scanner 类的位置，它位于 java.util 包中：

```
import java.util.Scanner;
```

或者：

```
import java.util.*;
```

（2）创建 Scanner 对象。

```
Scanner input = new Scanner(System.in);
```

（3）获得从键盘输入的数据。

```
int js = input.nextInt();
```

通过 Scanner 类，除了可以接收用户输入的整型数据，还可以接收其他类型的数据。表 2.5 中列出了 Scanner 类的常用方法，通过这些方法可以接收用户在键盘输入的字符串、整型数值和浮点类型数值。

表 2.5　Scanner 类的常用方法

方法	说明
String next()	获得一个字符串
int nextInt()	获得一个整型数值
double nextDouble()	获得一个双精度类型数值

另外，算术运算符的使用基本上和数学中的加减乘除运算一样，也遵守“先乘除后加减，必要时加上括号表示运算的先后顺序”的原则。要特别注意的是，在使用“/”运算符进行运算时，一定要分清哪一部分是被除数，必要时应加上括号。例如：

```
System.out.println(2+4+6/2);
```

以上代码计算的是 2+4+(6/2)，而不是(2+4+6)/2。

另外，还有两个非常特殊且有用的运算符：自增运算符“++”和自减运算符“--”。它们不像别的算术运算符那样，运算时需要两个操作数，如“5+3”，“++”和“--”运算符只需要一个操作数。例如：

```
int num1 = 3;
int num2 = 2;
num1++;
num2--;
```

这里，“num1++”等价于“num1=num1+1”，“num2--”等价于“num2=num2-1”。因此，经过运算，num1 的结果是 4，num2 的结果是 1。

知识扩展

自增运算符（++）分前缀式（如++i）和后缀式（如 i++）。前缀式是先加 1 再使用；后缀式是先使用再加 1。

例如：

i=2; j=i++; 结果是 i=3，j=2

i=2; j=++i; 结果是 i=3，j=3

自减运算符（--）分前缀式（如--i）和后缀式（如 i--）。前缀式是先减 1 再使用；后缀式是先使用再减 1。例如：

i=2; j=i--; 结果是 i=1，j=2

i=2; j=--i; 结果是 i=1，j=1

3. 数据类型转换

（1）为什么需要数据类型转换？

实际生活中可能会遇到下面的问题。

示例 4

某班第一次考试平均分是 81.29，第二次比第一次增加了 2 分，第二次的平均分是多少？

分析

在这个问题中，我们需要将一个 int 数据类型的变量与一个 double 数据类型的变量相加。那么，不同的数据类型能进行运算吗？运算的结果又是什么数据类型呢？这就需要进行数据类型转换。

（2）如何进行数据类型转换？

① 自动数据类型转换。

下面来解决示例 4 的问题。

关键代码：

```
public class AutoTypeChange {
     public static void main(String[] args) {
          double firstAvg = 81.29;              //第一次考试的平均分
          double secondAvg;                     //第二次考试的平均分
          int rise = 2;                         //增长的分数
          secondAvg = firstAvg + rise;          //自动类型转换
/*显示第二次考试平均分*/
          System.out.println("第二次平均分是：" + secondAvg);
     }
}
```

程序运行结果如图 2.5 所示。

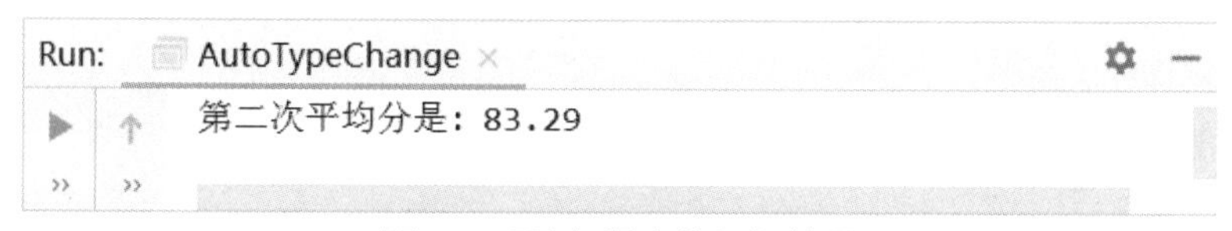

图2.5　示例4程序的运行结果

从代码中可以看出，double 类型变量 firstAvg 和 int 类型变量 rise 相加后，计算的结果赋给一个 double 类型变量 secondAvg，这时就发生了自动数据类型转换。

规则 1：如果一个操作数为 double 类型，则整个表达式可提升为 double 类型。

首先，Java 具有应用于一个表达式的提升规则，表达式（firstAvg+rise）中操作数 firstAvg 是 double 类型，则整个表达式的结果为 double 类型。这时，int 类型变量 rise 隐式地自动转换成 double 类型，然后它和 double 类型变量 firstAvg 相加，最后结果为 double 类型并赋给变量 secondAvg。但是，这种转换并不是永远无条件发生的。

规则 2：满足自动类型转换的条件。

两种类型要兼容：数值类型（整型和浮点类型）互相兼容。

目标类型大于源类型：double 类型可以存放 int 类型数据，因为 double 类型变量分配的空间宽度足够存储 int 类型变量。所以，我们也把 int 类型变量转换成 double 类型变量称为“放大转换”。

② 强制数据类型转换。

事实上，自动类型转换并非在所有情况下都有效。如果不满足上述条件，必须将 double 类型变量的值赋给一个 int 类型变量，该如何进行转换呢？

示例 5

去年 Apple 笔记本所占的市场份额是 20%，今年增长的市场份额是 9.8%，求今年所占的市场份额。

分析

原有市场份额加上增长的市场份额便是现在所占的市场份额。因此，可以声明一个 int 类型变量 before 来存储去年的市场份额，一个 double 类型变量 rise 来存储增长的部分。但是如果直接将这两个变量的值相加，然后将计算结果直接赋给一个 int 类型变量 now，会提示出现问题吗？尝试后会发现 IntelliJ IDEA 会提示“类型不匹配”的错误信息。正确的解决方案如下所示。

关键代码：

```
public class TypeChange {
    public static void main(String[] args) {
        int before = 20;                    //Apple 笔记本去年市场份额
        double rise = 9.8;                  //增长的份额市场
        //计算新的市场份额（double 类型变量强制转换成 int 类型变量）
        int now = before + (int)rise;     //今年的市场份额
        System.out.println("新的市场份额是：" + now);
    }
}
```

示例 5 给出的解决方案，运行结果为“新的市场份额是：29”。

根据类型提升规则，表达式（before+rise）的值应该是 double 类型，但是最后的结果却要转变成 int 类型，赋给 int 类型变量 now。此时必须进行显式的强制类型转换。

语法：

(数据类型) 表达式

在变量前加上括号，括号中的类型就是要强制转换成的类型。例如：

```
double d = 34.5634;
int b = (int)d;
```

运行后 b 的值为 34。

从示例中可以看出，由于强制类型转换往往是从字节数大的类型转换成字节数小的类型，数值损失了精度（如 2.3 变成了 2，34.5634 变成了 34），因此可以形象地称这种转换为“缩小转换”。

4. 关系运算符

关系运算符有时又称比较运算符，用于比较两个变量或常量的大小。Java 中共有 6 个关系运算符，分别为“==”“!=”“>”“<”“>=”“<=”。关系运算符的说明如表 2.6 所示。

表 2.6 关系运算符

关系运算符	说明	举例
＞	大于	99＞100，结果为 false
＜	小于	大象的寿命＜乌龟的寿命，结果为 true
＞=	大于等于	你的考试成绩＞=200 分，结果为 false

续表

关系运算符	说明	举例
<=	小于等于	每次的考试成绩<=60 分，结果为 false
==	等于	地球的大小==篮球的大小，结果为 false
!=	不等于	水的密度！=铁的密度，结果为 true

从表 2.6 可以看出，关系运算符运算得到的结果是个 boolean 类型的值，要么是真（True），要么是假（False）。

示例 6

从运行窗口输入张三同学的成绩，与李四的成绩（80 分）进行比较，然后输出“张三成绩比李四好吗？”这个问题的判断结果。

关键代码：

```
import java.util.Scanner;
public class BoolTest {
        public static void main(String[] args) {
          int liSi = 80;                  //学员李四的成绩
          boolean isBig ;                 //声明一个 boolean 类型的变量
          Scanner input = new Scanner(System.in); //Java 输入的一种方法
          System.out.print("输入学员张三成绩: ");    //提示输入成绩
          int zhangSan =  input.nextInt();       //输入张三的成绩
          isBig = zhangSan > liSi ;//将比较结果保存在 boolean 变量中
          System.out.println( "张三成绩比李四好吗 ? "+isBig );
    }
}
```

程序运行结果如图 2.6 所示。

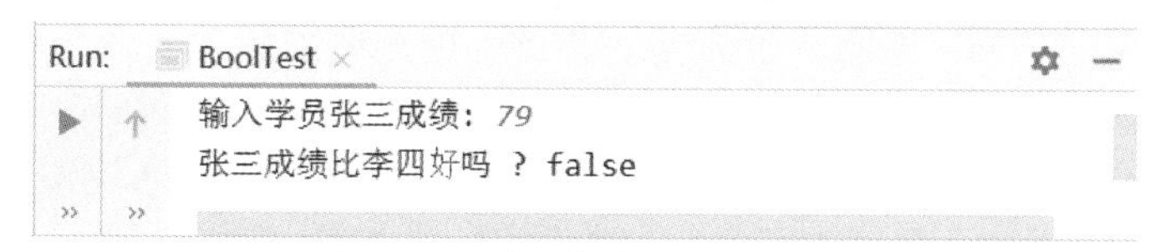

图2.6　示例6程序的运行结果

比较结果是一个 boolean 类型的值，结果为“假”，因此示例 6 程序的输出结果为 false。

问题：“=”和“==”的区别是什么？

回答如下。

（1）“=”是赋值运算符，即把“=”右边的值赋给“=”左边的变量，如 int num=20。

（2）“==”是比较运算符，即把“==”左边的值与“==”右边的值进行比较，看它们是否相等，如果相等则为 true，否则为 false，如 3==4 的结果为 false。

注意

（1）“>”“<”“>=”“<=”只支持数值类型变量的比较。“==”“!=”支持所有数据类型变量的比较，包括数值类型、布尔类型、引用类型等。

（2）“>”“<”“>=”“<=”优先级别高于“==”“!=”。

技能训练

上机练习 2——升级“我行我素购物管理系统”，实现购物结算功能

训练要点

- 运算符（*、=）的使用。

需求说明

- 张三的购物清单如表 2.7 所示。

表 2.7 张三的购物清单

商品	单价（元）	数目
T 恤	245	2
网球鞋	570	1
网球拍	320	1

假设该用户可以享受八折的购物优惠，请计算实际消费金额，程序运行结果如图 2.7 所示。

图2.7 上机练习2的程序运行结果

实现思路及关键代码

（1）创建 Java 类 Pay（注意要使用统一的名称，便于后面的章节用到这段代码时查找和使用）。

（2）在 Pay.java 文件中声明变量存储信息。

商品价格：shirtPrice（T 恤单价）、shoePrice（网球鞋单价）、padPrice（网球拍单价）。

商品数量：shirtNo（T 恤数目）、shoeNo（网球鞋数目）、padNo（网球拍数目）。

其他：discount（折扣）、finalPay（消费总额）、returnMoney（找钱）、score（积分）。

（3）计算总金额：消费总额=各商品的消费金额之和×折扣。

关键代码：

```
public class Pay {
    public static void main(String[] args) {
        int shirtPrice = 245;   //T 恤单价
        int shoePrice = 570;    //网球鞋单价
        int padPrice = 320;     //网球拍单价
        int shirtNo=2;          //T 恤数目
        int shoeNo =1;          //网球鞋数目
        int padNo = 1;          //网球拍数目
        double discount = 0.8;
        /*计算消费总金额*/
        double finalPay = (shirtPrice * shirtNo
               + shoePrice * shoeNo + padPrice * padNo) * discount;
        System.out.println("消费总金额: " + finalPay);
    }
}
```

上机练习 3——升级“我行我素购物管理系统”，实现输出购物小票和计算积分功能

需求说明

➢ 在上机练习 2 的基础上，实现以下功能。

(1) 结算时用户支付 1500 元，输出购物小票。

(2) 计算此次购物获得的会员积分（每消费 100 元可获得 3 分）。

程序运行结果如图 2.8 所示。

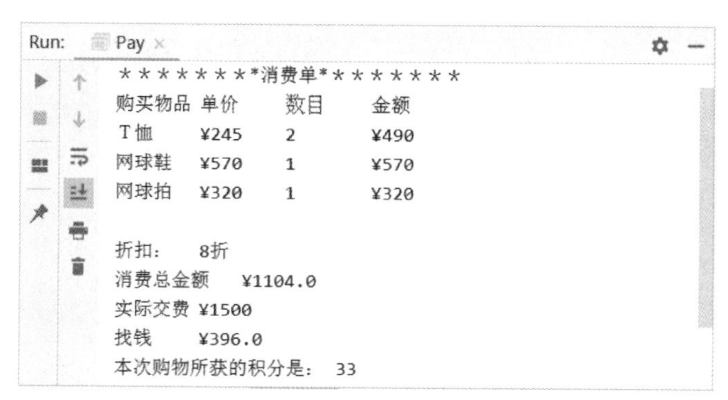

图2.8　上机练习3的程序运行结果

提示

(1) 使用 “\t” 和 “\n” 控制购物小票的输出格式。

(2) 计算本次消费所获得的积分：所获积分 = (int)消费总额 * 3 / 100。

(3) 在微软拼音中文输入法下，按 $ 键可输出 “¥”。

上机练习 4——升级“我行我素购物管理系统”，模拟幸运抽奖

训练要点

➢ 运算符（%、/）的使用。

➢ 使用 Scanner 类接收用户输入。

➢ 关系运算符和 boolean 类型的用法。

需求说明

➢ 商场推出幸运抽奖活动，抽奖规则如下。

客户的 4 位会员卡号的各位数字之和大于 20，则为幸运客户。

计算 3588 各位数字之和，程序运行结果如图 2.9 所示。

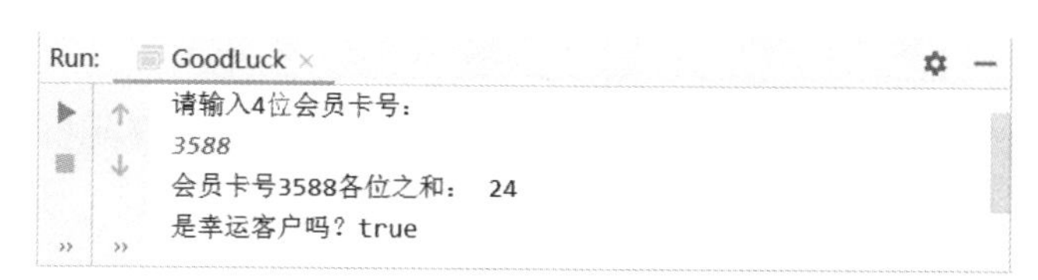

图2.9　上机练习4的程序运行结果

实现思路及关键代码

(1) 创建 Java 文件 GoodLuck.java。

(2) 使用 Scanner 类接收用户在运行窗口输入的会员卡号，并存储在会员卡号变量中。

（3）结合“/”和“%”运算符分解获得各位上的数字。例如：“int num = 5642;”，使用运算符%进行求余运算，num%10 结果为 2，即分解获得个位数字。

（4）计算各位数字之和。

关键代码：

```
import java.util.Scanner;
public class GoodLuck {
      /*
        * 幸运抽奖
        */
      public static void main(String[] args) {
            int custNo; // 客户会员卡号（说明：customer——客户）

            // 输入会员卡号
            System.out.println("请输入 4 位会员卡号：");
            Scanner input = new Scanner(System.in);
            custNo = input.nextInt();

            // 获得各位上的数字
            int gewei = custNo % 10;          // 分解获得个位上的数
            int shiwei = custNo / 10 % 10;  // 分解获得十位上的数
            int baiwei = custNo / 100 % 10; // 分解获得百位上的数
            int qianwei = custNo / 1000;     // 分解获得千位上的数

            // 计算各位数字之和
            int sum = gewei + shiwei + baiwei + qianwei;
            System.out.println("会员卡号" + custNo + "各位之和： " + sum);
            boolean isLuck=sum>20;
            System.out.println("是幸运客户吗？" +isLuck);
      }
}
```

小技巧

使用另一种方法也可以分解获得各位上的数字。

关键代码：

```
qianwei = custNo / 1000;         //分解获得千位数字
baiwei = custNo % 1000 / 100;   //分解获得百位数字
shiwei = custNo % 100 / 10;     //分解获得十位数字
gewei = custNo % 10;             //分解获得个位数字
```

上机练习 5——升级“我行我素购物管理系统”，实现判断商品折扣价格

训练要点

➢ 关系运算符的使用。

➢ boolean 类型的使用。

需求说明

➢ 接收从键盘上输入的商品折扣，并判断商品享受此折扣后价格是否低于 100，程序运行结果如图 2.10 所示。

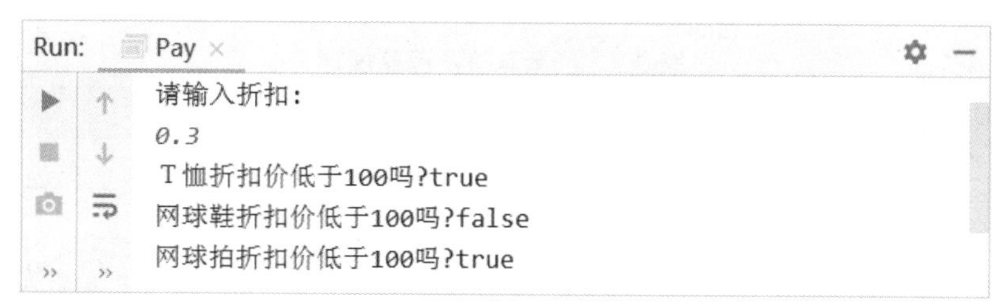

图2.10　上机练习5的程序运行结果

实现思路

（1）声明变量用于存储商品价格信息。

（2）接收从键盘上输入的折扣，并保存。

（3）计算商品享受折扣后的价格。

（4）输出商品折扣价格是否低于 100。

5. 逻辑运算符

逻辑运算符用于对两个布尔类型操作数进行运算，其结果还是布尔值。逻辑运算符如表 2.8 所示。

表 2.8　逻辑运算符

逻辑运算符	含义	运算规则
&	逻辑与	两个操作数都是 true，结果才为 true；不论运算符左边的值是否为 false，右边的表达式都会进行运算
|	逻辑或	两个操作数至少一个是 true，则结果为 true；不论运算符左边的值是否为 false，右边的表达式都会进行运算
^	逻辑异或	两个操作数相同，结果为 false；两个操作数不同，结果为 true
!	逻辑反（逻辑非）	操作数为 true，结果为 false；操作数为 false，结果为 true
&&	短路与	运算规则与“&”的不同之处在于，如果运算符左边的值为 false，右边的表达式不会进行运算
||	短路或	运算规则与“|”的不同之处在于，如果运算符左边的值为 true，右边的表达式不会进行运算

注意

（1）操作数类型只能是布尔类型，运算结果也是布尔值。

（2）优先级别：“!” > “&” > “^” > “|” > “&&” > “||”。

（3）“&”和“&&”的区别：当“&&”左侧的值为 false 时，将不会计算其右侧的表达式，即左 false 则 false；无论任何情况，“&”两侧的表达式都会参与计算。

（4）“|”和“||”的区别与“&”和“&&”的区别类似。

6. 位运算符

位运算符及运算规则如表 2.9 所示。

表 2.9　位运算符及运算规则

位运算符	含义	运算规则
&	按位与	两个操作数都是 1，结果才为 1
|	按位或	两个操作数至少一个是 1，则结果为 1
^	按位异或	两个操作数相同，结果为 0；两个操作数不同，结果为 1
~	按位非（取反）	操作数为 1，结果为 0；操作数为 0，结果为 1
<<	左移	右侧空位补 0
>>	右移	左侧空位补最高位，即符号位
>>>	无符号右移	左侧空位补 0

示例 7

计算 5&6 和 5|6 的结果。

关键代码：

```
public class BitwiseOperator {
    public static void main(String[] args) {
        int num1 = 5;
        int num2 = 6;
        System.out.print(num1+"&"+num2+"=");
        System.out.println(num1&num2);    //计算 5&6
        System.out.print(num1+"|"+num2+"=");
        System.out.println(num1|num2);    //计算 5|6
    }
}
```

程序运行结果如图 2.11 所示。

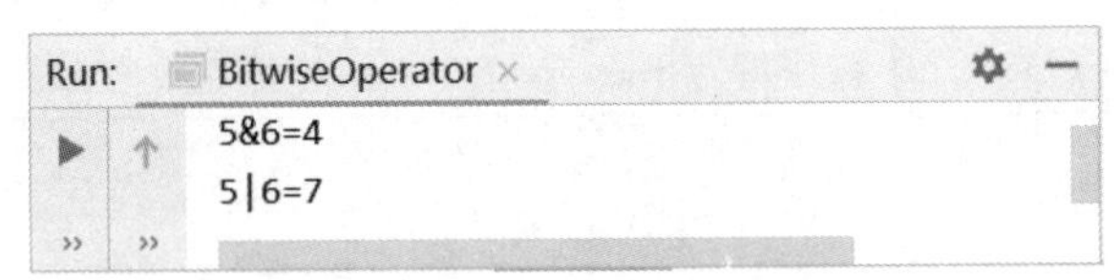

图2.11　示例7的程序运行结果

具体的计算步骤如下。

（1）把操作数 5 和 6 分别转换为二进制数（应该为 32 位二进制数，这里只显示最后 8 位）。

（2）根据按位与运算符的运算规则，两个操作数都是 1，结果才为 1（全 1 得 1），最终结果为 00000100，转换为十进制数就是 4，如图 2.12 所示。

（3）根据按位或运算符的运算规则，两个操作数只要有一个是 1，结果就是 1（有 1 得 1），最终结果为 00000111，转换为十进制数就是 7，如图 2.13 所示。

图2.12　计算5&6的结果　　图2.13　计算5|6的结果

示例 8

计算 6<<2 的结果。

关键代码：

```
public class ShiftOperator {
     public static void main(String[] args) {
          System.out.print("6<<2=");
          System.out.println(6<<2);    //计算 6<<2
     }
}
```

程序运行结果如图 2.14 所示。

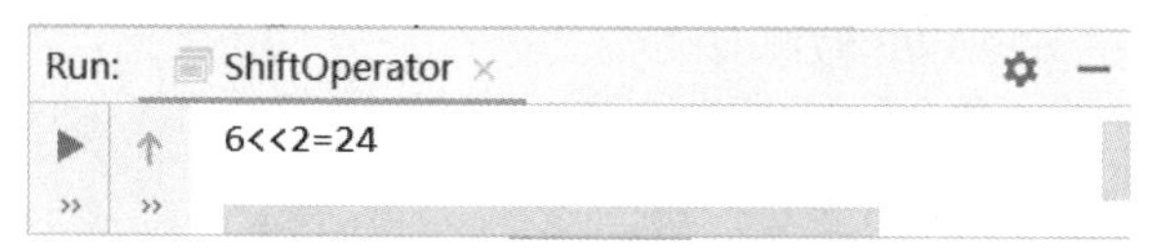

图2.14　示例8的程序运行结果

具体的计算步骤如下。

（1）把 6 转换为 32 位二进制数；

（2）让所有二进制位向左移动两位，最高两位溢出，空出的低位一律补 0；

（3）最终结果转换为十进制数就是 24，如图 2.15 所示。

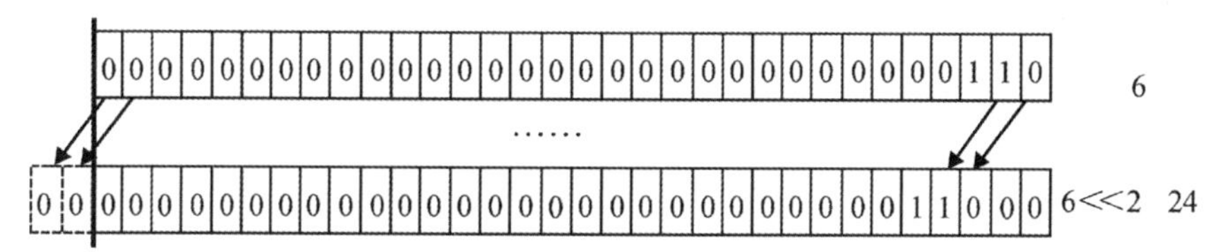

图2.15　计算6<<2的结果

提示

（1）位运算符对操作数以二进制位为单位进行运算。

（2）位运算符的操作数是整型数，包括 int、short、long、byte 和 char。位运算符的运算结果也是整型数，包括 int、long。如果操作数是 char、byte、short 类型，在位运算前其值会自动转换为 int 类型，运算结果也为 int 类型。

（3）根据位运算符的特性，通过位运算符有时能够巧妙地解决一些问题。例如：通过按位与运算符可以快速判断一个数字 a 的奇偶性。将 a 与 1 做按位与运算，若结果是 1，则 a 是奇数；若结果是 0，则 a 是偶数。如要实现互换两个变量值（例如，交换变量 a 和 b 的值），在不借助第三个变量的情况下，可以通过按位异或操作实现，即通过“a=a^b; b=b^a; a=a^b;”实现，方便快捷。

7. **条件运算符**

条件运算符是 Java 中唯一需要 3 个操作数的运算符，所以又称三目运算符或三元运算符。

语法：

```
条件?表达式 1 : 表达式 2
```

➢ 首先对条件进行判断，如果判断结果为 true，则返回表达式 1 的值；如果判断结果为 false，返回表达式 2 的值。

例如：

```
int min;
min=5<7?5:7;
System.out.println(min);
min=10<7?10:7;
System.out.println(min);
```

分析

（1）在表达式“min=5<7?5:7;”中，首先判断 5<7 的值，结果为 true，则取表达式 1 的值 5 赋给变量 min，所以 min 的值是 5。

（2）在表达式“min=10<7?10:7;”中，首先判断 10<7 的值，结果为 false，则取表达式 2 的值 7 赋给变量 min，所以 min 的值是 7。

提示

条件表达式实现的功能和第 3 章中讲解的 if-else 选择结构类似，可以转变为 if-else 语句。

2.2.2 运算符的优先级

Java 中的各种运算符都有自己的优先级和结合性。所谓优先级就是指在表达式运算中的运算顺序。优先级越高，在表达式中运算顺序越靠前。

结合性可以理解为运算的方向，大多数运算符的结合性是从左向右，即从左向右依次进行运算。

各种运算符的优先级如表 2.10 所示，优先级别从上到下逐级降低。

表 2.10 运算符的优先级

<table>
<tr><th>优先级</th><th>运算符</th><th>结合性</th></tr>
<tr><td>1</td><td>()、[].</td><td>从左向右</td></tr>
<tr><td>2</td><td>!、~、++、--</td><td>从右向左</td></tr>
<tr><td>3</td><td>*、/、%</td><td>从左向右</td></tr>
<tr><td>4</td><td>+、-</td><td>从左向右</td></tr>
<tr><td>5</td><td><<、>>、>>></td><td>从左向右</td></tr>
<tr><td>6</td><td><、<=、>、>=、instanceof</td><td>从左向右</td></tr>
<tr><td>7</td><td>==、!=</td><td>从左向右</td></tr>
<tr><td>8</td><td>&</td><td>从左向右</td></tr>
<tr><td>9</td><td>^</td><td>从左向右</td></tr>
<tr><td>10</td><td>|</td><td>从左向右</td></tr>
<tr><td>11</td><td>&&</td><td>从左向右</td></tr>
<tr><td>12</td><td>||</td><td>从左向右</td></tr>
<tr><td>13</td><td>?:</td><td>从右向左</td></tr>
<tr><td>14</td><td>=、+=、-=、*=、/=、%=、&=、|=、^=、~=、<<=、>>=、>>>=</td><td>从右向左</td></tr>
</table>

提示

（1）优先级别最低的是赋值运算符，其次是条件运算符。

（2）单目运算符包括 "!" "～" "++" "– –"，优先级别高。

（3）可以通过 "()" 控制表达式的运算顺序，"()" 优先级别最高。

（4）总体而言，优先级别顺序为算术运算符 > 关系运算符 > 逻辑运算符。

（5）结合性为从右向左的只有赋值运算符、三目运算符和单目运算符（一个操作数）。

本章小结

本章学习了以下知识点。

- 变量是一个数据存储空间的表示，它是存储数据的基本单元。
- Java 中常用的数据类型有整型、双精度浮点类型、字符类型、布尔类型、字符串类型等。
- 变量要先声明并赋值，然后才能使用。
- Java 中数据类型之间的转换，主要包含自动类型转换和强制类型转换，发生自动类型转换时必须符合一定的条件。
- Java 提供各种类型的运算符，包括赋值运算符、算术运算符、关系运算符、逻辑运算符、位运算符和条件运算符。

本章作业

1．简述 Java 中变量的命名规则。

2．举例说明在什么情况下会发生自动类型转换。

3．小明左、右手中分别拿一张纸牌：黑桃 10 和红桃 8。现在交换左、右手中的牌。用程序模拟这一过程：两个整数分别保存在两个变量中，将这两个变量的值互换，并输出互换后的结果。程序运行结果如图 2.16 所示。

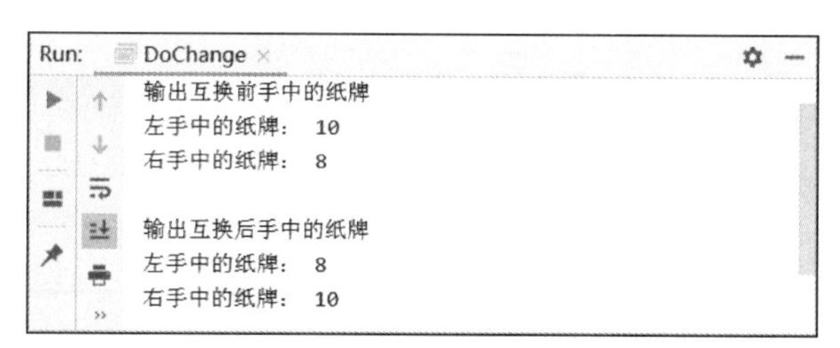

图2.16　交换牌的程序运行效果

提示

实现方法 1：互换两个变量的值可借助一个临时变量来实现。

实现方法 2：在不借助第三个变量的情况下，可以通过异或操作实现互换两个变量的值。

4．小明要到美国旅游，那里的温度是以华氏度为单位记录的。他需要一个程序将华氏温度转换为摄氏温度，并以华氏度和摄氏度为单位分别显示该温度。编写程序实现此功能。要求：可以从运行窗口输入温度信息。

提示

摄氏度与华氏度的转换公式为“摄氏度= 5÷9.0 ×（华氏度−32）”。

5．银行提供了整存整取定期储蓄业务，其存期分为一年、两年、三年、五年，到期凭存单支取本息。年利率如表 2.11 所示。

表 2.11　年利率

存期	年利率（%）
一年	2.25
两年	2.7
三年	3.24
五年	3.6

编写一个程序，输入存入的本金数目，存期为一年、两年、三年、五年，计算到期取款时，银行应支付的本息分别是多少，程序运行结果如图 2.17 所示。

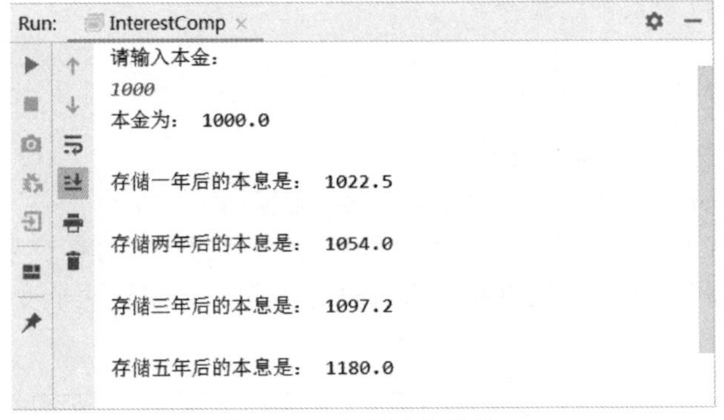

图2.17　实现本息输出

提示

利息=本金×年利率×存期，本息=本金+利息。

第 3 章

流程控制——选择结构

技能目标

- ❖ 掌握基本 if 选择结构
- ❖ 掌握多重 if 选择结构
- ❖ 掌握嵌套 if 选择结构
- ❖ 掌握 switch 选择结构
- ❖ 能够综合运用 if 选择结构和 switch 选择结构解决问题

本章任务

学习本章，需要完成以下 3 个任务。

任务 1：根据条件判断进行抽奖、信息录入和购物结算

任务 2：实现购物菜单的选择功能

任务 3：实现商品换购

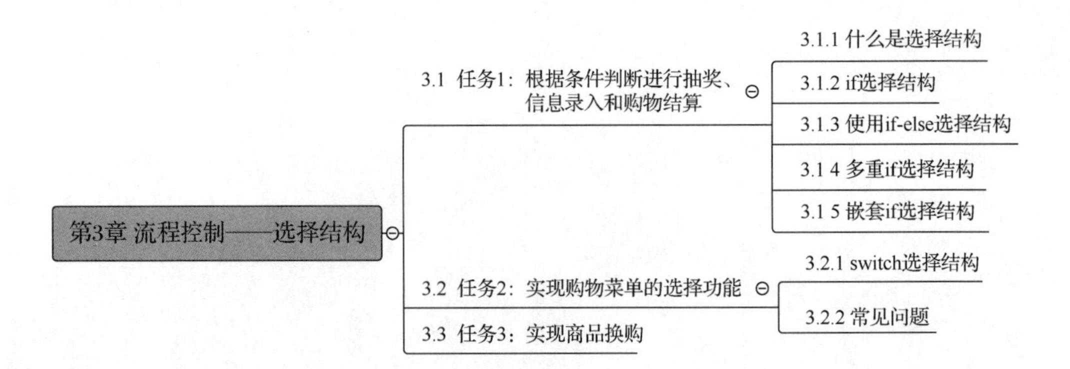

3.1 任务 1：根据条件判断进行抽奖、信息录入和购物结算

学习目标如下。

- 掌握 if 选择结构。
- 会使用流程图帮助厘清解决问题的思路。
- 会进行复杂条件判断。
- 掌握多重 if 选择结构和嵌套 if 选择结构。

3.1.1 什么是选择结构

在前两章中，我们编写的程序总是从程序入口开始，顺序执行每一条语句，直到执行完最后一条语句结束，这样的结构称为“顺序结构”，即程序从上向下依次执行每条语句的结构，中间没有任何的判断和跳转。

但是生活中经常需要进行条件判断，根据判断结果决定是否做某件事情。这时就需要使用另一种流程控制结构——选择结构。选择结构用于判断给定的条件，根据判断的结果控制程序的流程。Java 选择结构可以通过 if 语句、switch 语句来实现。

3.1.2 if 选择结构

前面提到，在生活中我们经常需要做判断，然后才能够决定是否做某件事情。

现在用 Java 程序解决下面的问题。

示例 1

如果张浩的 Java 考试成绩大于 98 分，那么张浩就能获得一个智能音箱作为奖励。

分析

这个问题需要先判断张浩的 Java 考试成绩，他的 Java 考试成绩大于 98 分时，才能获得奖励。对于这种“需要先判断条件，条件满足后执行”的程序，需要用 if 选择结构完成。

1. 什么是 if 选择结构

if 选择结构是在条件判断之后再做处理的一种语法结构。下面看一下基本的 if 选择结构的语法。

语法：

```
if (条件) {
代码块        //条件成立后要执行的代码，可以是一条语句,也可以是一组语句
}
```

图 3.1 所示是代码的图形化表示，称为流程图。结合流程图来看，if 选择结构的含义和执行过程就一目了然了。图中带箭头的线条表示的是流程线，也就是程序执行的过程。首先对条件进行判断，如果判断结果是真，则执行代码块；否则执行代码块后面的部分。

因此，关键字 if 后小括号里的条件是一个表达式，而且表达式的值必须为 true 或 false。在选择结构中，分支选择的条件常使用关系运算符构成的关系表达式。

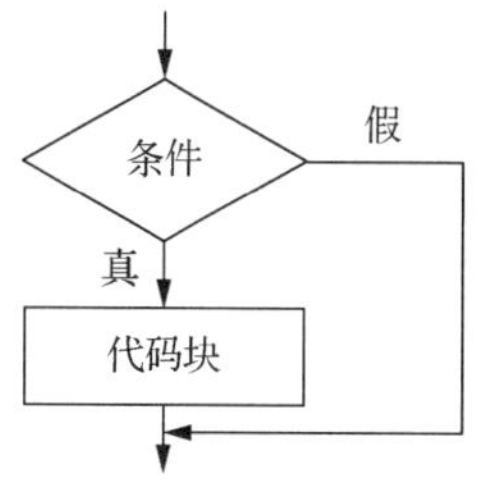

图3.1　if选择结构流程图

程序执行时，先判断条件。当判断结果为 true 时，程序先执行大括号里的代码块，再执行 if 结构（即{}部分）后面的代码。当判断结果为 false 时，不执行大括号里的代码块，而直接执行 if 结构后面的代码。

看一看下面的程序如何执行。

关键代码：

```
public class Demo {
    public static void main(String[] args){
        //语句 1;
        //语句 2;
        if(条件){
            //语句 3;
        }
        //语句 4;
    }
}
```

回想第 1 章和第 2 章所编写的程序，main()是程序的入口，main()中的语句将逐条顺序地执行，所有的语句都执行完毕后程序结束。因此，程序开始执行后，首先执行语句 1 和语句 2，然后对条件进行判断。如果条件成立，则执行语句 3，然后跳出 if 结构执行语句 4；如果条件不成立，则语句 3 不执行，直接执行语句 4。

经验

当 if 关键字后的一对大括号里只有一条语句时，可以省略大括号。但是为了避免有多条语句时遗忘大括号，以及保持程序整体风格一致，建议不要省略 if 结构的大括号。

解释

流程图：逐步解决指定问题的步骤和方法的一种图形化表示方法。

流程图直观、清晰地帮助我们分析问题或设计解决方案，是程序开发人员的好帮手。流程图使用一组预定义的符号来说明如何执行特定的任务。表 3.1 所示为符号汇总。

表 3.1　符号汇总

图形	意义	图形	意义
	程序开始或结束		判断和分支

续表

图形	意义	图形	意义
（矩形）	计算步骤或处理符号	（圆形）	连接符
（平行四边形）	输入或输出指令	（箭头）	流程线

2. ***如何使用 if 选择结构***

if 选择结构是基本的选择控制语句，在具体应用中有多种不同的使用形式。但不管何种形式，都需要先判断给定的条件，然后决定下一步要执行的语句。

（1）使用基本的 if 选择结构

下面使用基本的 if 选择结构解决示例 1 的问题。

关键代码：

```
import java.util.Scanner;
public class GetPrize {
    public static void main(String[] args) {
        Scanner input = new Scanner(System.in);
        System.out.print("输入张浩的 Java 成绩: ");
                                    //提示输入张浩的 Java 成绩
        int score = input.nextInt();    //从控制台获取张浩的 Java 成绩
        if ( score > 98 ) {             //判断成绩是否大于 98 分
            System.out.println("老师说：不错，奖励一个智能音箱！");
        }
    }
}
```

这里输入张浩的 Java 成绩后，通过判断得知 100 分大于 98 分，输出“老师说：不错，奖励一个智能音箱！”，如图 3.2 所示。

图3.2　示例1的程序运行结果

（2）使用复杂条件下的 if 选择结构

任何选择处理都是有条件的，合理、正确地表达和使用选择条件是选择结构程序设计的重要内容。逻辑表达式是由逻辑运算符连接运算对象而构成的表达式，它在程序中常用于表示复杂条件。

示例 2

如果张浩的 Java 成绩大于 98 分，而且音乐成绩大于 80 分，则老师奖励他；或者其 Java 成绩等于 100 分，音乐成绩大于 70 分，老师也可以奖励他。

分析

这个问题需要判断的条件比较多，因此需要将多个条件连接起来，Java 中可以使用逻辑运算符连接多个条件。

首先提取问题中的条件：

张浩 Java 成绩＞98 分并且张浩音乐成绩＞80 分

或者：

张浩 Java 成绩= =100 分并且张浩音乐成绩＞70 分

提取出了条件，如何编写条件的代码呢？

第一种写法：

```
score1 > 98 && score2 >80 || score1 == 100 && score2 > 70
```

第二种写法：

```
(score1 > 98 && score2 >80) || (score1 == 100 && score2 > 70)
```

其中，score1 表示张浩的 Java 成绩，score2 表示张浩的音乐成绩。显然，第二种写法更清晰地描述了上述问题的条件。

经验

当运算符比较多，无法确定运算符执行的顺序时，可以使用小括号控制执行顺序。

上述问题的关键代码：

```
public class GetPrize2 {
    public static void main(String[] args) {
        int score1 = 100;    //张浩的 Java 成绩
        int score2 = 72;     //张浩的音乐成绩
        if ((score1>98 && score2>80) || (score1==100 && score2>70)) {
            System.out.println("老师说:不错，奖励一个智能音箱！");
        }
    }
}
```

程序运行结果如图 3.3 所示。

图3.3　示例2的程序运行结果

3.1.3　使用 if-else 选择结构

示例 3

如果张浩的 Java 成绩大于 98 分，那么老师奖励他一个智能音箱；否则老师罚他编程。

分析

与上一小节的 if 选择结构不同的是，除了要实现条件成立时执行的操作，还要实现条件不成立时执行的操作。这时可以使用 if-else 选择结构。

语法：

```
if (条件) {
    //代码块 1
}else {
    //代码块 2
}
```

图 3.4 形象地展示了 if-else 选择结构的执行过程。

按照需求，画出流程图分析要解决的问题，如图 3.5 所示。

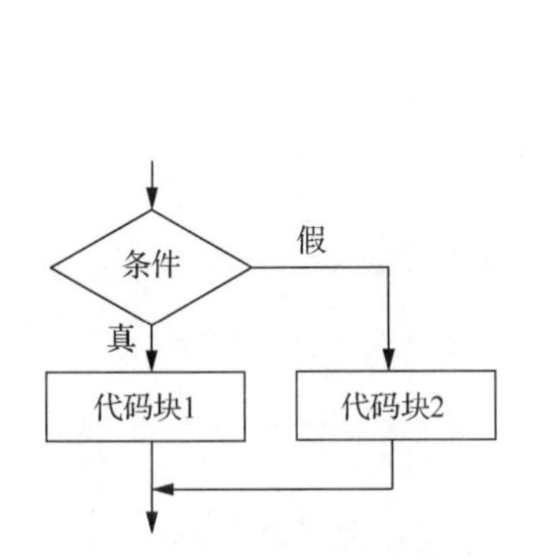

图3.4　if-else选择结构流程图

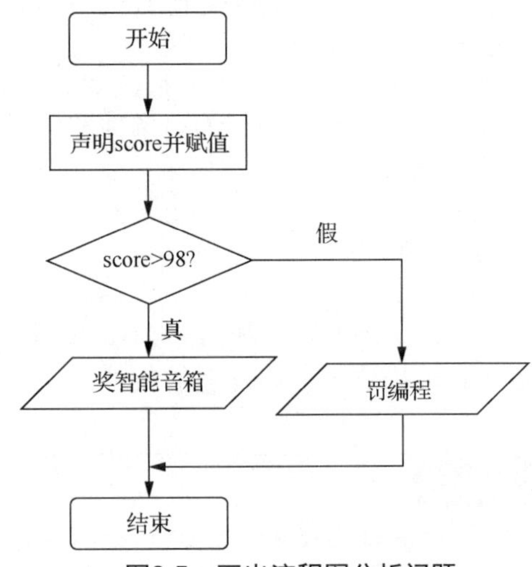

图3.5　画出流程图分析问题

结合流程图，使用 if-else 选择结构进行编程。

关键代码：

```
public class SimpleIf {
     public static void main(String[] args) {
          int score = 91;     //张浩的 Java 成绩
          if ( score > 98 ) {
               System.out.println("老师说:不错，奖励一个智能音箱！");
          }else{
               System.out.println("老师说:惩罚进行编程！");
          }
     }
}
```

程序运行结果如图 3.6 所示。

图3.6　示例3的程序运行结果

注意

（1）if-else 选择结构由 if 语句和紧随其后的 else 语句组成。

（2）else 语句不能单独使用，它必须是 if 语句的一部分，与最近的 if 语句配对使用。

技能训练

上机练习 1——升级“我行我素购物管理系统”，实现幸运抽奖

需求说明

➢　商场实行新的抽奖规则：如果会员号的百位数字等于产生的随机数字，则该客户为幸运客户。且程序满足如下要求。

（1）从键盘上接收输入的会员号。

（2）使用 if-else 选择结构实现幸运抽奖。

（3）运行结果如图 3.7 和图 3.8 所示。

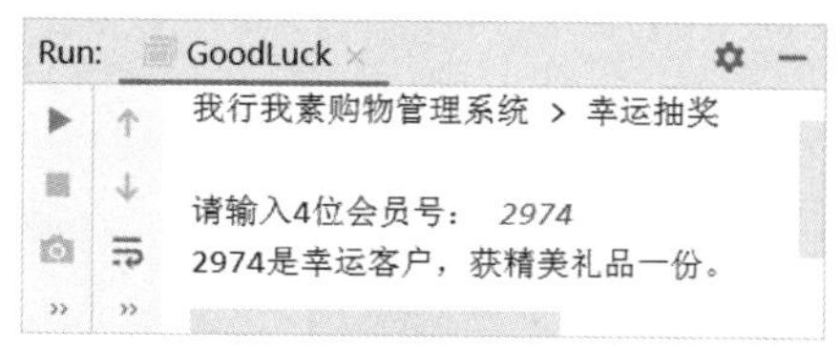

图3.7　幸运客户输出结果

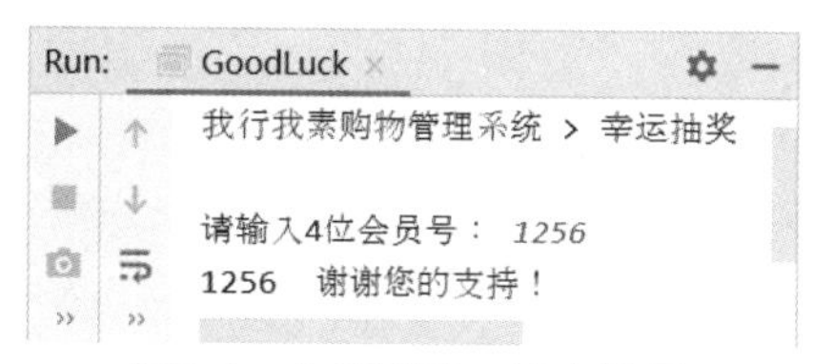

图3.8　非幸运客户输出结果

实现思路及关键代码

（1）产生随机数。产生随机数（0～9 的任意整数）的方法如下：

```
int random = (int)(Math.random()* 10);  //产生随机数
```

（2）从键盘上接收输入的一个 4 位会员号。

（3）分解获得百位上的数。

（4）判断该客户是否是幸运客户。

关键代码：

```
import java.util.Scanner;
public class GoodLuck {
    public static void main(String[] args) {
        /* 产生随机数 */
        int random = (int) (Math.random() * 10);
        /* 从键盘上接收输入的一个 4 位会员号 */
        System.out.println("我行我素购物管理系统 > 幸运抽奖\n");
        System.out.print("请输入 4 位会员号： ");
        Scanner input = new Scanner(System.in);
        int custNo = input.nextInt();
        /* 分解获得百位上的数字 */
        int baiwei = custNo / 100 % 10;
        /* 判断是否是幸运客户 */
        if (baiwei == random) {
            System.out.println(custNo + "是幸运客户，获精美礼品一份。");
        } else {
            System.out.println(custNo + "  谢谢您的支持！");
        }
    }
}
```

上机练习 2——升级“我行我素购物管理系统”，实现会员信息录入功能

需求说明

➢ 录入会员信息，包括会员号、会员生日、会员积分。

➢ 判断录入的会员号是否合法（必须为 4 位整数）。如果录入信息合法，则显示录入的信息，如图 3.9 所示；如果不合法，则显示“录入信息失败”。

提示

（1）使用 Scanner 类获取用户从键盘输入的信息，并存储在变量 custNo、custBirth、custScore 中。

（2）使用 if-else 选择结构。

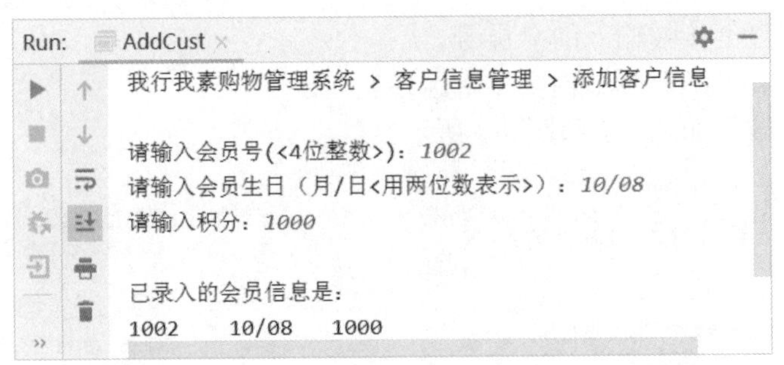

图3.9 录入会员信息

3.1.4 多重 if 选择结构

多重 if 选择结构

示例 4

对学员的结业考试成绩进行评级。成绩大于等于 90 且小于等于 100 为优秀，成绩大于等于 80 且小于 90 为良好，成绩大于等于 60 且小于 80 为中等，成绩小于 60 为差。

分析

这个问题是要将成绩分成几个区间进行判断，如图 3.10 所示。

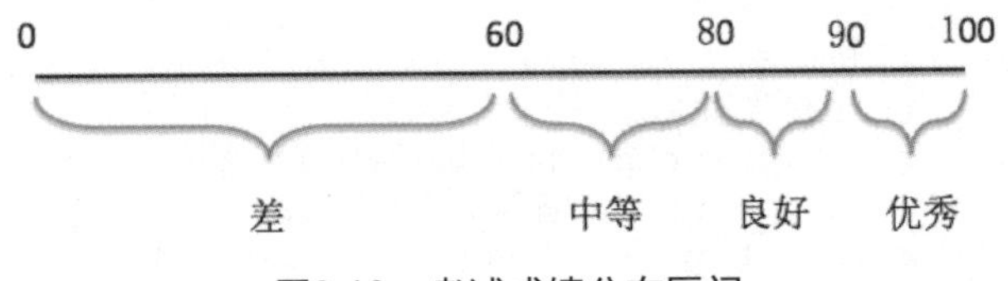

图3.10 考试成绩分布区间

分析完这个问题后，我们发现可以通过多个 if 选择结构来实现。但是条件写起来很麻烦。Java 中还有一种 if 选择结构的形式：多重 if 选择结构。多重 if 选择结构在解决需要判断的条件是连续区间的问题时有很大的优势。

语法：

```
if ( 条件1 ) {
    //代码块1
} else if ( 条件2 ) {
    //代码块2
} else {
    //代码块3
}
```

多重 if 选择结构如何执行呢？如图 3.11 所示，首先，如果程序判断条件 1 成立，则执行代码块 1，然后直接跳出这个多重 if 选择结构，执行它后面的代码。在这种情况下，代码块 2 和代码块 3 都不会执行。如果条件 1 不成立，则判断条件 2。如果条件 2 成立，则执行代码块 2，然后跳出这个多重 if 选择结构，执行它后面的代码。在这种情况下，代码块 1 和代码块 3 不会执行。如果条件 2 也不成立，则代码块 1 和代码块 2 都不执行，直接执行代码块 3。

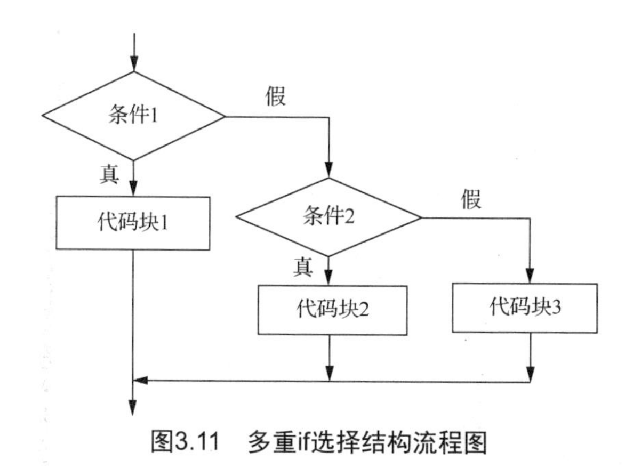

图3.11　多重if选择结构流程图

注意

（1）else if 子句可以有多个或没有，其个数取决于实际需要。

（2）else 子句最多有一个或没有，else 子句必须放在最后。

（3）不论多重 if 选择结构中有多少个条件表达式，都只会执行符合条件的一个。如果没有符合条件的，则执行 else 子句中的语句。

了解了多重 if 选择结构，下面实现示例 4 的需求。

关键代码：

```
public class ScoreAssess {
    public static void main(String[] args) {
        int score = 70; // 考试成绩
        if(score >= 90){
           System.out.println("优秀"); // 考试成绩≥90
        } else if (score >= 80) { // 90>考试成绩≥80
            System.out.println("良好");
        } else if (score >= 60) { // 80>考试成绩≥60
            System.out.println("中等");
        } else { // 考试成绩<60
            System.out.println("差");
        }
    }
}
```

程序输出结果为：中等。

观察这段代码，结合 else if 子句的执行顺序可以看出，else if 子句的顺序是连续的，而不是跳跃的，如图 3.11 所示。因为第一个条件之后的所有条件都是在第一个条件不成立的情况下才出现的，而第二个条件之后的所有条件是在第一个、第二个条件都不成立的情况下才出现的，以此类推。可见，如果条件之间存在连续关系，则 else if 子句不是随意排列的，要么从大范围到小范围，要么从小范围到大范围，总之要有顺序地排列。

当然，如果多重 if 选择结构中的所有条件之间只是简单的互斥，不存在连续的关系，则 else if 子句的排列没有顺序要求。例如，判断一个人的国籍是中国、美国、英国、法国、俄罗斯还是其他。

规范

（1）如果 if 子句或 else 子句后要执行的语句超过一条，则必须将这些语句用大括号括起来。

（2）为了增强代码的可读性，建议始终用大括号将 if 或 else 子句后的语句括起来。这也是编程规范要求的。

3.1.5 嵌套 if 选择结构

示例 5

学校举行运动会，百米赛跑成绩在 10 秒以内的学生有资格进决赛，根据性别分为男子组和女子组。

分析

首先，要判断是否能够进入决赛，在确定进入决赛的情况下，再判断是进入男子组，还是进入女子组。这就需要使用嵌套 if 选择结构来解决。

嵌套 if 选择结构就是在 if 选择结构里面再嵌入 if 选择结构。嵌套 if 选择结构控制语句可以通过外层语句和内层语句的协作，增强程序的灵活性。

语法：

```
if(条件 1) {
      if(条件 2) {
        //代码块 1
      } else {
        //代码块 2
      }
} else {
        //代码块 3
}
```

嵌套 if 选择结构的流程图如图 3.12 所示。

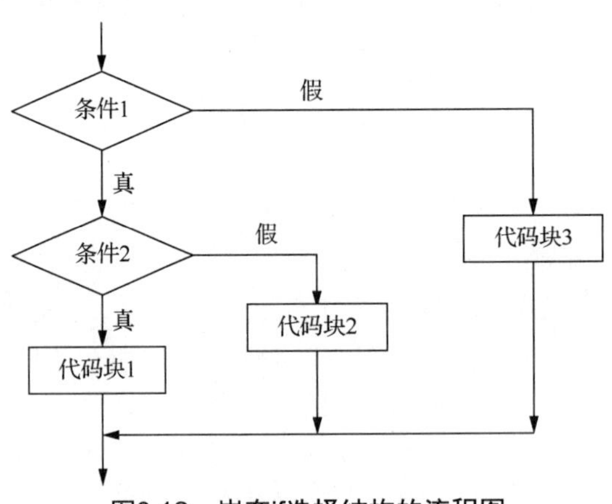

图3.12　嵌套if选择结构的流程图

现在使用嵌套 if 选择结构实现示例 5。

关键代码：

```
import java.util.Scanner;
```

```
public class RunningMatch {
    public static void main(String[] args) {
        Scanner input = new Scanner(System.in);
        System.out.print("请输入比赛成绩（s）：");
        double score = input.nextDouble();
        System.out.print("请输入性别：");
        String gender = input.next();
        if(score<=10){
            if(gender.equals("男")){   //①
                System.out.println("进入男子组决赛！");
            }else if(gender.equals("女")){
                System.out.println("进入女子组决赛！");
            }
        }else{
            System.out.println("淘汰！");
        }
    }
}
```

注意，在代码①中使用 String 的 equals()方法比较字符串的内容是否相同。

程序运行结果如图 3.13 所示。

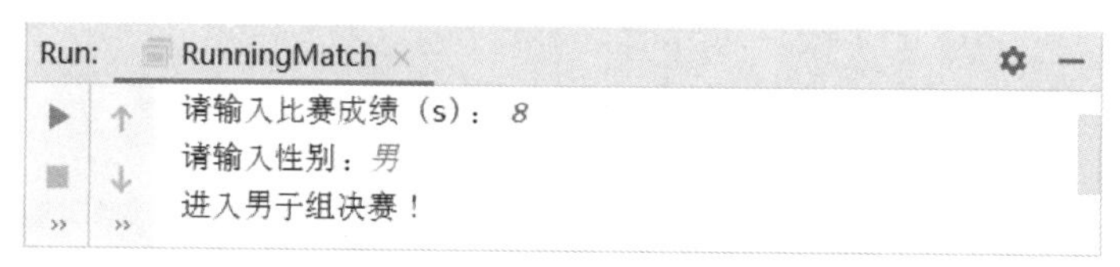

图3.13　示例5的程序运行结果

注意

（1）只有满足外层 if 选择结构的条件时，才会判断内层 if 选择结构的条件。

（2）else 总是与它前面最近的那个缺少 else 的 if 配对。

规范

if 选择结构书写规范小结。

（1）为了使 if 选择结构更加清晰，应该把每个 if 或 else 包含的代码块用大括号括起来。

（2）相匹配的一对 if 和 else 应该左对齐。

（3）内层的 if 选择结构相对于外层的 if 选择结构要有一定的缩进。

技能训练

上机练习 3——升级“我行我素购物管理系统”，按会员优惠计划进行购物金额结算

需求说明

➢ 商场购物可以打折，具体办法为：普通顾客购物满 100 元打九折；会员购物打八折；会员购物满 200 元打七点五折。请根据此优惠计划进行购物金额结算。

➢ 程序运行结果如图 3.14 所示。

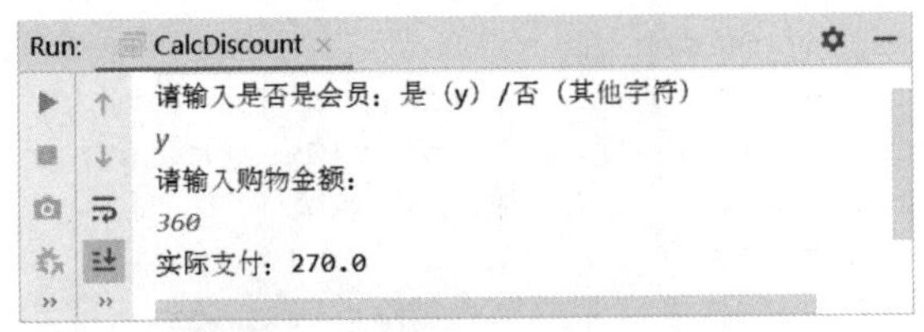

图3.14　输出顾客实际购物价格

实现思路及关键代码

（1）使用嵌套 if 选择结构实现。

（2）先判断顾客是否是会员，在 if 选择结构内再判断顾客购物金额是否达到相应折扣的要求，根据判断结果做不同的处理。

关键代码：

```
import java.util.Scanner;
public class CalcDiscount {
     public static void main(String[] args){
          Scanner input = new Scanner(System.in);
          System.out.println("请输入是否是会员：是（y）/否（其他字符）");
          String identity = input.next();
          System.out.println("请输入购物金额：");
          double money = input.nextDouble();
          if(identity.equals("y")){ //会员
               if(money>=200){
                    money = money * 0.75;
               }else{
                    money = money * 0.8;
               }
          }else{ //非会员
               if(money>=100){
                    money = money * 0.9;
               }
          }
          System.out.println("实际支付：" + money);
     }
}
```

上机练习 4——升级“我行我素购物管理系统”，计算会员折扣

需求说明

➢ 会员购物时，根据积分的不同享受不同的折扣，如表 3.2 所示。从键盘输入会员积分，计算该会员购物时享受的折扣。

表 3.2　会员折扣表

会员积分 x	折扣
$x<2000$	九折
$2000\leqslant x<4000$	八折
$4000\leqslant x<8000$	七折
$x\geqslant 8000$	六折

程序运行结果如图 3.15 所示。

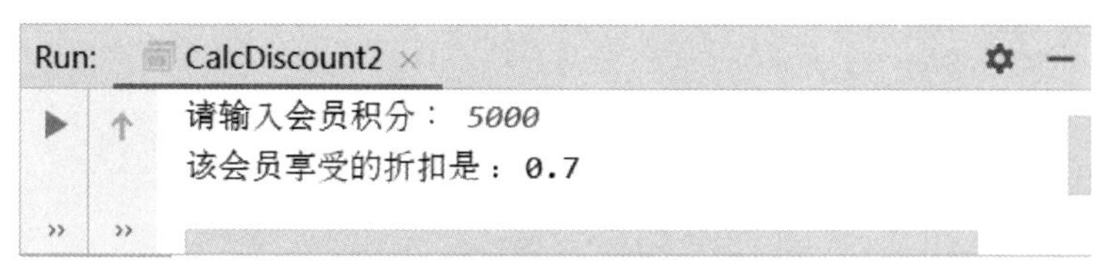

图3.15　上机练习4的程序运行结果

提示

利用图 3.16 所示的数轴来分界，使用多重 if 选择结构实现上述功能。

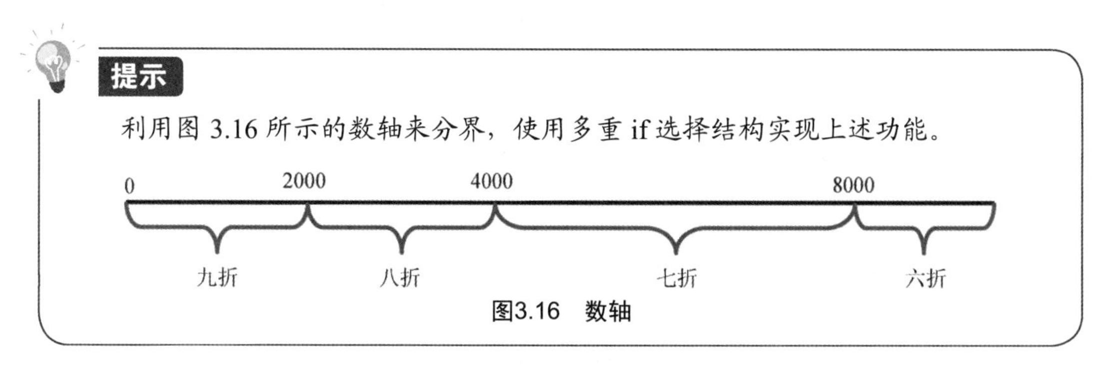

图3.16　数轴

3.2 任务 2：实现购物菜单的选择功能

学习目标如下。

➢ 会使用 switch 选择结构。

3.2.1 switch 选择结构

Java 还提供了 switch 选择结构，用于实现多分支选择。它特别适合对变量值是否相等进行判断，比使用 if 选择结构实现会更清晰。

下面看一个示例。

示例 6

参加计算机编程大赛：

如果获得第一名，将参加麻省理工学院组织的一个月夏令营；

如果获得第二名，将奖励小米笔记本电脑一台；

如果获得第三名，将奖励移动硬盘一个；

否则，没有任何奖励。

分析

这个问题可以使用多重 if 选择结构来实现。

关键代码：

```
public class Compete {
    public static void main(String[] args) {
        int mingCi = 3;    //名次
        if (mingCi == 1) {
            System.out.println("参加麻省理工学院组织的一个月夏令营");
        } else if (mingCi == 2) {
            System.out.println("奖励小米笔记本电脑一台");
        } else if (mingCi == 3) {
            System.out.println("奖励移动硬盘一个");
```

```
            } else {
                System.out.println("没有任何奖励");
            }
        }
    }
```

显然，这个问题属于等值判断问题，Java 提供的 switch 选择结构能够更方便地解决此类问题。

语法：

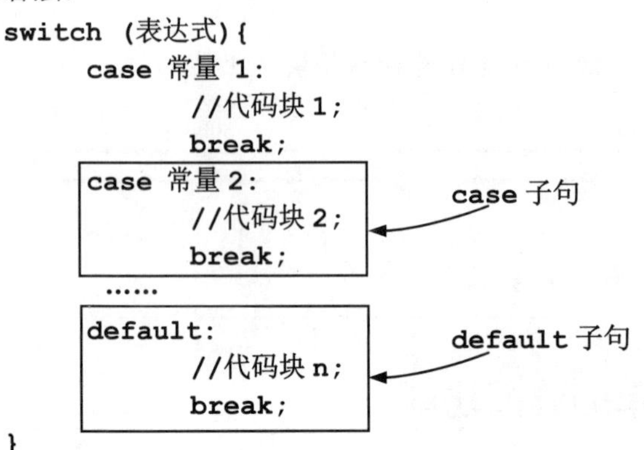

这里 switch、case、default、break 都是 Java 的关键字。下面将一一介绍。

➢ switch：自 JDK 1.7 后，switch 语句的小括号里可以是 int、short、byte、char、枚举、String 类型表达式。

➢ case：用于与表达式进行匹配。case 后可以是 int、short、byte、char、枚举、String 类型表达式，通常是一个固定的值。case 子句可以有多个，顺序可以改变，但是每个 case 后常量的值必须各不相同。

➢ default：当其他条件都不匹配时执行 default 子句。default 后要紧跟冒号。default 子句和 case 子句的先后顺序可以变动，不会影响程序执行的结果。通常，default 子句放在 switch 选择结构的末尾，也可以省略。

➢ break：用于终止语句的执行，即跳出当前 switch 选择结构。

注意

如果 case 后没有 break 语句，程序将继续向下执行，直到遇到 break 语句或 switch 语句结束。

switch 选择结构的流程图如图 3.17 所示。

switch 选择结构的执行过程为：先计算并获得 switch 后面小括号里的表达式或变量的值，然后将计算结果顺序与每个 case 后的常量比较，当二者相等时，执行这个 case 子句中的代码；当遇到 break 语句时，就跳出 switch 选择结构，执行 switch 选择结构之后的代码；如果没有任何一个 case 后的常量与 switch 后小括号中的值相等，则执行 switch 选择结构末尾部分的 default 子句中的代码。

下面使用 switch 选择结构重新实现示例 6 的需求。

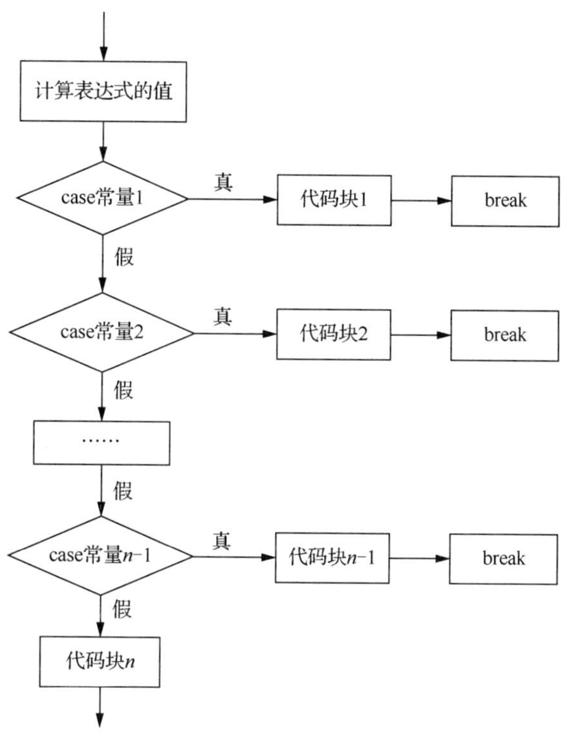

图3.17　switch选择结构的流程图

关键代码：

```
public class Compete2 {
    public static void main(String[] args) {
        int mingCi = 1;  //名次
        switch (mingCi){
            case 1:
                System.out.println("参加麻省理工学院组织的一个月夏令营");
                break;
            case 2:
                System.out.println("奖励小米笔记本电脑一台");
                break;
            case 3:
                System.out.println("奖励移动硬盘一个");
                break;
            default:
                System.out.println("没有任何奖励");
        }
    }
}
```

程序运行结果如图 3.18 所示。

图3.18　示例6的程序运行结果

可见，括号中的 mingCi 的值为 1，与第一个 case 后的常量匹配，因此执行它后面的代码，输出“参加麻省理工学院组织的一个月夏令营”，然后执行语句“break;”，跳出整个 switch 选择结构。

问题：多重 if 选择结构和 switch 选择结构的区别是什么？

回答如下。

多重 if 选择结构和 switch 选择结构很相似，它们都是用来处理多分支条件的结构。但是，switch 选择结构的条件只能是等值判断，而且只能是整型、字符类型、枚举类型或字符串类型的等值判断。而多重 if 选择结构既可以用于判断条件是等值的情况，也可以用于判断条件是区间的情况。

3.2.2 常见问题

switch 常见问题解析

示例 7

如果示例 6 的实现代码中去掉 break 语句，结果会怎样呢？运行代码，观察结果。

关键代码：

```
public class Complete3 {
    public static void main(String[] args) {
        int mingCi = 1;
        switch (mingCi){
            case 1:
                System.out.println("参加麻省理工学院组织的一个月夏令营");
            case 2:
                System.out.println("奖励小米笔记本电脑一台");
            case 3:
                System.out.println("奖励移动硬盘一个");
            default:
                System.out.println("没有任何奖励");
        }
    }
}
```

运行示例 7 程序，运行结果如图 3.19 所示。

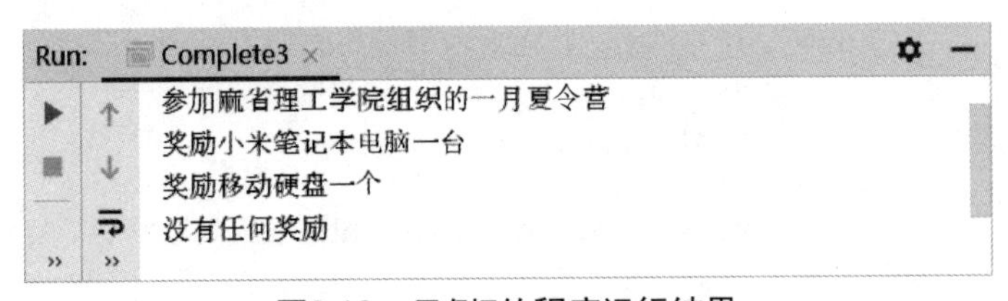

图3.19 示例7的程序运行结果

虽然 break 语句是可以省略的，但是省略后会带来一些问题。省略 break 语句的后果如下。当某个 case 后的常量与 switch 小括号中的值相匹配时，执行该 case 子句的代码，后面就不再进行条件判断，而直接执行后面所有 case 子句中的代码，直到遇到 break 语句结束。所以在编写 switch 选择结构时，如果要跳出 switch 选择结构，不要忘记在每个 case 子句后加上一个“break;”。

注意

（1）每个 case 后的代码块可以有多条语句，即可以有一组语句，而且不需要用“{}”括起来。case 和 default 后都有一个冒号，不能漏写，否则会编译不通过。对于每个 case 子句的结尾，都要想一想是否需要从这里跳出整个 switch 选择结构。如果需要，一定不要忘记写“break;”。

（2）在 case 后面的代码块中，有些情况 break 语句是可以省略的，还可以让多个 case 执行同一语句。例如，在下面的代码中，当变量 num 的值为 1、3、5 时，都将输出“奇数!”；当变量 num 的值为 2、4、6 时，都将输出“偶数!”。

关键代码：

```
int num= 3;
switch(num){
     case 1:
     case 3:
     case 5:
          System.out.println("奇数! ");
          break;
     case 2:
     case 4:
     case 6:
          System.out.println("偶数! ");
          break;
}
```

技能训练

上机练习 5——升级“我行我素购物管理系统”，实现购物菜单的选择功能

需求说明

➢ “我行我素购物管理系统”各菜单级联结构如图 3.20 所示。

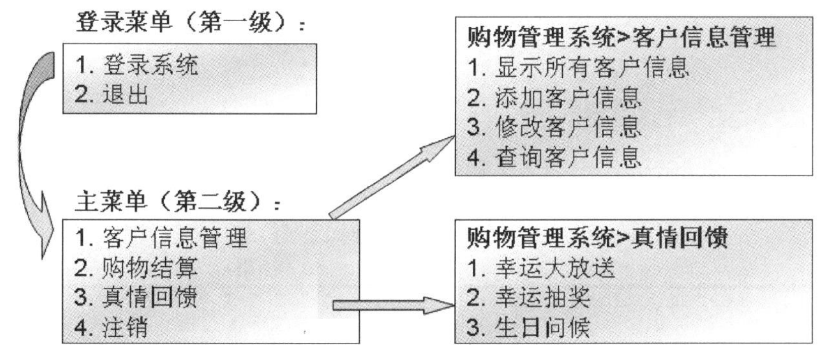

图3.20 “我行我素购物管理系统”各菜单级联结构

➢ 使用 switch 选择结构实现从登录菜单切换到主菜单的功能。

（1）输入数字 1：进入主菜单。

（2）输入数字 2：退出并显示“谢谢您的使用!”，如图 3.21 所示。

（3）输入其他数字：显示“输入错误”。

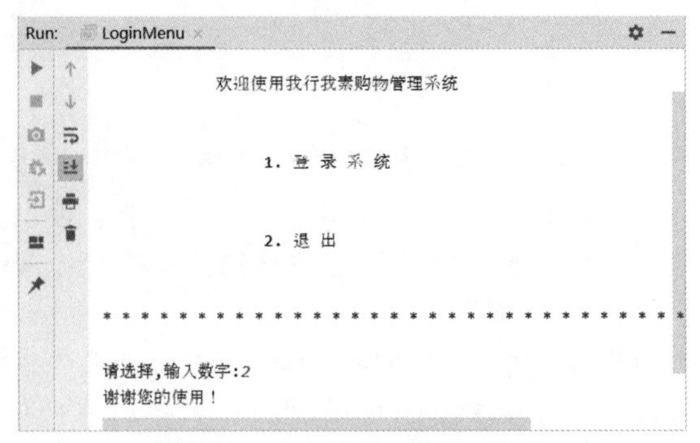

图3.21　输入数字2的运行结果

实现思路及关键代码

（1）使用数字标识所选择的菜单：1 为登录系统，2 为退出。

（2）从运行窗口获取用户输入的数字。

（3）根据用户选择的菜单号，执行相应的操作。

使用 switch 选择结构实现上述功能：

```
switch(num){
        case 1:
              //输出系统主菜单
        case 2:
              //输出"谢谢您的使用！"
        default:
              //输出"输入错误"
}
```

（4）实现输出系统主菜单的相关代码已经在第 1 章上机练习 3 中完成，可以直接粘贴过来使用。

关键代码：

```
import java.util.Scanner;
public class LoginMenu {
      /*
       * 显示“我行我素购物管理系统”的登录菜单
       */
      public static void main(String[] args) {

            System.out.println("\n\n\t\t\t 欢迎使用我行我素购物管理系统
\n\n");
            System.out.println("\t\t\t\t 1. 登 录 系 统\n\n");
            System.out.println("\t\t\t\t 2. 退 出\n\n");
            System.out.println("* * * * * * * * * * * * * * * * * * * * * * *
* * * * * * * * * * * * * * * * *\n");
            System.out.print("请选择，输入数字：");

            /* 从键盘获取输入的信息，并执行相应操作——新加代码 */
            Scanner input = new Scanner(System.in);
            int num = input.nextInt();
            switch (num) {
                 case 1:
                      /* 显示系统主菜单 */
```

```
                    System.out.println("\n\n\t\t\t\t 欢迎使用我行我素购物
管理系统\n");
                    System.out.println("* * * * * * * * * * * * * * * *
* * * * * * * * * * * * * * * * * * * * * * *\n");
                    System.out.println("\t\t\t\t 1. 客 户 信 息 管 理\n");
                    System.out.println("\t\t\t\t 2. 购 物 结 算\n");
                    System.out.println("\t\t\t\t 3. 真 情 回 馈\n");
                    System.out.println("\t\t\t\t 4. 注 销\n");
                    System.out.println("* * * * * * * * * * * * * * * *
* * * * * * * * * * * * * * * * * * * * * * *\n");
                    System.out.print("请选择，输入数字：");
                    break;
                case 2:
                    /* 退出系统 */
                    System.out.println("谢谢您的使用！");
                    break;
                default:
                    System.out.println("输入错误");
                    break;
            }
        }
    }
```

小技巧

在程序开发过程中，需要考虑如何使程序具有较高的容错性。例如，这里已实现了输入“1”或“2”时所执行的操作，如果用户输入了其他数字，那么程序该做出怎样的反应呢？上述代码就考虑了这个问题，发生这种情况时会输出“输入错误”，友好地提示用户。不然，用户只看到程序结束了，不知道到底发生了什么。

3.3 任务 3：实现商品换购

学习目标如下。

- 总结 Java 的两种选择结构以及各自的使用场景。
- 了解什么是程序健壮性并会处理简单的程序异常。

回顾本章上机练习 5 实现的菜单跳转的程序，在程序中，要求用户输入数字，根据数字是“1”还是“2”执行相应的跳转。这里限定用户输入的必须是数字，如果用户输入了一个非数字的字符，如“s”，程序会怎样呢？试一试会发现，程序会因出现图 3.22 所示的错误产生异常而终止。而对于用户来说，看到这样的结果时，可能不知道做错了什么。因此，为了使程序更加健壮，程序员在编写代码时要考虑用户可能出现的问题，并且在程序中做出相应的判断，给用户一个友好的提示。

示例 8

优化上机练习 5 中的程序，提升程序的健壮性，对于用户输入非法数字的问题给出友好的提示。

```
Run:   LoginMenu
              欢迎使用我行我素购物管理系统

                    1. 登 录 系 统

                    2. 退 出

***************************************

请选择,输入数字:s
Exception in thread "main" java.util.InputMismatchException
    at java.util.Scanner.throwFor(Scanner.java:864)
    at java.util.Scanner.next(Scanner.java:1485)
    at java.util.Scanner.nextInt(Scanner.java:2117)
    at java.util.Scanner.nextInt(Scanner.java:2076)
    at com.javaex.myshopping.LoginMenu.main(LoginMenu.java:17)
```

图3.22　输入非法字符引起的系统异常

分析

对于输入的非法数字，可以使用 if 选择结构加入相应的判断。

关键代码：

```
import java.util.Scanner;
public class LoginMenu {
    public static void main(String[] args) {
        //此处省略登录菜单
        /* 从键盘获取输入的信息，并执行相应操作——新加代码 */
        Scanner input = new Scanner(System.in);
        if(input.hasNextInt()==true) {
            int num = input.nextInt();
            switch (num) {
                case 1:
                    /* 显示系统主菜单 */
                    // 此处省略
                    break;
                case 2:
                    /* 退出系统 */
                    System.out.println("谢谢您的使用！");
                    break;
                default:
                    System.out.println("输入错误");
                    break;
            }
        }else{
            System.out.println("请输入正确的数字！");
        }
    }
}
```

运行程序，输入错误的字符“s”，程序运行结果如图 3.23 所示。

通过 Scanner 对象的 hasNextInt()方法，判断用户从键盘输入的字符是否合法。如果用户输入的是数字，则根据输入的具体数字跳转到相应的菜单。如果用户输入的不是数字，则给出友好提示“请输入正确的数字!”。

通过判断，给出用户提示，提升了程序的健壮性，使程序能够较好地处理发生的异常。

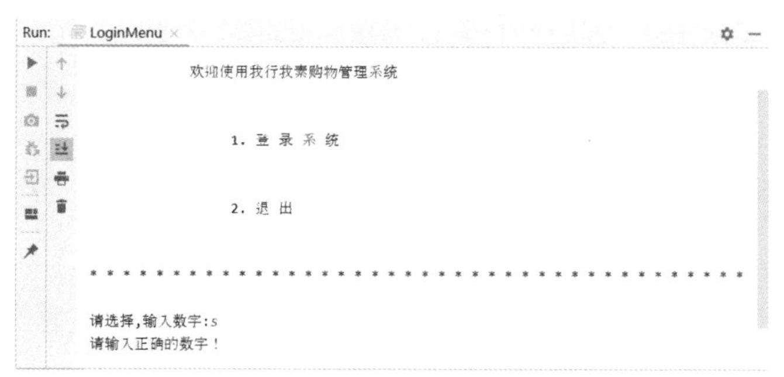

图3.23　正确处理用户的错误输入

技能训练

上机练习 6——升级“我行我素购物管理系统”，实现换购的功能

需求说明

➢ 商场推出“换购优惠”服务。对于单次消费满 50 元的顾客，加 2 元，可换购百事可乐饮料 1 瓶。对于单次消费满 100 元的顾客，加 3 元，可换购 500ml 可乐一瓶；加 10 元，可换购 5kg 面粉一袋。对于单次消费满 200 元的顾客，加 10 元，可换购苏泊尔炒菜锅 1 个；加 20 元，可换购欧莱雅爽肤水一瓶。规定单次消费只有一次换购机会。

➢ 综合运用 if 选择结构和 switch 选择结构实现需求。程序运行结果如图 3.24 所示。

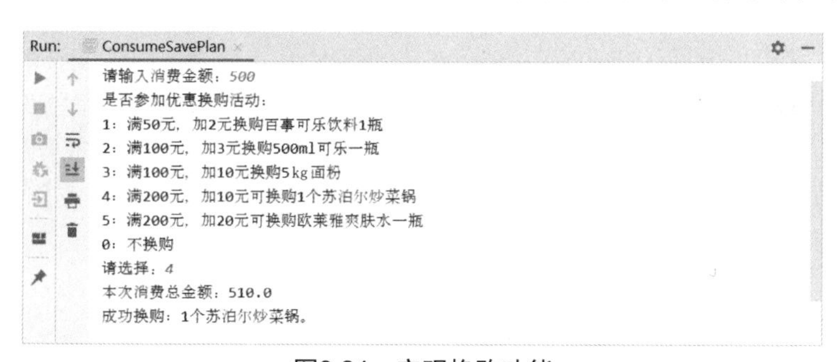

图3.24　实现换购功能

提示

（1）实现换购时，需要先判断消费金额是否满足选择的换购项目。

（2）综合运用嵌套 if 选择结构、switch 选择结构、多重 if 选择结构实现此功能。

本章小结

本章学习了以下知识点。

➢ 顺序结构是指程序从上向下依次执行每条语句的结构，中间没有任何判断和跳转。选择结构是根据条件判断的结果选择执行不同的代码。在 Java 中提供了 if 控制语句、switch 语句实现选择结构。

➢ Java 中的 if 选择结构包括以下形式。

（1）基本 if 选择结构：可以处理单一或组合条件的情况。

（2）if-else 选择结构：可以处理简单的条件分支情况。

（3）多重 if 选择结构：可以处理连续区间的条件分支情况。

（4）嵌套 if 选择结构：可以处理复杂的条件分支情况。

➢ 在需要多重分支并且条件判断是等值判断的情况下，使用 switch 选择结构代替多重 if 选择结构会更简单，代码更清晰易读。在使用 switch 选择结构时不要忘记在每个 case 子句的最后写上 break 语句。

➢ 为了增强程序的健壮性，可以在程序中主动做出判断，并给予用户友好的提示。

➢ 在实际开发中，遇到分支情况时，通常会综合运用 if 选择结构的各种形式及 switch 选择结构来解决。

本章作业

1．画出流程图并编程实现以下功能。从键盘输入一个整数，判断是否能被 3 或者 5 整除。如果能，则输出“该整数是 3 或 5 的倍数。”，否则输出“该整数不能被 3 或 5 中的任何一个数整除。”。

提示

使用 if-else 选择结构，条件表达式要使用逻辑运算符“||”。

2．画出流程图并编程实现以下功能。某人准备去海南旅游，现在要订购机票。机票的价格受旺季、淡季的影响，头等舱和经济舱价格也不同。假设机票原价为 5000 元，4～10 月为旺季，旺季头等舱打九折，经济舱打八折；淡季头等舱打五折，经济舱打四折。使用嵌套 if 选择结构，根据出行的月份和选择的舱位输出实际的机票价格，如图 3.25 所示。

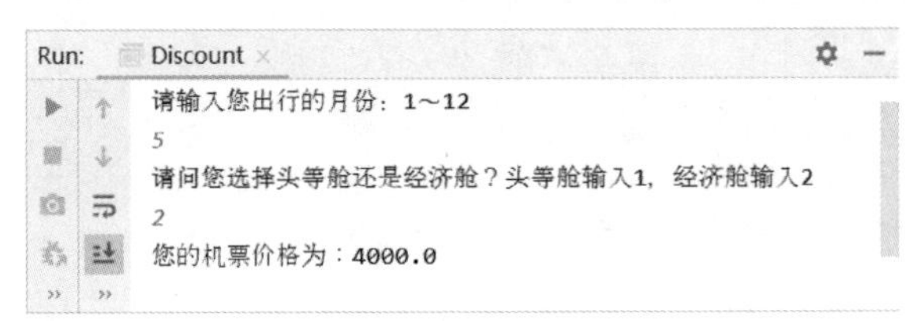

图3.25　运行结果

提示

（1）判断出行月份是旺季还是淡季。

（2）对于旺季、淡季月份均判断舱位类型。

（3）为了增强程序的健壮性，需要对用户输入进行合法性检查。如果输入的内容不合法，则给出提示。例如，对于用户输入的出行月份进行合法性检查，参考代码如下：

参考代码：

```
Scanner input = new Scanner(System.in);
System.out.println("请输入您出行的月份：1～12");
if(!input.hasNextInt() ){
    System.out.println("月份必须为数字，请输入正确的数字！");
    return; //这里，return 用于退出 main()方法
```

```
    }
    month = input.nextInt();
    if(month<1 || month>12) {
          System.out.println("请输入正确的月份！");
          return;
    }
```

3．编写程序实现以下内容。某人想买车，买什么车取决于此人在银行有多少存款。

如果此人的存款超过 500 万元，则买凯迪拉克；

如果此人的存款为 100 万～500 万元，则买帕萨特；

如果此人的存款为 50 万～100 万元，则买伊兰特；

如果此人的存款为 10 万～50 万元，则买奥拓；

否则此人买捷安特。

4．使用 switch 选择结构实现：为小明制订学习计划，星期一、星期三、星期五学习编程，星期二、星期四、星期六学习英语，星期日休息。程序运行结果如图 3.26 和图 3.27 所示。

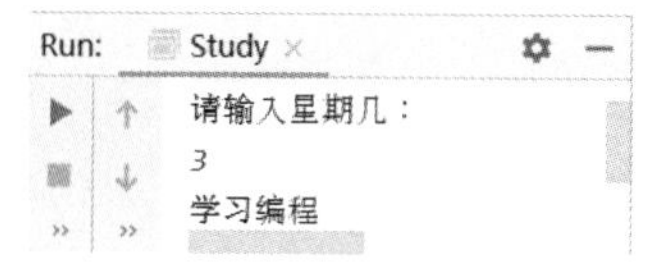

图3.26　运行结果1

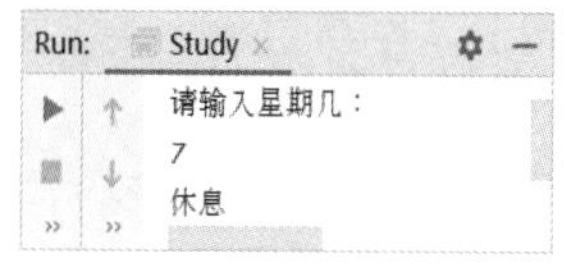

图3.27　运行结果2

5．使用 switch 选择结构完成本章作业第 2 题，根据出行月份和选择的舱位输出实际机票价格。

提示

（1）使用 switch 选择结构判断出行月份为旺季还是淡季。switch 选择结构的条件：月份%10。

（2）对舱位类型的判断使用 if 选择结构。

6．编程实现迷你计算器功能，支持“+”“-”“*”“/”，在运行窗口输入两个操作数，输出运算结果，如图 3.28 和图 3.29 所示。

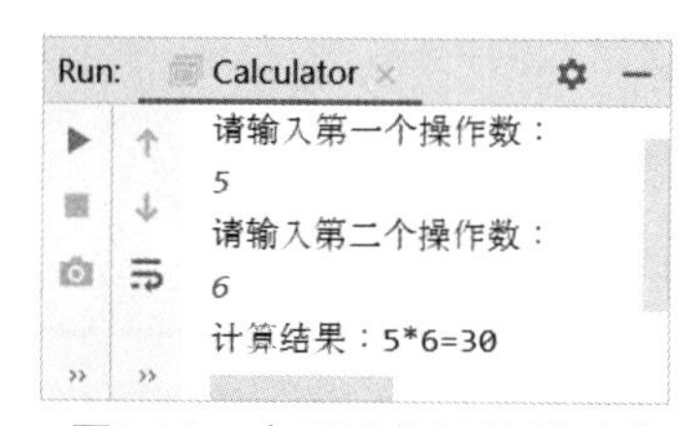

图3.28　实现迷你计算器功能

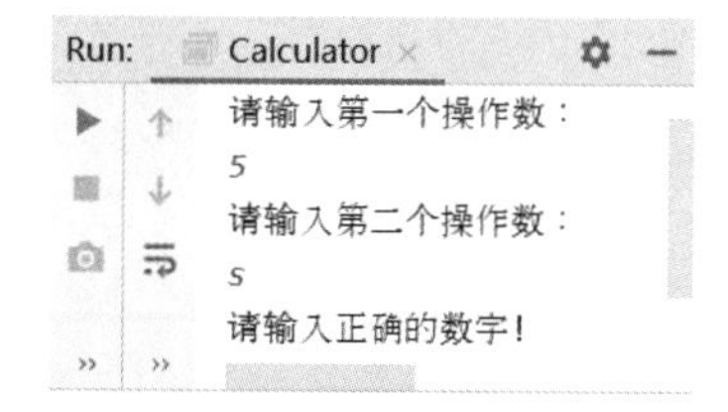

图3.29　输入错误时给出提示信息

提示

（1）使用 if 选择结构判断从键盘接收的操作数是否合法。如果不合法，则提示“请输入正确的数字!”。

（2）使用 switch 选择结构实现 “+” “-” “*” “/” 的计算功能。

第 4 章

流程控制——循环结构

技能目标

- ❖ 理解循环的含义
- ❖ 会使用 while 循环结构、do-while 循环结构和 for 循环结构
- ❖ 会在程序中使用 break 和 continue 语句
- ❖ 会使用调试解决简单的程序错误

本章任务

学习本章，需要完成以下两个任务。

任务 1：实现商品价格查询和购物结算

任务 2：实现购物系统登录验证功能

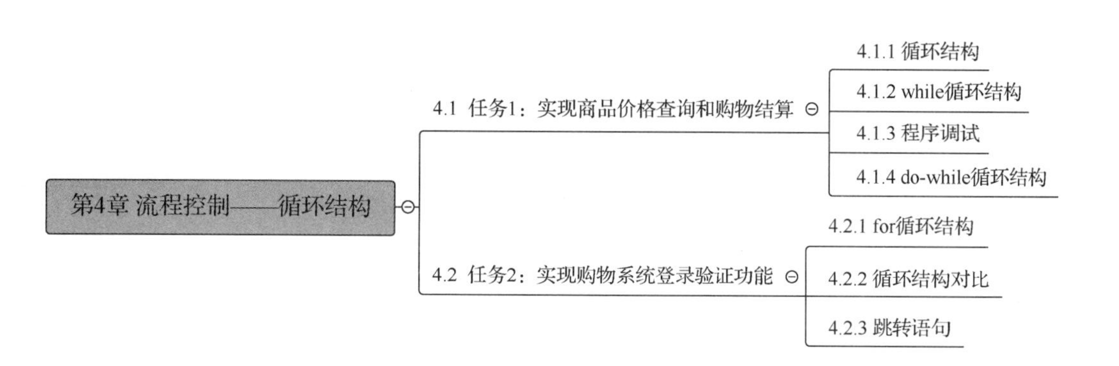

4.1 任务 1：实现商品价格查询和购物结算

学习目标如下。

- 理解循环结构。
- 会使用 while 循环结构。
- 能够使用 IntelliJ IDEA 提供的代码调试工具快速解决程序中的问题。
- 会使用 do-while 循环结构。

4.1.1 循环结构

Java 提供 3 种基本程序控制结构：顺序结构、选择结构和循环结构。根据用户提出的各种需求和业务处理逻辑，程序员选择使用这 3 种基本结构，完成程序软件的设计和开发。

1. *为什么需要循环结构*

首先看一个实际问题。

示例 1

张浩的 Java 考试成绩只有 80 分，没有达到自己的目标。为了表明自己勤奋学习的决心，他决定编程写 100 遍“好好学习，天天向上！”。

分析

使用前面学习的顺序结构可以实现需求。

关键代码：

```
public class DoWithoutWhile {
    public static void main(String[] args) {
        System.out.println("第 1 遍写：好好学习，天天向上！");
        System.out.println("第 2 遍写：好好学习，天天向上！");
        System.out.println("第 3 遍写：好好学习，天天向上！");
        System.out.println("第 4 遍写：好好学习，天天向上！");
        //省略 93 行语句
        System.out.println("第 98 遍写：好好学习，天天向上！");
        System.out.println("第 99 遍写：好好学习，天天向上！");
        System.out.println("第 100 遍写：好好学习，天天向上！");


    }
}
```

程序运行结果如图 4.1 所示。

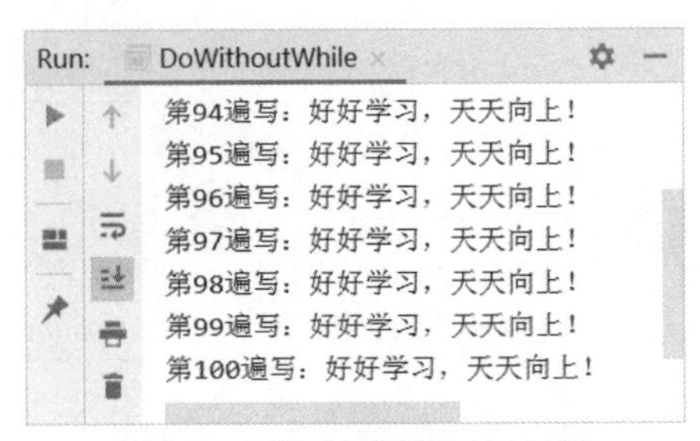

图4.1　示例1的程序运行结果

观察程序发现，程序重复性地执行多条类似的输出语句，能否使用更便捷的方式实现呢？这就需要使用 Java 的循环结构。重新实现示例 1 的功能，代码如下。

关键代码：

```
public class WhileDemo1 {
    public static void main(String[] args) {
        int i = 1;
        while(i <= 100){ //①
            System.out.println("第" +i+ "遍写：好好学习，天天向上！");
            i++;
        }
    }
}
```

执行代码输出的结果与图 4.1 相同。比较两段代码，第二段不仅代码量大大减少，而且如果更改需求要输出 10000 遍，只需改变一条语句，将代码①中“i <= 100”更改为“i <= 10000”即可，方便快捷。

2. **什么是循环结构**

循环就是重复地做某件事，如示例 1 就是重复地写“好好学习，天天向上！”。

其实，在日常生活中有很多循环的例子，如打印 50 份试卷、在 400m 跑道上进行 10000m 赛跑、做 100 道编程题、车轮滚动等，如图 4.2 所示。

图4.2　生活中的循环

这些循环有哪些共同点呢？

我们可以从循环条件和循环操作两个角度考虑，即明确一句话：在什么条件成立时不断地做什么事情。分析图 4.2 中的循环如下。

打印 50 份试卷：

循环条件——只要打印的试卷份数不足 50 份就继续打印。

循环操作——打印 1 份试卷，试卷总份数加 1。

10000m 赛跑：

循环条件——跑过的距离不足 10000m 就继续跑。

循环操作——跑 1 圈，跑过的距离增加 400m。

做 100 道编程题：

循环条件——做的编程题数量不足 100 道就继续做。

循环操作——完成 1 道编程题，完成题目的总数量增加 1。

车轮滚动：

循环条件——没有到目的地就继续滚动。

循环操作——车轮滚动 1 圈，离目的地更近一点。

由以上分析可以看出，所有的循环结构都包括 3 个部分。

➢ 初始部分：设置循环的初始状态。例如：开始设置打印的份数为 0，在不断循环的过程中，份数不断增加。

➢ 循环条件：判断是否继续循环的条件。循环不是无休止进行的，满足一定条件的时候循环才会继续，循环条件不满足的时候，退出循环。

➢ 循环操作：反复进行相同的或类似的一系列操作。

Java 中的循环控制语句包括 while 循环、do-while 循环和 for 循环等。

4.1.2 while 循环结构

示例 1 中使用 while 循环结构解决了重复输出的问题。while 循环结构如表 4.1 所示。

表 4.1　while 循环结构

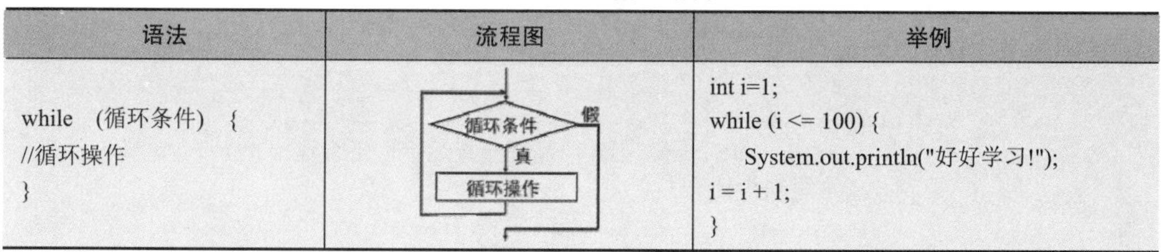

语法	流程图	举例

while （循环条件） {
//循环操作
}
	循环条件 假 真 循环操作	int i=1;
		while (i <= 100) {
		System.out.println("好好学习!");
		i = i + 1;
		}

语法分析如下。

➢ 关键字 while 后小括号中的内容是循环条件。

➢ 循环条件是一个布尔表达式，它的值为布尔类型“真”或“假”。

➢ 大括号中的语句统称为循环操作，又称循环体。

结合表 4.1 中的流程图，while 循环结构的执行顺序一般如下。

（1）声明并初始化循环变量。

（2）判断循环条件是否满足，如果满足则执行循环操作；否则退出循环。

（3）执行完循环操作后，再次判断循环条件，决定是继续执行循环操作还是退出循环。

注意

while 循环结构是先判断循环条件再执行循环体，如果第一次判断循环条件为假，会直接跳出循环，循环体一遍也不执行。

示例 2

请使用 while 循环结构实现求 1+2+3+…+100 的值。

实现步骤如下。

（1）首先定义变量 sum，代表总和，初始值为 0。

（2）定义循环变量 i，依次取 1～100 中的每个整数，初始值为 1。

（3）当 i<=100 时，重复进行加法运算，将 sum+i 的值再赋给 sum，每次相加后要将 i 的值递增。

（4）当 i 的值变成 101 时，循环条件不满足，则退出循环，并输出最终的结果。

关键代码：

```
public class CalcSum {
      public static void main(String[] args) {
            int sum = 0;
            int i = 1;
            while(i <= 100) {
                  sum += i;
                  i++;
            }
            System.out.println("sum=" + sum);
      }
}
```

程序输出结果为：sum=5050。

注意，使用 while 循环结构解决问题时，一定要检查能否退出循环，即避免出现“死循环”现象。检查下面的代码：

```
public class ErrorDemo {
      public static void main(String args[]){
            int i = 0;
            while(i < 4){
                  System.out.println("循环一直运行，不会退出！");
                  //这里缺少什么？
            }
      }
}
```

分析代码，会发现在循环操作中一直没有改变 i 的值。i 的值一直为 0，即始终满足 i<4 的循环条件，因此循环会一直进行，不会退出。这就造成了“死循环”现象，即永远不会退出循环。修改的方法是在输出语句之后增加语句“i++;”。

注意

不要忘记了“i++;”，它用来修改循环变量的值，避免出现“死循环”。“死循环”是编程中应极力避免出现的现象，所以编程完成后要仔细检查循环能否退出。

4.1.3 程序调试

每位程序员都不敢保证自己编写的代码完全正确，符合用户需求。因此，在完成程序编写后及程序正式投入实际应用前，需要通过计算机语法编译和运行进行测试。根据测试时所发现的错误，做进一步诊断，找出出错的具体位置和原因，修正语法错误和逻辑错误，以保证程序的正确性。

当程序发生错误时，我们通常会阅读代码、根据错误提示查找错误或是增加输出语句来输出过程数据，从而帮助我们定位错误。随着程序结构越来越复杂，这样的做法有时不能满足需求或者有时效率低下，有没有好的方法发现和定位错误呢？这就需要专门的技术了，这个技术就是程序调试。

1. 什么是程序调试

为了找出程序中的问题所在，我们希望程序在需要的地方暂停下来，以便查看运行到这里时变量的值是什么；还希望逐步运行程序，跟踪程序的运行流程，看看哪条语句已执行，哪条语句没有执行。

满足暂停程序、观察变量和逐条执行语句等功能的工具和方法统称为程序调试。

2. 如何进行程序调试

示例 3

顺序输出 1～5 这 5 个数字。

程序调试

关键代码：

```
public class DebugDemo {
     public static void main(String[] args) {
          int i = 1;
          System.out.println("程序调试演示，注意观察 i 的值：");
          while(i < 5){
               System.out.println(i);
               i++;
          }
     }
}
```

执行示例 3 的代码，只输出了 4 个数字，如图 4.3 所示。程序中哪里出错了呢？

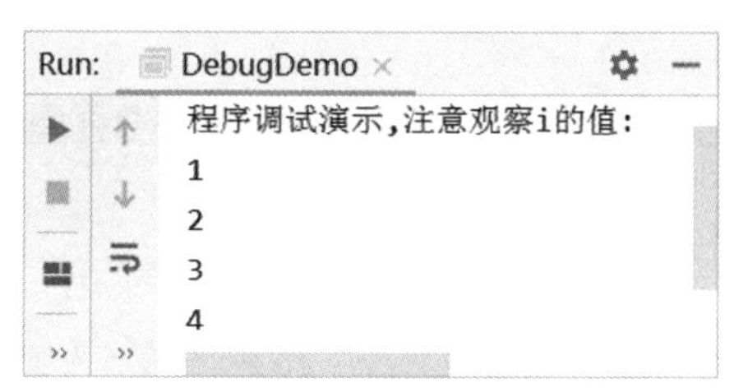

图4.3　运行结果

为了解决这个问题，我们使用 IntelliJ IDEA 提供的调试工具来定位错误。主要由以下两个步骤完成。

（1）分析错误，设置断点。

断点用来在调试的时候让程序停在某一行代码处，以便发现程序错误。

设置断点的方法很简单，在想设置断点的代码行左侧行号栏单击，就会出现一个圆形的断点标记●，同时设置断点的代码行背景色会发生变化（颜色可以自定义），如图 4.4 所示。再次单击断点标记，即可取消断点。

```
7          while(i < 5){
8  ●           System.out.println(i);
9              i++;
10         }
```

图4.4　第8行设置断点

当程序发生错误时，分析错误的位置，在该位置设置断点，程序运行到断点处就会停下来，即可在 IntelliJ IDEA 的变量窗口中看到变量的值，然后通过单步执行，一步步运行程序。

（2）启动调试，单步执行。

设置好断点后，就可以单击“启动调试”按钮，开始调试，如图 4.5 所示。

图4.5　启动调试

启动调试后，IntelliJ IDEA 会自动打开调试（Debug）窗口，如图 4.6 所示，并且程序在断点处停下来。

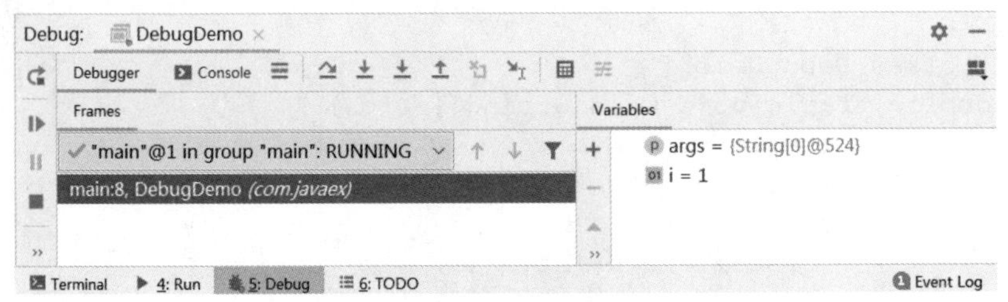

图4.6　调试窗口

在图 4.6 中的变量窗口（Variables）可以查看运行到当前代码行时变量的值（例如：当前 i 的值为 1）。另外，在设置断点的代码行，IntelliJ IDEA 也清晰地标识出运行到该行时变量 i 的值，如图 4.7 所示。

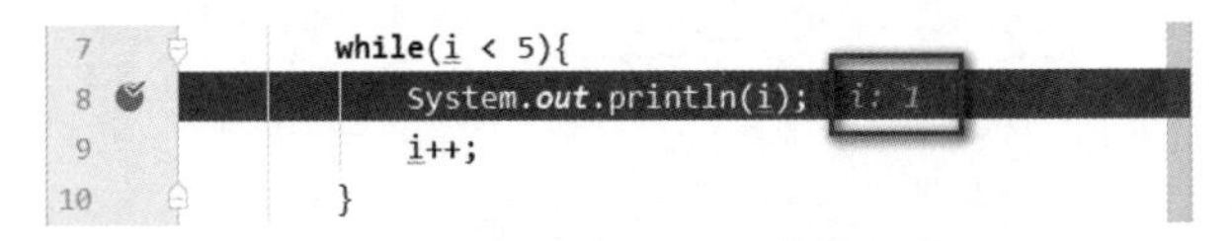

图4.7　断点行中标识的当前变量的值

这时可以在调试窗口中单击“Step Over”按钮或按 F8 键逐条执行语句（又称单步执行），如图 4.8 所示。

图4.8　调试按钮

调试中，代码运行到哪一行，该行代码的背景色就会变成蓝色，并且在代码行后面显示出变量的当前值。

通过单步执行每行代码，就可以观察变量 i 值的变化，从而发现代码中的错误。有了这些工具的帮助，调试工作就很方便了。

回到前面的问题，单步执行程序，发现当 i 值等于 5 时就退出了循环。循环只运行了 4 次，所以只输出了 4 个数字，如图 4.9 所示。

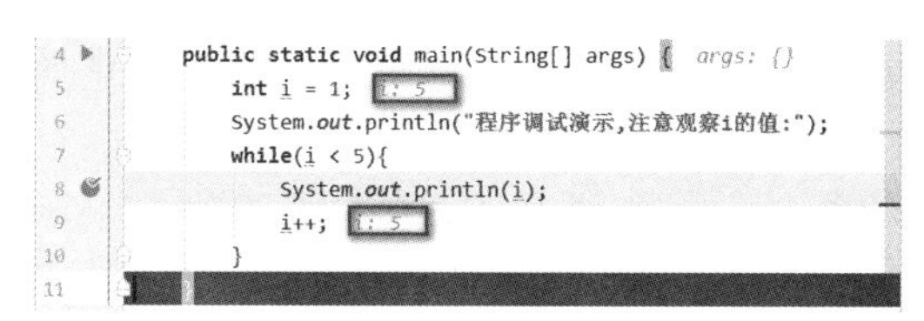

图4.9　发现问题

知道了问题所在就可以很容易地解决问题了，修改循环条件为 i≤5，再次运行程序，即可输出 5 个数字。

除了通过单步执行进行调试外，IntelliJ IDEA 还提供了其他调试按钮，调试的功能就对应着这些按钮，如图 4.8 所示。鼠标悬停在按钮上可以查看对应的快捷键/组合键。另外，单击 Run 菜单栏也可以找到同样的对应功能，如图 4.10 所示。

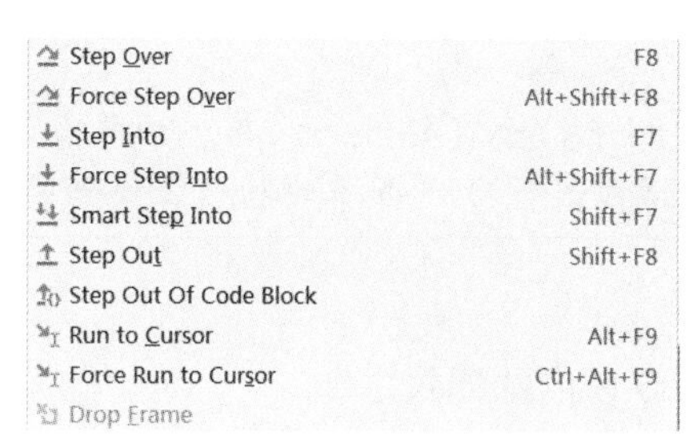

图4.10　Run菜单栏中的调试功能

其中，经常使用的调试功能是 Step Into 和 Step Out。那么，它们跟 Step Over 有什么区别呢？对比如下。

对比

（1）Step Over：在单步执行过程中，如果遇到调用其他方法，不会进入方法中进行单步执行，而是直接把方法一步执行完闭。

（2）Step Into：在单步执行过程中，如果遇到调用其他方法，进入该方法中继续单步执行。

（3）Step Out：当单步执行到所调用的方法内部时，通过 Step Out 可以执行完方法的剩余部分，并返回到上一层调用位置的下一条语句。

这里可以先记住它们的区别，在后面学习完方法的概念之后，会有更深刻的理解。

补充材料

计算机程序中的错误或缺陷通常称为 bug，程序调试称为 debug，就是发现并解决 bug 的意思，如图 4.11 所示。

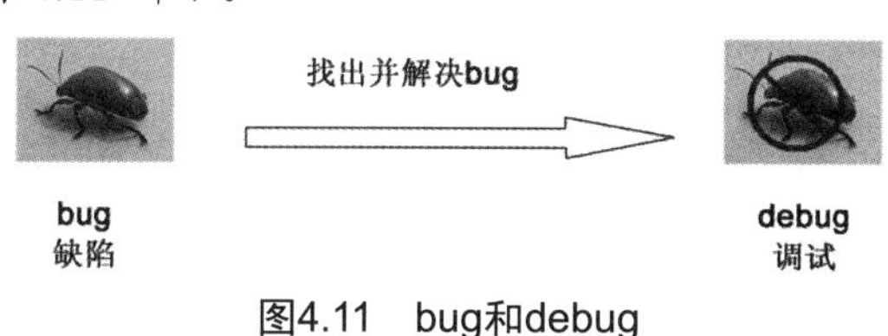

图4.11　bug和debug

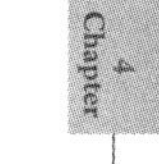

“bug”这个单词本身是“虫子”的意思，将计算机程序中的错误或缺陷称为 bug 是有原因的。

在电子管计算机的年代，一台计算机的主机重达数吨，常常占据整个房间。在某个实验室的某个早晨，这台计算机突然停止了工作，我们的 IT 前辈马上开始寻找出现这种情况的原因。凭借设计图样的引导，他们很快就圈定了可能发生问题的位置。在后来的检查中，他们发现原来是一只虫子在爬过两个继电器时造成了短路。在修复了计算机并重新开始工作之后，负责计算机维护的工程师把这次故障记录在一份备忘录上，以便将来其他人遇到类似的情况时可以迅速地找到答案。他还写了一份文档给计算机的设计人员，希望以后在主机的散热孔处加装一层更加细密的金属网，既不影响散热，又可以防止虫子爬到主机里。

因此，人们把计算机系统中的缺陷称为 bug，这个名词从计算机硬件故障沿用到了计算机软件故障。

大家在以后的编程过程中，一定要仔细认真。如果出现了 bug 且不好确定它的位置，可使用程序调试，通过设置断点并单步执行，找到问题所在，最后修改程序。

技能训练

上机练习 1——计算 100 以内的偶数之和

需求说明

➢ 编程实现：计算 100 以内的偶数之和。

➢ 设置断点并调试程序，观察每一次循环中变量值的变化。

实现思路及关键代码

（1）声明并初始化循环变量：int num=2。

（2）分析循环条件和循环操作。

循环条件：num<=100。

循环操作：累加求和。

（3）使用 while 循环结构编写代码。

关键代码：

```
public class EvenSum {
     public static void main(String[] args) {
          int sum = 0;    //当前之和
          int num = 2;    //加数
          while(num <= 100){
               sum = sum + num;    //累加
               num = num + 2;
          }
          System.out.println("100 以内的偶数之和为: " + sum);
     }
}
```

上机练习 2——查询商品价格

需求说明

➢ 用户在运行窗口输入需要查询商品的编号，根据编号显示对应的商品价格。假设商品名称和商品价格为：T 恤¥245.0，网球鞋¥570.0，网球拍¥320.0。

（1）循环查询商品价格。

（2）输入“n”结束循环。

（3）程序运行结果如图 4.12 所示。

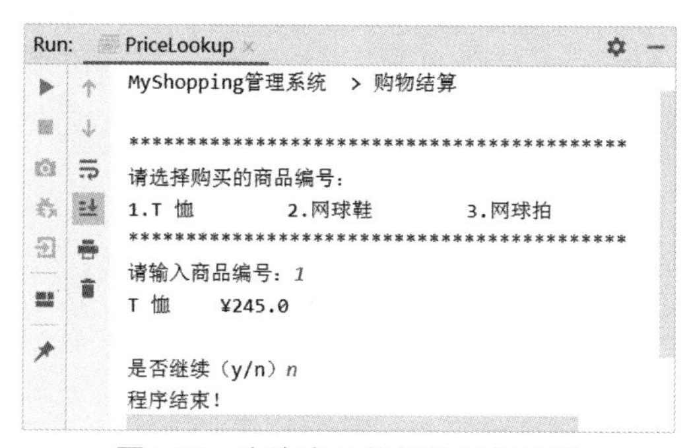

图4.12　查询商品价格的运行结果

实现思路及关键代码

（1）声明变量，存储商品信息：name（商品名称）、price（商品价格）和 goodsNo（商品编号）。

（2）循环条件：当用户输入“y”时继续执行循环体。

关键代码：

```
Scanner input = new Scanner(System.in);
String answer = "y";    //标识是否继续执行循环体
while("y".equals(answer)){
       //省略部分循环体
System.out.print("是否继续（y/n）");
answer = input.next();
}
```

（3）循环体：根据用户输入的商品编号，使用 switch 选择结构实现该编号对应商品信息的输出。

关键代码：

```
switch(goodsNo){
     case 1:
          name = "T 恤";
          price = 245.0;
          break;
     case 2:
          name = "网球鞋";
          price = 570.0;
          break;
     case 3:
          name = "网球拍";
          price = 320.0;
          break;
}
```

上机练习 3——升级购物结算功能

需求说明

➢　循环输入商品编号和购买数量，系统自动计算每种商品的合计金额（商品价格×购买数量），并累加到总金额。

（1）当用户输入“n”时，表示需要结账，则退出循环开始结账。

（2）结账时，根据折扣（假设享受八折优惠）计算应付金额，输入实付金额，计算找零。如果输入金额小于应付金额，则提示重新输入。

（3）程序运行结果如图 4.13 所示。

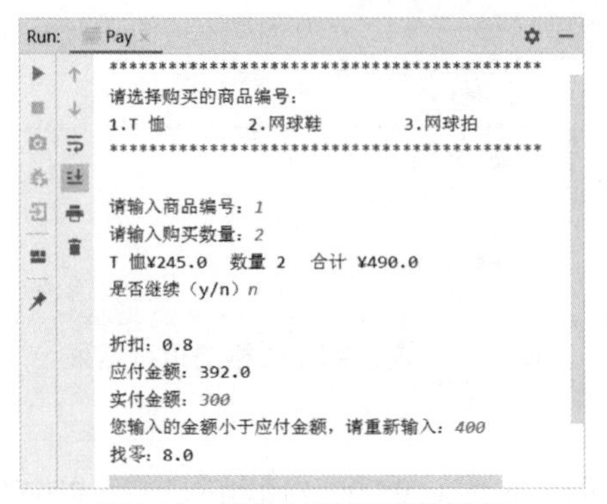

图4.13 购物结算的运行结果

提示

（1）在上机练习 2 的基础上，增加如下变量存储信息。

关键代码:

```
int amount = 0;              //购买数量
double discount = 0.8;       //折扣
double total = 0.0;          //商品总金额
double payment = 0.0;        //实付金额
```

（2）循环输入商品编号和购买数量，计算购买此商品的合计金额并累加到总金额。

（3）退出结账时，根据折扣显示应付金额，输入实付金额后，显示找零。注意：这里需要通过另一个循环结构，实现输入金额小于应付金额时允许重新输入的需求。

4.1.4 do-while 循环结构

在 while 循环结构中，当一开始循环条件就不满足的时候，while 循环一次也不会执行。有时有这样的需求：无论如何循环都先执行一次，再判断循环条件，决定是否继续执行循环。do-while 循环结构就满足这样的需求。

do-while 循环结构如表 4.2 所示。

表 4.2 do-while 循环结构

语法	流程图	举例

do {
//循环操作
} while(循环条件);
	循环操作 → 循环条件（真：返回循环操作；假：退出）	int i=1;
		do {
		System.out.println("好好学习!");
		i++;
		}while (i <= 100) ;

和 while 循环结构不同，do-while 循环结构以关键字 do 开头，然后是大括号括起来的循环操作，接着才是 while 关键字和紧随的小括号括起来的循环条件。需要注意的是，do-while 循环结构以分号结尾。

结合表 4.2，do-while 循环结构的执行顺序一般如下。

（1）声明并初始化循环变量。

（2）执行一遍循环操作。

（3）判断循环条件，如果循环条件满足，则循环继续执行，否则退出循环。

注意

do-while 循环结构的特点是先执行，再判断。从 do-while 循环结构的执行过程可以看出，循环操作至少执行一遍。

示例 4

重新实现示例 2 的需求，使用 do-while 循环结构求 1+2+3+…+100 的值。

实现步骤如下。

（1）和使用 while 循环结构基本相同，首先定义变量 sum 和变量 i 并赋初始值。

（2）执行循环。

（3）差别是 do-while 循环结构先执行循环体再判断循环条件，与 while 循环结构相反。

关键代码：

```
public class CalcSum2 {
     public static void main(String[] args) {
          int sum = 0;
          int i = 1;
          do{
               sum += i;
               i++;
          } while (i <= 100);
          System.out.println("sum=" + sum);
     }
}
```

注意

不要忘记了“i++;”，它用来修改循环变量的值，避免出现死循环。

技能训练

上机练习 4——升级菜单切换功能

需求说明

➢ 进入系统主菜单后，提示用户输入数字，然后根据选择的数字进入相应的功能模块。

➢ 如果用户输入错误，则可以重复输入，直到输入正确，执行相应的操作后退出循环。

程序运行结果如图 4.14 所示。

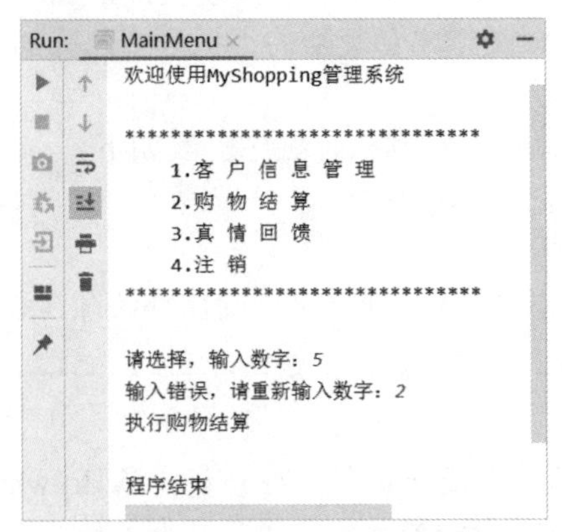

图4.14　菜单切换的运行结果

提示

（1）声明 boolean 类型变量 isRight 标识用户的输入是否正确，初始值为 true。如果输入错误，则其值变为 false。

（2）使用 do-while 循环结构：循环体接收用户的输入，利用 switch 循环结构执行不同的操作，循环体至少执行一次。

（3）循环条件是 isRight 的值。如果其值为 false 则继续执行循环体；否则退出循环，程序结束。

4.2　任务 2：实现购物系统登录验证功能

学习目标如下。

- 会使用 for 循环结构。
- 掌握 break 语句、continue 语句和 return 语句。

4.2.1　for 循环结构

1. 如何使用 for 循环结构

回顾示例 1，张浩想要编程实现连续输出 100 次“好好学习，天天向上！”。观察这个需求不难发现，这里的循环次数“100”已经固定，对于这种情况我们也可以选用 Java 提供的 for 循环结构来实现。

for 循环结构

for 循环结构的语法格式如下。

语法：

```
for(表达式 1; 表达式 2; 表达式 3){
循环体
}
```

或更直观地表示为：

```
for(变量初始化 ; 循环条件 ; 修改循环变量的值){
```

循环体
}

for 循环结构以 for 关键字开头。大括号括起来的是循环体。其中每个表达式的含义如表 4.3 所示。

表 4.3　for 循环结构中 3 个表达式的含义

表达式	形式	功能	举例
表达式 1	赋值语句	循环结构的初始部分，为循环变量赋初始值	int i = 0
表达式 2	条件语句	循环结构的循环条件	i<100
表达式 3	赋值语句，通常使用++或--运算符	循环结构的迭代部分，通常用来修改循环变量的值	i++

for 循环结构的流程图如图 4.15 所示。

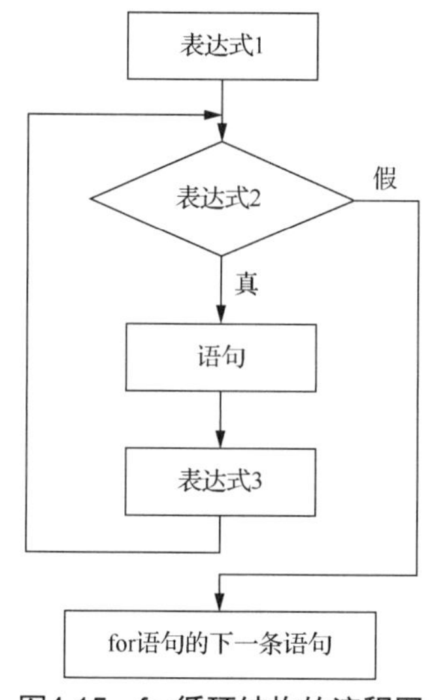

图4.15　for循环结构的流程图

for 循环结构的执行步骤如下。

（1）执行表达式 1，一般是进行循环变量初始化操作。

（2）执行表达式 2，即对循环条件进行判断。

（3）如果判断结果为真，则执行循环体。

（4）循环体执行完毕后执行表达式 3，改变循环变量的值，再次执行表达式 2，如果结果为真，继续循环；如果结果为假，终止循环，执行后面的语句。

提示

（1）无论循环多少次，表达式 1 只执行一次。

（2）for 循环结构和 while 循环结构功能相似，都是先判断条件再执行，只是采用了不同的语法格式。

示例 5

循环输入某同学结业考试 5 门课的成绩，并计算平均分，如图 4.16 所示。

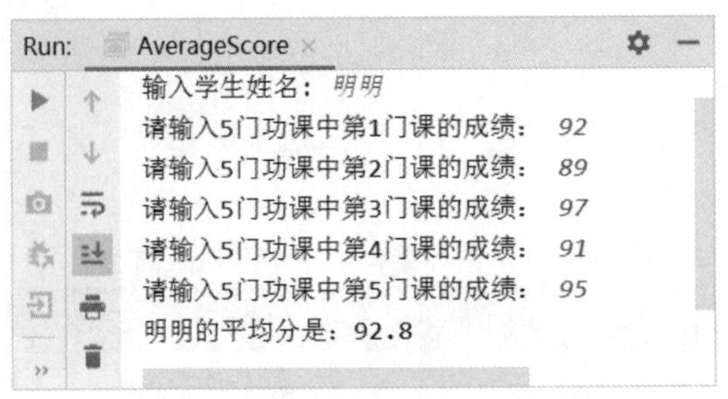

图4.16　某同学5门课的成绩及平均分

分析

很明显，循环次数是固定的 5 次，因此我们首选 for 循环结构。

使用 for 循环结构的步骤和使用 while 与 do-while 循环结构一样。

（1）要明确循环条件和循环操作，这里的循环条件是“循环次数不足 5 次，继续执行”，循环操作是“录入成绩，并计算成绩之和”。

（2）套用 for 循环结构语法写出代码。

（3）检查循环是否能够正常退出。

关键代码：

```
public class AverageScore{
     public static void main(String[] args){
          int score;                    //每门课的成绩
          int sum = 0;                  //成绩之和
          double avg = 0.0;        //平均分
          Scanner input = new Scanner(System.in);
          System.out.print("输入学生姓名：");
          String name = input.next();
          for(int i = 0; i < 5; i++){      //循环 5 次录入 5 门课成绩
               System.out.print("请输入 5 门功课中第" + (i+1) + "门课的成绩：");
               score = input.nextInt();   //录入成绩
               sum = sum + score;              //计算成绩和
          }
          avg = (double)sum / 5;                   //计算平均分
          System.out.println(name + "的平均分是：" + avg);
     }
}
```

在示例 5 中，循环的 4 个部分如下。

（1）“int i = 0”是初始部分，声明循环变量 i，用来记录循环次数。

（2）“i<5”是循环条件。

（3）“i++”是迭代部分，更新循环变量的值。

（4）循环体执行“录入成绩，并计算成绩之和”。

整个循环过程如下。首先执行初始部分，即 i=0；然后判断循环条件，如果为 true，则执行一次循环体；循环体执行结束后，执行迭代部分 i++；再判断循环条件，如果仍为 true，则继续执行循环体、迭代部分……以此类推，直到循环条件为 false，退出循环。

仔细体会 for 循环结构各个部分的执行顺序，会发现表达式 1 只执行一次，表达式 2 和表达式 3 则可能执行多次。循环体可能多次执行，也可能一次都不执行。

了解了 for 循环，下面解决另一个实际问题。

示例 6

输入任意一个整数，根据这个整数输出加法表。假设输入整数为 6，程序运行结果如图 4.17 所示。

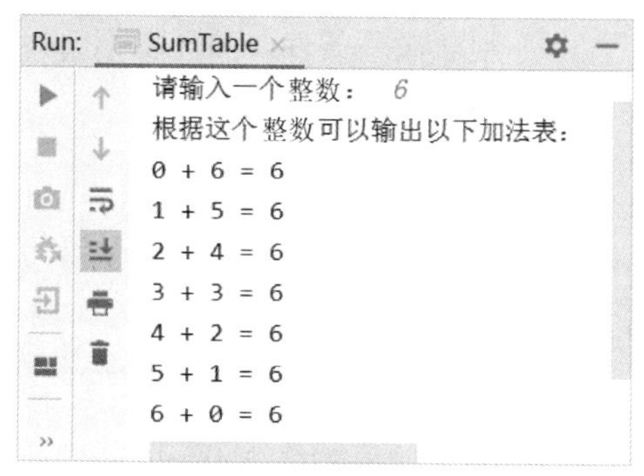

图4.17　示例6的程序运行结果

分析

由图 4.17 可知，循环次数为固定值，即从 0 递增到输入的值，循环体为两个加数求和。一个加数从 0 开始递增到输入的值；另一个加数相反，从输入值递减至 0。

关键代码：

```
public class SumTable {
    public static void main(String[] args){
        int i, j;
        Scanner input = new Scanner(System.in);
        System.out.print("请输入一个整数：  ");
        int val = input.nextInt();
        System.out.println("根据这个整数可以输出以下加法表：  ");
        for(i = 0, j = val; i <= val; i++, j--){
            System.out.println(i + " + " + j + " = " + (i+j));
        }
    }
}
```

需要强调的两点如下。

（1）表达式 1 使用了一个特殊的形式，它是用“,”隔开的多个表达式组成的表达式“i = 0, j = val;”。

（2）在表达式 1 中，分别对两个变量 i 和 j 赋初始值，它们表示两个加数。表达式 3 也使用了这种形式“i++, j--;”。在这种特殊形式的表达式中，运算顺序是从左到右的。每次循环体执行完，先执行 i 自加 1，再执行 j 自减 1。

2. for 循环结构的注意点

了解了 for 循环结构的用法，在实际应用中还有哪些需要注意的地方呢？

根据 for 循环结构的语法，我们知道 for 循环结构中有 3 个表达式，在语法上，这 3 个表达式都可以省略，但表达式后面的分号不能省略。如果省略了表达式，要注意保证循环能够正常运行。

（1）省略“表达式 1”，如下面的 for 循环语句：

```
for( ; i< 10; i++)
```

这个 for 循环语句虽然省略了“表达式 1”，但其后的“;”号没有省略。在实际编程中，如果出现“表达式 1”省略的情况，则需要在 for 语句前给循环变量赋值，因此，可将上面的语句修改成如下形成：

```
int i = 0;
for( ; i< 10; i++);
```

（2）省略“表达式 2”，即不判断循环条件，循环将不会终止运行，也就形成了死循环，如下面的 for 语句：

```
for(int i = 0; ; i++);
```

在编程过程中要避免死循环的出现，所以对上面的语句可以做如下修改：一种方法是添加“表达式 2”，另一种方法是在循环体中使用 break 语句强制跳出循环结构。关于 break 语句的用法将在 4.2.3 小节中详细介绍。

（3）省略“表达式 3”，即不改变循环变量的值，也会出现死循环，如下面的语句：

```
for(int i = 0; i < 10; );
```

这里省略了“表达式 3”，变量 i 的值始终为 0，因此循环条件永远成立，程序就会出现死循环，在这种情况下，我们可以在循环体中改变 i 的值，语句如下：

```
for(int i = 0; i < 10; ){
   i++;
}
```

这样就能使循环正常结束，不会出现死循环。

（4）3 个表达式都省略，如下面的语句：

```
for( ; ; );
```

上面这个语句在语法上没有错，但在逻辑上是错误的，参考上面 3 种情况的描述进行修改。

经验

在实际开发中，为了提高代码的可读性，尽量不要省略各个表达式。如果需要省略，可以考虑是否改用 while 或 do-while 循环结构。

技能训练

上机练习 5——计算 100 以内的奇数之和

需求说明

➢ 编程实现：计算 100 以内的奇数之和，并设置断点调试程序，追踪 3 个表达式的执行顺序及循环变量值的变化。

实现思路

（1）初始部分：声明整型变量 num 和 sum，分别表示当前加数及当前和。其中，num 的初始值为 1。

（2）循环条件：num<100。

（3）循环操作：累加求和。

（4）每执行一次循环，修改变量 num 的值：num+=2。

上机练习 6——统计顾客的年龄层次

需求说明

➢ 商场为了提高销售额，需要对顾客的年龄层次（30 岁以上和 30 岁及以下）进行调查（样本数为 10），请计算这两个层次的顾客比例。程序运行结果如图 4.18 所示。

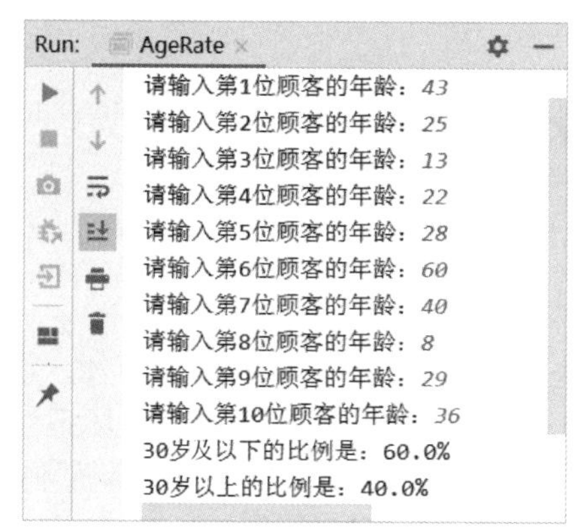

图4.18　上机练习6的程序运行结果

实现思路及关键代码

（1）定义计数器变量 young，记录年龄在 30 岁及以下的顾客人数。

（2）利用循环录入 10 位顾客的年龄。

关键代码：

```
import java.util.Scanner;
public class AgeRate {
    public static void main(String[] args) {
        int young = 0;  //记录年龄在 30 岁（含）以下的顾客人数
        int age = 0;    //保存顾客的年龄
        Scanner input = new Scanner(System.in);
        for(int i = 0; i < 10; i++){
            System.out.print("请输入第" +(i+1)+ "位顾客的年龄：");
            age = input.nextInt();
            if(age > 0 && age <= 30){
                young++;
            }
        }
        System.out.println("30 岁及以下的比例是：" + young/10.0*100
+"%");
        System.out.println("30 岁以上的比例是：" + (1-young/10.0)*100
+"%");
    }
}
```

4.2.2　循环结构对比

1. 语法格式不同

（1）while 循环结构语法格式如下：

变量初始化

```
while(循环条件){
循环体
}
```

（2）do-while 循环结构语法格式如下：

变量初始化

```
do{
```

```
循环体
} while(循环条件);
```

（3）for 循环结构语法格式如下：

```
for(变量初始化 ; 循环条件 ; 修改循环变量){
循环体
}
```

2. **执行顺序不同**

（1）while 循环结构：先判断循环条件，再执行循环体。如果条件不成立，退出循环。

（2）do-while 循环结构：先执行循环体，再判断循环条件，循环体至少执行一次。

（3）for 循环结构：先执行变量初始化部分，再判断循环条件，如果条件成立，则执行循环体，最后进行循环变量的计算；如果条件不成立，跳出循环。

3. **适用情况不同**

在解决问题时，对于循环次数确定的情况，通常选用 for 循环结构；对于循环次数不确定的情况，通常选用 while 循环结构或 do-while 循环结构。

4.2.3 跳转语句

在实际开发中，经常会遇到需要改变循环流程的情况。此时，就需要使用跳转语句。Java 支持 3 种类型的跳转语句：break 语句、continue 语句和 return 语句。

1. **break 语句**

在 switch 选择结构中，break 语句用于终止 switch 循环结构中的某个分支，使程序跳到 switch 选择结构之后的下一条语句。在 Java 循环结构中，break 语句的作用是终止当前循环。下面来解决示例 7 中的问题。

示例 7

请实现输出数字 1～10，若遇到 4 的倍数则输出“循环结束。”并结束程序。

分析

根据需求，在循环的过程中如果满足条件“数字是 4 的倍数”则跳出循环，因此需要使用 break 语句。

关键代码：

```
public class BreakDemo {
     public static void main(String[] args) {
          for(int i = 1; i < 10; i++) {
               if(i % 4 == 0){
                    break;
               }
               System.out.print(i+" ");
          }
          System.out.println("循环结束。");
     }
}
```

分析以上代码，在 for 循环结构中如果 i % 4 == 0，则执行 break 语句。执行代码的输出结果为“1 2 3 循环结束。”。

这里，break 语句的作用是终止当前循环语句的执行，然后执行当前循环结构后面的语句。

注意

break 语句只会出现在 switch 选择结构和循环语句中，没有其他使用场合。

示例 8

循环录入某学生 5 门课的成绩并计算平均分。如果某分数录入为负，则停止录入并提示录入错误。

分析

在录入分数的过程中，进行条件判断。如果录入为负数，则立刻跳出循环。我们使用 break 语句来解决。

关键代码：

```
import java.util.Scanner;
public class BreakDemo2 {
     public static void main(String[] args) {
          int score;                          //每门课的成绩
          int sum = 0;                        //成绩之和
          double avg = 0.0;                         //平均分
          boolean isNegative = false;     //是否为负数
          Scanner input = new Scanner(System.in);
          System.out.print("输入学生姓名：");
          String name = input.next();         //输入姓名
          for(int i = 0; i < 5; i++){         //循环 5 次录入 5 门课成绩
               System.out.print("请输入第" + (i+1) + "门课的成绩：");
               score = input.nextInt();
               if(score < 0){             //输入负数
                    isNegative = true;
                    break;
               }
               sum = sum + score;             //累加求和
          }
          if(isNegative){
               System.out.println("抱歉，分数录入错误，请重新进行录入！");
          }else{
               avg = sum / 5;                //计算平均分
               System.out.println(name + "的平均分是：" + avg);
          }
     }
}
```

程序运行结果如图 4.19 所示。

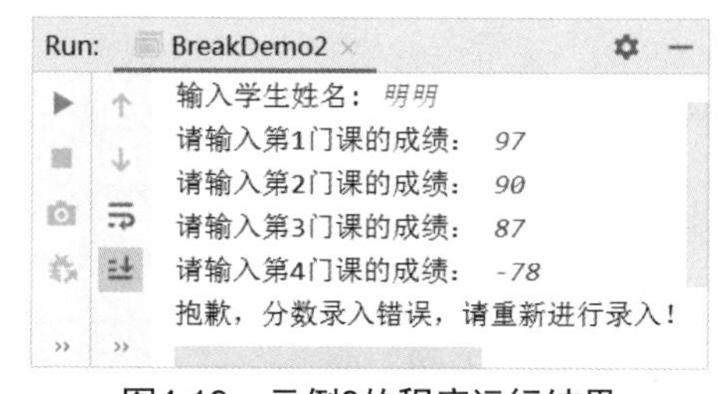

图4.19　示例8的程序运行结果

在示例 8 中，当录入第 4 门课的成绩“-78”时，条件“score < 0”为 true，执行“isNegative = true”，用它来标记是否输入负数；然后执行 break 语句，直接退出 for 循环结构；再执行 for 循环结构下面的 if 选择结构，因为 boolean 类型变量 isNegative 的值为 true，因此输出信息“抱歉，分数录入错误，请重新进行录入！”。

经验

（1）break 语句不仅可以用在 while 和 do-while 循环结构中，也可以用在 for 循环结构中。

（2）break 语句通常与 if 条件语句一起使用。

2. continue 语句

continue 语句的作用是强制循环提前返回，也就是让循环跳过本次循环中的剩余代码，然后开始下一次循环。下面看一个实际问题。

示例 9

输入班级总人数并循环录入学生 Java 课程的成绩，统计分数大于等于 80 分的学生比例。

分析

使用循环语句录入学生成绩并累计人数，这对我们来说并不是难题。如果仅累计满足分数大于等于 80 分的人数，就可以使用 continue 语句控制累计操作是否进行。

关键代码：

```
import java.util.Scanner;
public class ContinueDemo {
     public static void main(String[] args) {
          int score;      // 成绩
          int total;      // 班级总人数
          int num = 0;    // 成绩大于等于 80 分的人数
          Scanner input = new Scanner(System.in);
          System.out.print("输入班级总人数: ");
          total = input.nextInt();    // 输入班级总人数
          for(int i = 0; i < total; i++) {
               System.out.print("请输入第" + (i + 1) + "位学生的成绩:  ");
               score = input.nextInt();
               if(score < 80) {
                    continue;
               }
               num++;
          }
          System.out.println("80 分以上的学生人数是:  " + num);
          double rate = (double) num / total * 100;
          System.out.println("80 分以上的学生所占的比例为: " + rate + "%");
     }
}
```

程序运行结果如图 4.20 所示。

分析程序，变量 total 保存班级总人数，变量 num 保存 80 分以上的学生人数，i 从 0 开始递增一直到 total-1。如果录入的分数大于等于 80，则 num 自加 1，然后结束本次循环，进入下一次循环；如果录入的分数小于 80，则执行 continue 语句，然后结束本次循环，进入下一次循环。

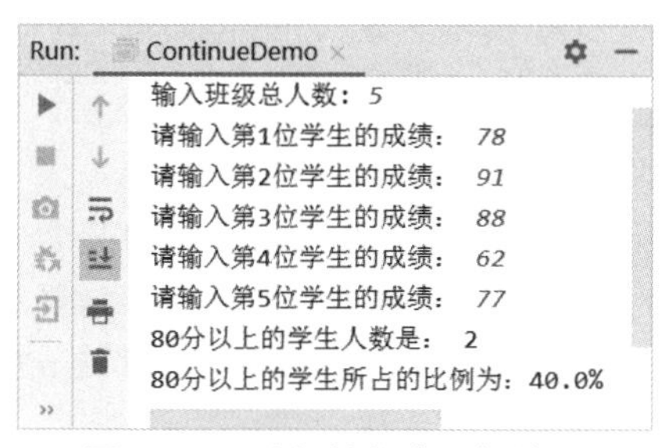

图4.20　示例9的程序运行结果

注意

（1）continue 语句可以用于 for 循环结构，也可以用于 while 和 do-while 循环结构。

（2）在 for 循环结构中，continue 语句使程序先跳转到迭代部分，然后判断循环条件。如果循环条件为 true，则继续下一次循环；否则终止循环。

（3）在 while 循环结构中，continue 语句执行完毕后，程序将直接判断循环条件。

（4）continue 语句只能用在循环结构中。

对比

在循环结构中 break 语句和 continue 语句区别如下。

（1）break 语句用于终止某个循环，程序跳转到循环体外的下一条语句。

（2）continue 语句用于跳出本次循环，进入下一次循环。

3. return 语句

return 语句的作用是结束当前方法的执行并退出，返回到调用该方法的语句处。如果在 main()方法中使用 return 语句，则直接退出主程序。

示例 10

请实现输出数字 1～10，若遇到 4 的倍数则自动退出。

关键代码：

```
public class ReturnDemo{
    public static void main(String[] args) {
        for(int i = 1; i < 10; i++) {
            if(i % 4 == 0){
                return;
            }
            System.out.print(i+" ");
        }
        System.out.println(" 循环结束。 ");
    }
}
```

思考一下，程序的运行结果应该是什么呢？执行该程序，发现输出“1 2 3”，结果中并没有输出 for 循环结构下面的语句“循环结束。”。原因是当 i=4 时满足条件，执行 return 语句，结束了当前循环，还结束了整个 main()方法的执行。

return 语句可以结束当前方法的执行并退出，因此常常用在有效性检查的代码块中。例如，在本书第 3 章本章作业第 2 题中，为了增强程序的健壮性，对用户的输入进行有效性验证，如果用户输入不合要求，则通过 return 语句直接退出，后面的代码将不被执行。

技能训练

上机练习 7——循环录入会员信息

需求说明

➢ 商场为了维护会员信息，需要将其信息录入系统中，具体要求如下。

（1）循环录入 3 位会员的信息（会员号、会员生日、会员积分）。

（2）判断会员号是否合法（4 位整数）。

（3）若会员号合法，则显示录入的信息，否则显示录入失败。

（4）程序运行结果如图 4.21 所示。

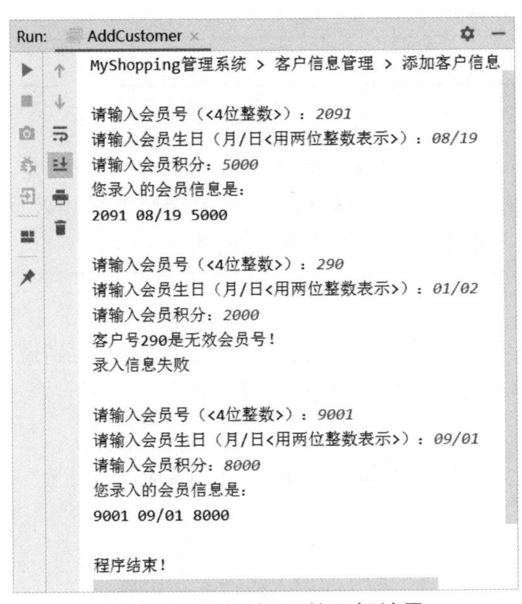

图4.21　上机练习7的运行结果

实现思路

（1）定义 3 个变量，分别记录会员号、会员生日和会员积分。

（2）利用循环录入 3 位会员的信息。

（3）如果会员号不合法，利用 continue 语句实现程序跳转。假设输入的会员号为整型变量 custNo，判断条件 custNo < 1000 或者 custNo > 9999，会员号不合法，需要进行程序跳转。

上机练习 8——验证用户登录信息

需求说明

➢　用户登录系统时需要输入用户名和密码，系统对用户输入的用户名和密码进行验证。验证次数最多 3 次，超过 3 次则程序结束。根据验证结果的不同（信息匹配、信息不匹配或 3 次信息都不匹配），执行不同的操作。假设正确的用户名和密码分别为 jim 和 123456，3 种情况的运行结果分别如图 4.22～图 4.24 所示。

图4.22　信息匹配运行结果

图4.23　信息不匹配运行结果

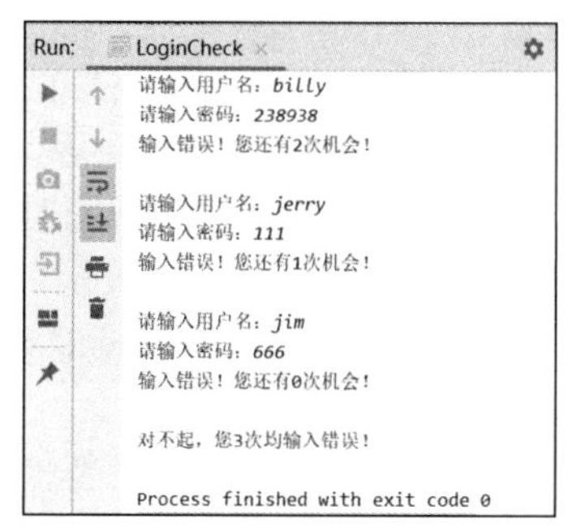

图4.24　3次信息不匹配运行结果

实现思路及关键代码

（1）定义 3 个变量，分别保存用户名、密码和用户输入的次数。

（2）利用循环结构输入用户名和密码，利用 continue 语句和 break 语句控制程序流程。

关键代码：

```
public class LoginCheck {
    public static void main(String[] args) {
        int i = 0;
        String userName;
        String password;
        Scanner input = new Scanner(System.in);
        for(i = 0; i < 3; i++){
            System.out.print("请输入用户名：");
            userName = input.next();
            System.out.print("请输入密码：");
            password = input.next();
            if("jim".equals(userName) && "123456".equals (password))
{    //匹配
                System.out.println("欢迎登录 MyShopping 系统！");
                break;
            }else{  //不匹配
                System.out.println("输入错误！您还有" +(2-i)+ "次机
会！\n");

                continue;
            }
        }
        if(i == 3){ //3 次都不匹配
            System.out.println("对不起，您 3 次均输入错误！");
        }
    }
}
```

本章小结

本章学习了以下知识点。

➢ 循环结构是指根据循环条件重复性地执行某段代码。在 Java 中提供了 while 语句、do-while 语句、for 语句等来实现循环结构。

➢ 循环结构由循环条件和循环操作构成。只要满足循环条件，循环操作就会反复执行。

➢ 使用循环解决问题的步骤：分析循环条件和循环操作，套用循环的语法写出代码，检查循环能否退出。

➢ 编写循环结构代码时需注意循环变量的初始值、循环操作中对循环变量值的改变和循环条件三者间的关系；确保循环次数正确，不要出现死循环。

➢ 跳转语句中，break 语句和 continue 语句用来实现循环结构的跳转，而 return 语句用来跳出方法。

➢ 程序调试是满足暂停程序、观察变量和逐条执行语句等功能的工具和方法的总称。其主要方法包括设置断点、单步执行和观察变量。程序调试是开发过程中常用的技巧，帮助我们观察程序运行流程、快速定位错误并解决问题。

本章作业

1．说明 while 循环结构、do-while 循环结构和 for 循环结构在执行过程上有什么差异。

2．说明在循环结构中 break 语句和 continue 语句的区别。

3．从键盘接收一批整数，比较并输出其中的最大值和最小值，输入数字 0 时结束循环。程序运行结果如图 4.25 所示。

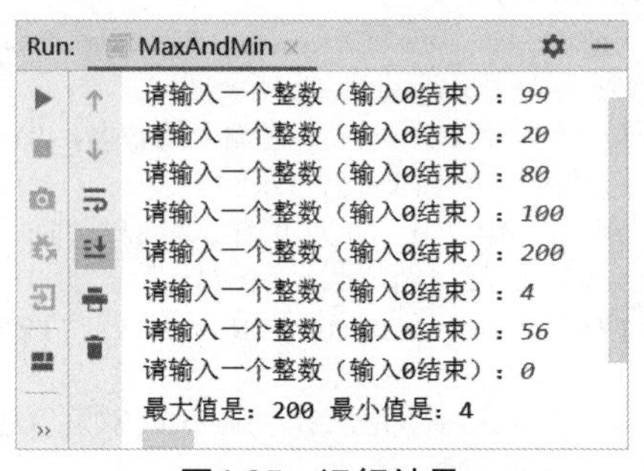

图4.25 运行结果

提示

（1）声明两个变量 max 和 min，分别记录最大值和最小值。

（2）将用户输入的数字 num 和上面的两个变量做比较，使得 max 始终保存当前的最大值，min 始终保存当前的最小值。

4．从键盘输入一位整数，当输入 1～7 时，显示下面对应的英文星期名称的缩写。

1:MON　2:TUE　3:WED　4:THU　5:FRI　6:SAT　7:SUN

输入其他整数时提示用户重新输入，输入数字 0 时程序结束。如果输入非整数，则提示输入错误并退出程序。程序运行结果如图 4.26 和图 4.27 所示。

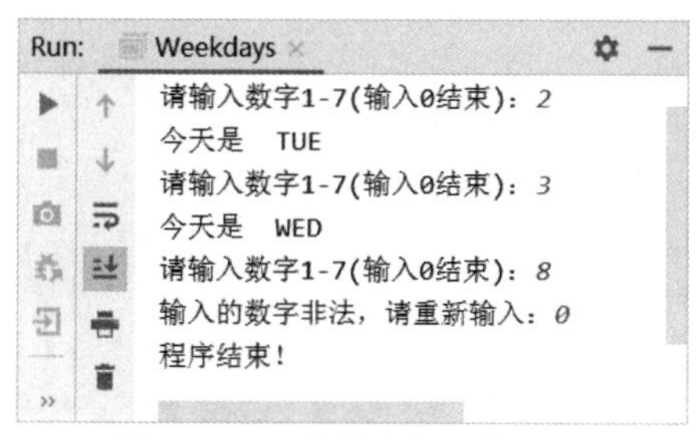

图4.26　正常退出的运行结果

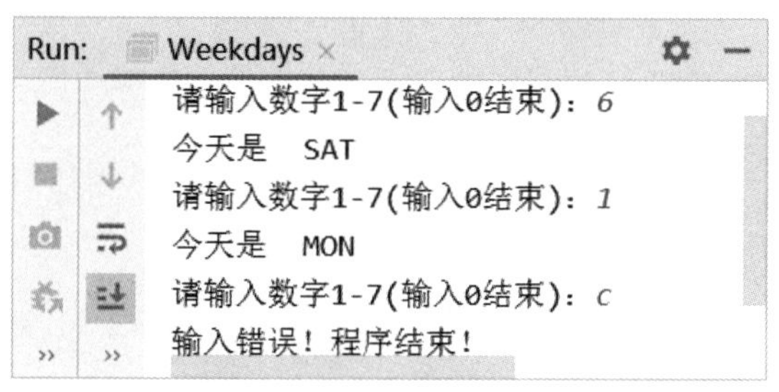

图4.27　输入非整数时异常退出的运行结果

5．鸡兔同笼是我国古代著名的趣题之一。大约在 1500 年前，《孙子算经》中记载了这样一道题目：今有雉（鸡）兔同笼，上有三十五头，下有九十四足，问雉兔各几何？试编写程序解决这个问题。

提示

（1）定义变量 chickenNum、rabbitNum 分别表示鸡的数量、兔子的数量，二者有如下两个关系。

```
chickenNum + rabbitNum  = 35;
2*chickenNum + 4*rabbitNum = 94。
```

（2）鸡的数量 chickenNum 范围是 0≤chickenNum≤35，利用循环结构解决上述问题。

6．开发一个标题为“FlipFlop”的游戏应用程序。它从 1 计数到 100，遇到 3 的倍数就输出单词“Flip”，遇到 5 的倍数就输出单词“Flop”，遇到既为 3 的倍数又为 5 的倍数的数则输出单词“FlipFlop”，其余情况下输出当前数字。

第 5 章

数组与循环进阶

技能目标

- ❖ 掌握数组的基本用法
- ❖ 会使用数组解决问题
- ❖ 会使用增强 for 循环进行数组的遍历
- ❖ 掌握二维数组及其使用
- ❖ 掌握二重循环结构的使用
- ❖ 掌握二重循环结构中跳转语句的使用

本章任务

学习本章，需要完成以下两个任务。

任务 1：使用数组存储购物金额并进行结算

任务 2：实现矩阵旋转

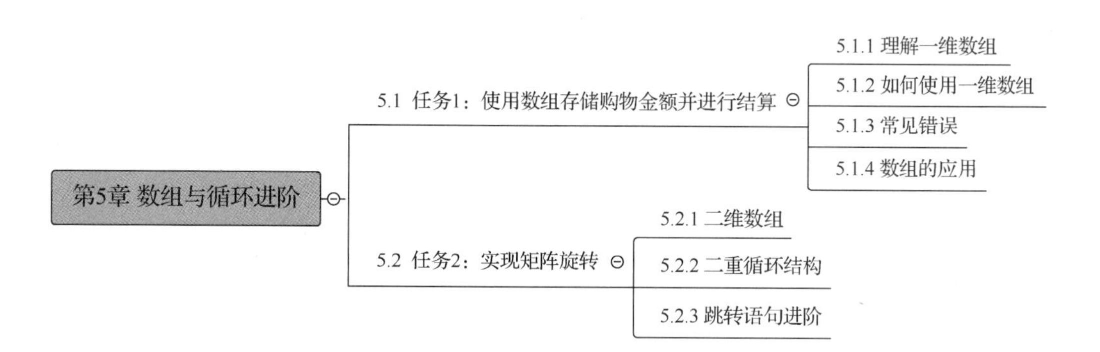

5.1 任务 1：使用数组存储购物金额并进行结算

学习目标如下。

➢ 掌握一维数组的使用。

➢ 会使用增强 for 循环结构。

➢ 会进行数组常用的操作：遍历数组、求最大值和最小值、数组元素排序、数组元素插入操作等。

5.1.1 理解一维数组

在前面的章节中已经学习了整型、字符类型和浮点类型等数据类型，这些数据类型操作的往往是单个数据。看下面的问题。

示例 1

存储 50 位学生某门课程的成绩并求 50 人的平均分。

分析

如果采用之前学习的知识点实现，需要定义 50 个变量，分别存放 50 位学生的成绩。

数组

关键代码：

```
int score1 = 95;
int score2 = 89;
int score3 = 79;
int score4 = 64;
int score5 = 76;
int score6 = 88;
//……此处省略 41 个赋值语句
int score48 = 70;
int score49 = 88;
int score50 = 65;
average = (score1+score2+score3+score4+score5+…+score50)/50;
```

以上代码的缺陷很明显，首先是定义的变量个数太多，如果存储 10000 个学生的成绩，难道真要定义 10000 个变量吗？这显然不可能。另外这样也不利于数据处理，如要求计算所有成绩之和，就需要把所有的变量名都写出来，这显然不是一种好的实现方法。

Java 针对此类问题提供了更有效的存储方式——数组。在 Java 中，数组是用来存储一组相同类型数据的数据结构。例如，全班 50 个学生的成绩都是整型数据，就可以存储在一个整型数组里面。当数组初始化完毕后，Java 为数组在内存中分配一段连续的空间，其在内存中开辟的空间也将随之固定，此时数组的长度就不能再发生改变。即使数组中没有保存任何数据，数组所占据的空间依然存在。数组的存储方式如图 5.1 所示。

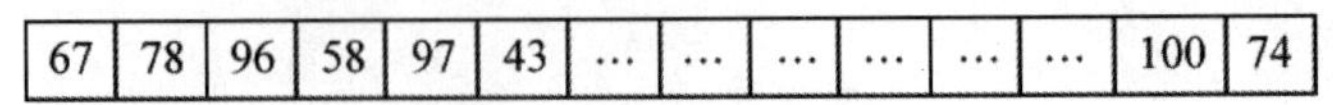

图5.1　数组的存储方式

提示

如果没有特殊说明，在本章中所说的数组均表示一维数组。

了解了数组在内存中的存储方式，下面来看数组的基本要素。

- 标识符。和变量一样，在计算机中，数组也要有一个名称，称为标识符，用于区分不同的数组。
- 数组元素。当给出了数组名称，即数组标识符后，要向数组中存放数据，这些数据就称为数组元素。
- 数组下标。在数组中，为了准确地得到数组的元素，需要对它们进行编号，这样计算机才能根据编号存取，这个编号就称为数组下标。
- 元素类型。存储在数组中的数组元素应该是同一数据类型，如可以把学生的成绩存储在数组中，而每一个学生的成绩可以用整型变量存储，因此该数组的元素类型是整型。

根据上面的分析，可以得到图 5.2 所示的数组的基本结构。

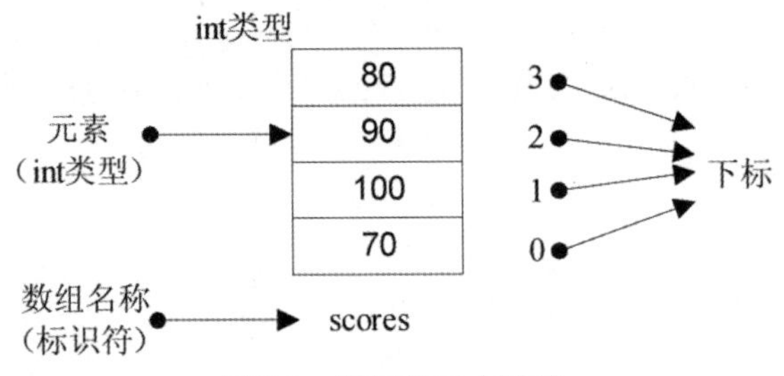

图5.2　数组的基本结构

5.1.2　如何使用一维数组

前面了解了数组的基本结构，那么如何使用它呢？主要分为 4 个步骤。

1．声明数组

在 Java 中，声明一维数组的语法：

```
数据类型[]　　数组名;
```

或者：

```
数据类型 数组名[];
```

以上两种方式都可以声明一个数组，数组名可以是任意合法的变量名。

声明数组就是告诉计算机该数组中数据的类型是什么。例如：

```
int[] scores;         //存储学生的成绩，类型为int
double height[];      //存储学生的身高，类型为double
String[] names;       //存储学生的姓名，类型为String
```

2. 分配空间

分配空间就是要告诉计算机在内存中分配一些连续的空间来存储数据。Java 可以使用 new 关键字给数组分配空间。

语法：

数组名 = new 数据类型[数组长度];

其中，数组长度就是数组中能存放的元素个数，显然应该为大于 0 的整数。例如：

```
scores = new int[50];        //长度为50的int类型数组
height = new double[50];     //长度为50的double类型数组
names = new String[50];      //长度为50的String类型数组
```

可以将上面两个步骤合并，即在声明数组的同时就给它分配空间。

语法：

数据类型[] 数组名 = new 数据类型[数组长度];

例如：

```
int scores[] = new int[50]; //存储50个学生成绩
```

一旦声明了数组的长度就不能再修改，即数组的长度是固定的。例如，上面名称为 scores 的数组长度是 50，假如发现有 51 位学生成绩需要存储，想把数组长度改为 51 是不行的，只能重新声明新的数组。

3. 赋值

分配空间后就可以向数组里存放数据了。数组中的每一个元素都是通过下标访问的，语法如下：

数组名[下标值];

注意，数组下标从 0 开始。例如，向 scores 数组中存放数据。

代码：

```
scores[0] = 89;
scores[1] = 60;
scores[2] = 70;
……
```

回想 5.1.1 小节提出的问题，要计算 50 位学生的平均分，如果一个一个地赋值，非常烦琐。仔细观察上面的代码，会发现数组的下标是规律变化的，即从 0 开始顺序递增，所以用循环变量表示数组下标，利用循环给数组赋值，可以大大简化代码。

代码：

```
Scanner input = new Scanner(System.in);
for(int i = 0; i < 50; i++){
    score[i] = input.nextInt();     //从运行窗口接收键盘输入进行循环赋值
}
```

注意

在编写程序时，数组和循环往往结合在一起使用，可以大大简化代码，提高程序执行效率。通常，使用 for 循环结构给数组赋值或者遍历数组。

在 Java 中还提供了另外一种创建数组的方式，它将声明数组、分配空间和赋值合并完成，语法如下：

数据类型[] 数组名= {值 1,值 2,值 3,…,值 n};

例如，使用这种方式来创建 scores 数组。

代码：

```
int[] scores = {60,70,98,90,76};  //创建一个长度为 5 的数组 scores
```

同时，它也等价于下面的代码：

```
int[] scores = new int[]{60,70,98,90,76};
```

经验

值得注意的是，直接创建并赋值的方式一般在数组元素比较少的情况下使用，创建与赋值必须一并完成下面的代码是不合法的：

```
int[] score;
score = {60,70,98,90,76};    //错误
```

如果定义的数组是基本数据类型的数组，即 int、double、char 或 boolean 类型，在 Java 中定义数组之后，若没有赋初始值，则依据数据类型的不同，会给数组元素赋一个默认初始值，如表 5.1 所示。

表 5.1　数组元素默认初始值

数据类型	默认初始值
int	0
double	0.0
char	'\u0000'
boolean	false

4. *对数据进行处理*

下面实现示例 1 的需求。为简单起见，先计算 5 位学生的平均分。

关键代码：

```
import java.util.Scanner;
public class ArrayDemo {
     public static void main(String[] args) {
         int[] scores = new int[5];  //成绩数组
         int sum = 0;                            //成绩总和
         Scanner input = new Scanner(System.in);
         System.out.println("请输入 5 位学生的成绩：");
         for(int i = 0; i < scores.length; i++){
             scores[i] = input.nextInt();
             sum = sum + scores[i];   //成绩累加
         }
         //计算并输出平均分
     System.out.println("学生的平均分是：" + (double)sum/scores.length);
      }
}
```

程序运行结果如图 5.3 所示。

以上代码实现了给数组进行循环赋值，循环变量 i 从 0 开始递增直到数组的最大长度 scores.length。

图5.3　示例1的程序运行结果

需要注意的是，数组一经创建，其长度（数组中可存放元素的数目）是不可改变的，如果越界访问（即数组下标超出 0～数组长度-1 的范围），程序会报错。当我们需要使用数组长度时，一般通过“数组名.length;”获取。

除了普通的 for 循环结构，JDK 1.5 之后提供的增强 for 循环结构也可以用来实现对数组和集合中数据的访问。增强 for 循环结构的语法如下：

```
for(元素类型 变量名 : 要循环的数组或集合名){
//循环操作
}
```

第一个元素类型是数组或集合中元素的类型，变量名在循环时用来保存每个元素的值，冒号后面是要循环的数组或集合名称。

示例 2

创建学生成绩数组（包含 5 位学生成绩），使用增强 for 循环结构实现逐一输出学生成绩的功能。

分析

通过增强 for 循环结构可以遍历成绩数组中的每个元素，并逐一输出。

关键代码：

```
public class PrintScore {
    public static void main(String[] args) {
        int scores[] = {75,67,90,100,80};
        System.out.println("学生的成绩依次为");
        for(int i : scores){
            System.out.println(i);
        }
    }
}
```

程序运行结果如图 5.4 所示。

图5.4　示例2的程序运行结果

注意

变量 i 的类型必须和数组 scores 元素的类型保持一致。

5.1.3 常见错误

数组是编程中常用的存储数据的结构，但在使用的过程中会出现一些错误，在这里对常见错误进行举例说明，希望能够引起大家的重视。

示例 3

请指出以下代码中出错的位置：

```
public class ErrorDemo1 {
    public static void main(String[] args) {
        int a[] = new int[] { 1, 2, 3, 4, 5 };
        System.out.println(a[5]);
    }
}
```

程序输出结果如图 5.5 所示。

```
Run:  ErrorDemo1
Exception in thread "main" java.lang.ArrayIndexOutOfBoundsException: 5
    at com.javaex.ErrorDemo1.main(ErrorDemo1.java:6)

Process finished with exit code 1
```

图5.5　数组下标越界

系统提示出现数组下标越界异常，并指出了错误语句的位置。发生异常的原因是数组 a 的下标最大值是 4，不存在下标为 5 的元素。

提示

数组下标从 0 开始，而不是从 1 开始。如果访问数组元素时指定的下标小于 0，或者大于等于数组的长度，都将出现数组下标越界异常。

示例 4

请指出以下代码中出错的位置：

```
public class ErrorDemo2 {
    public static void main(String[] args) {
        int arr1[4];
        arr1={1,2,3,4};
        int [] arr2=new int[4]{1,2,3,4};
    }
}
```

分析示例 4 的代码可知存在两处错误，均是声明和初始化数组格式的错误。正确的声明和初始化数组格式如下：

```
int arr1[] = {1,2,3,4};// 声明、分配空间和数组赋值一步完成
int [] arr2 = new int[]{1,2,3,4};  // new int 后边的 [] 中必须为空
```

5.1.4　数组的应用

在使用数组进行开发时，除了定义、赋值和遍历操作之外，数组还有其他的应用。

1．**求数组最大值和最小值**

示例 5

从键盘输入 5 位学生的 Java 考试成绩，求考试成绩的最高分和最低分。

分析

定义成绩数组，通过循环录入 5 位学生的成绩。分别定义变量 max 存储最大值，定义变量 min 存储最小值。max 变量依次与数组中的元素进行比较，如果 max 小于比较的元素，则执行置换操作；如果 max 较大，则不执行置换操作。变量 min 的操作思路类似。

```
import java.util.Scanner;
public class MaxMinScore {
    public static void main(String[] args) {
        int[] scores = new int[5];
        System.out.println("请输入 5 位学生的成绩：");
        Scanner input = new Scanner(System.in);
        for(int i = 0; i < scores.length; i++){
            scores[i] = input.nextInt();
        }
        //计算最大值和最小值
        int max = scores[0]; //记录最大值
        int min = scores[0]; //记录最小值
        for(int i = 1; i < scores.length; i++){
            if(scores[i] > max){
                max = scores[i];
            }
            if(scores[i] < min){
                min = scores[i];
            }
        }
        System.out.println("考试成绩最高分为： " + max);
        System.out.println("考试成绩最低分为： " + min);
    }
}
```

程序运行结果如图 5.6 所示。

图5.6　示例5的程序运行结果

2. 数组排序

数组排序是实际开发中比较常用的操作，如果需要将存放在数组中的 5 位学生的考试成绩从低到高排序，应如何实现呢？在 Java 中这个问题很容易解决，可以通过 Arrays 类实现。

Arrays 类是 JDK 中提供的一个专门用于操作数组的工具类，位于 java.util 包中。该类提供了一系列方法来操作数组，如排序、复制、比较、填充等，用户直接调用这些方法即可，不需要自己编程实现，降低了开发难度。Arrays 类的常用方法如表 5.2 所示。

表 5.2　Arrays 类的常用方法

方法	返回值类型	说明
equals(array1,array2)	boolean	比较两个数组是否相等
sort(array)	void	对数组 array 的元素进行升序排列
toString(array)	String	将一个数组 array 转换成一个字符串
fill(array,val)	void	把数组 array 的所有元素都赋值为 val
copyOf(array,length)	与数组 array 数据类型一致	把数组 array 复制成一个长度为 length 的新数组
binarySearch(array, val)	int	查询元素 val 在数组 array 中的下标

示例 6

学生的 Java 考试成绩保存在成绩数组中，实现对学生的考试成绩从低到高排序。

关键代码：

```
import java.util.Arrays;
import java.util.Scanner;
public class ScoreSort {
public static void main(String[] args) {
//成绩数组
        int[] scores = new int[]{67,89,90,66,99,87,84,80,96,75};
        Arrays.sort(scores);     //对数组进行升序排序
        System.out.print("学生成绩按升序排列：");
        //利用循环输出学生成绩
        for(int i = 0; i < scores.length; i++){
           System.out.print(scores[i] + " ");
        }
    }
}
```

注意，Arrays 类的排序方法的调用方式是 Arrays.sort(数组名)。运行程序输出结果为“学生成绩按升序排列：66 67 75 80 84 87 89 90 96 99”。

可见，使用 Arrays 类的方法，很容易就能够解决数组元素的排序问题。对于 Arrays 类其他方法的使用，这里不再详述，可以在需要的时候查阅相关文档。

3. 向数组中插入元素

示例 7

有一组学生的成绩是 99、85、82、63、60，将它们按降序排列，保存在一个数组中。现需要增加一个学生的成绩，将它插入数组，并保持成绩降序排列。

分析

首先将 5 个学生的成绩保存在长度为 6 的整型数组中。然后，找到新增成绩的插入位置。为了保持数组中的成绩有序，需要从数组的第一个元素开始与新增成绩进行比较，直到找到新增成绩要插入的位置。可以使用循环进行比较。找到新增成绩插入位置后，将该位置及其后的元素后移一个位置，最后将新增成绩插入该位置即可。

关键代码：

```
public class Insert {
    public static void main(String[] args) {
        int[] list = new int[6]; // 长度为 6 的数组
        list[0] = 99;
        list[1] = 85;
        list[2] = 82;
        list[3] = 63;
        list[4] = 60;

        int index = list.length;    //保存新增成绩插入位置
        System.out.println("请输入新增成绩：  ");
        Scanner input = new Scanner(System.in);
        int num = input.nextInt(); // 输入新增成绩
        //找到新增成绩的插入位置
        for(int i = 0; i < list.length; i++){
            if(num > list[i]){
                index = i;
                break;
            }
        }
        //元素后移
        for(int j = list.length-1; j > index; j--){
            list[j] = list[j-1];    //index 下标及其之后的元素后移一个位置
        }
        list[index] = num;//插入新增成绩
        System.out.println("插入成绩的下标是："+index);
        System.out.println("插入后的成绩信息是：  ");
        // 循环输出目前数组中的数据
        for (int k = 0; k < list.length; k++) {
            System.out.print(list[k] + "\t");
        }
    }
}
```

程序运行结果如图 5.7 所示。

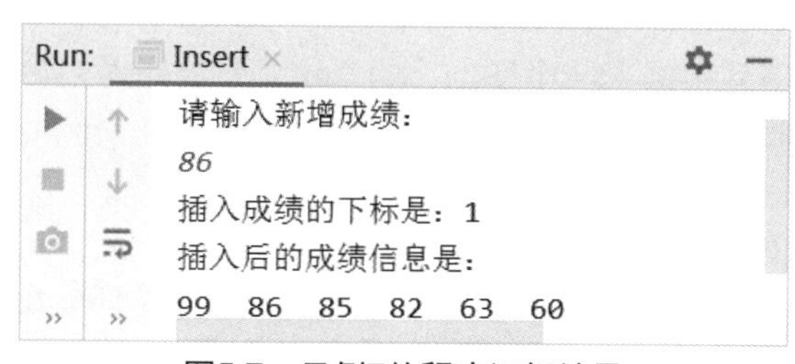

图5.7　示例7的程序运行结果

从运行结果可以看出，插入成绩 86 以后，成绩数组元素依然是按降序排列的。

学习技巧

在实际开发中，数组应用非常广泛，这里只是抛砖引玉，讲解了几种常见的应用数组的情况。数组经常与选择结构、循环结构搭配解决问题。大家需要多思考，能够举一反三，掌握使用数组解决问题的思路和方法。

技能训练

上机练习 1——购物金额结算

需求说明

➢ 某会员本月购物 5 次，输入 5 笔购物金额，运行程序后输出这 5 笔购物金额及总金额。

程序运行结果如图 5.8 所示。

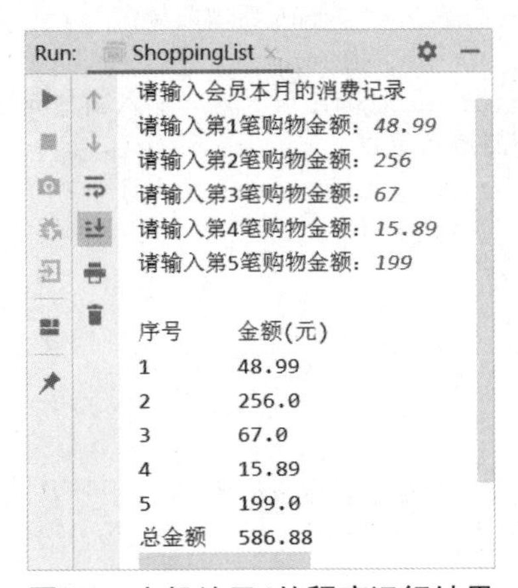

图5.8　上机练习1的程序运行结果

实现思路

（1）创建一个长度为 5 的 double 类型数组，存储购物金额。

（2）循环输入 5 笔购物金额，并累加到总金额。

（3）利用循环输出 5 笔购物金额，最后输出总金额。

上机练习 2——字符逆序输出

需求说明

➢ 有一列乱序的字符：a、c、u、b、e、p、f、z。将它们进行排序并按照英文字母表的正序和逆序输出。

➢ 在有序字符序列中插入一个新的字符“m”，要求插入之后字符序列仍保持有序。

程序运行结果如图 5.9 所示。

实现思路

（1）创建数组，存储原字符序列。

（2）利用 Arrays 类的 sort()方法对数组进行排序，并循环输出。

（3）使用循环，从最后一个元素开始，将数组中的元素逆序输出。

（4）遍历已实现的有序字符序列，找到新增字符的插入位置。

（5）插入位置及之后的元素均后移一个位置。

（6）插入新增字符，并输出插入后的字符序列。

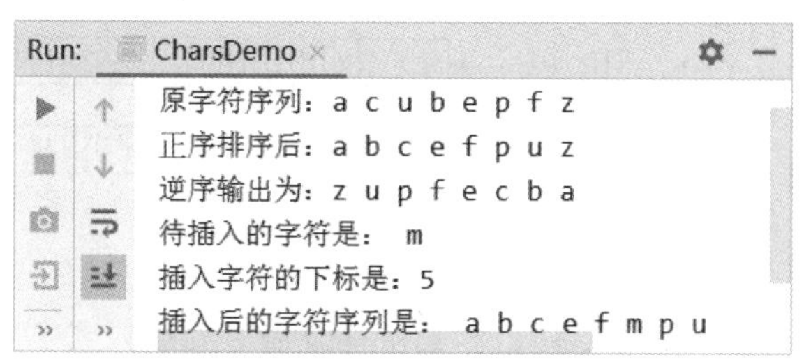

图5.9　上机练习2的程序运行结果

5.2 任务 2：实现矩阵旋转

学习目标如下。

- ➢ 掌握二维数组的使用。
- ➢ 掌握二重循环结构的使用。
- ➢ 掌握二重循环结构中跳转语句的使用。

5.2.1　二维数组

Java 中定义和操作多维数组的语法与一维数组类似。在实际应用中，三维及以上的数组很少使用，主要使用二维数组。下面以二维数组为例进行讲解。

二维数组

1．**定义二维数组**

定义二维数组的语法格式如下：

数据类型 [][] 数组名;

或者：

数据类型 数组名 [][];

其中，数据类型为数组元素的类型。“[][]”用于表明定义了一个二维数组，可通过两个下标进行数据访问。

例如，定义一个整型二维数组，代码如下：

```
int[][] s;              // 定义二维数组
s=new int[3][5];        // 分配内存空间
```

或者：

```
int[][] scores = new int[3][5]; //定义二维数组并分配内存空间
```

需要强调的是，虽然从语法上看 Java 支持多维数组，但从内存分配原理的角度看，Java 中只有一维数组，没有多维数组。或者说，表面上是多维数组，实质上都是一维数组。例如，上面的示例可以看作定义了一个一维数组，数组名是 s，包括 3 个元素，分别为 s[0]、s[1]、s[2]，每个元素是整型数组类型，即一维数组类型。而 s[0]又是一个数组的名称，包括 5 个元素，分别为 s[0][0]、s[0][1]、s[0][2]、s[0][3]、s[0][4]，每个元素都是整数类型。s[1]、s[2]与 s[0]的情况相同，其存储方式如图 5.10 所示。

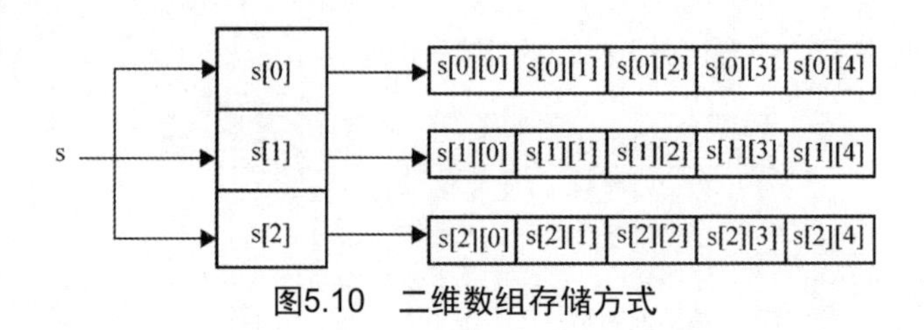

图5.10　二维数组存储方式

2. 赋值操作

定义了二维数组之后，需要对数组元素进行赋值。例如：

```
s[0][0]=4; //赋值
s[0][1]=8;
//……省略
s[0][4]=30;
s[1][0]=5;
//……省略
s[1][4]=18;
```

类似一维数组，二维数组也可以将定义数组、分配内存空间和赋值一次完成。代码如下：

```
int[][] s=new int[][]{ { 90, 85, 92, 78, 54 }, { 76, 63,80 }, { 87 }};
```

或者：

```
int s[][] = {{ 90, 85, 92, 78, 54 }, { 76, 63,80 }, { 87 } };
```

3. 遍历二维数组

下面解决一个实际问题。

示例 8

本次 Java 考试有 3 个班的学生参加，每个班级 5 名学生，请计算每个班的学生的平均分。

分析

要存储 3 个班级的考试成绩，需要定义二维数组来实现。分别遍历每个班级的成绩并计算该班级的平均分。注意，现在是 3 个班级，因此需要循环 3 次计算每个班的平均分。而每个班有 5 名学生，所以对每个班级需要循环 5 次累加总分。可以用一个循环控制班级的数量，用另一个循环控制每个班级学生的数量，这样就需要使用二重循环结构（介绍详见 5.2.2 小节）来实现。

关键代码：

```
public class AvgScore {
    public static void main(String[] args) {
        //定义二维数组、分配空间、赋值
        int [][] scores = new int[][]{{80,66,90,64,73},{70,54,98,67,59},
{77,59,90,88,63}};
        //计算平均分
        int total;  // 保存总成绩
        for(int i = 0; i < scores.length; i++) {
            String str = (i+1) + " 班 ";
            total = 0;  // 每次循环到此都将其归 0
            for(int j = 0; j < scores[i].length; j++) {
                total += scores[i][j];  // 成绩累加
            }
```

```
            int avg = total/scores[i].length; // 计算班级平均分
            System.out.println(str+" 平均分 :  " + avg);
        }
    }
}
```

在示例 8 中，使用了两个嵌套的 for 循环结构，其中外层 for 循环结构控制班级的数量，内层 for 循环结构控制每个班参加考试学生的人数。程序运行结果如图 5.11 所示。

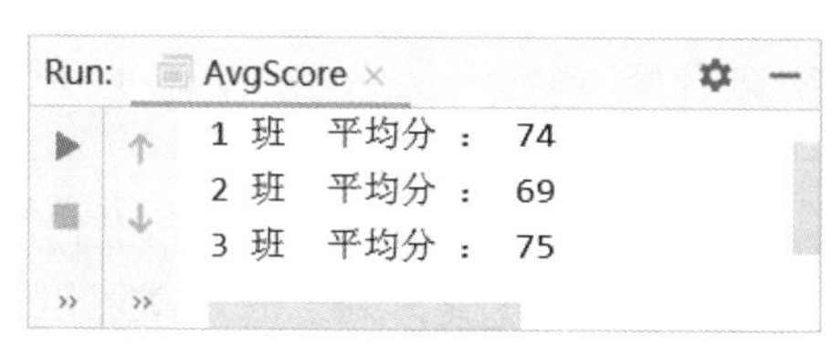

图5.11　示例8的程序运行结果

5.2.2　二重循环结构

在示例 8 中，嵌套的 for 循环结构组成了一个二重循环结构。简单地说，二重循环就是一个循环结构内又包含另一个完整的循环结构。前面我们学习了 4 种循环结构：while 循环结构、do-while 循环结构、for 循环结构和增强 for 循环结构。这 4 种循环结构之间是可以互相嵌套的，一个循环结构要完整地包含在另一个循环结构中。以下的几种形式都是合法的。

二重循环结构及应用

语法：

```
// while 与 while 循环结构嵌套
while(循环条件 1){
      //循环操作 1
      while(循环条件 2){
            //循环操作 2;
      }
}

// do-while 与 do-while 循环结构嵌套
do{
      //循环操作 1
      do{
            //循环操作 2
      }while(循环条件 2);
}while(循环条件 1);

// for 与 for 循环结构嵌套
for(循环条件 1){
      //循环操作 1
      for(循环条件 2){
            //循环操作 2
      }
}

// while 与 for 循环结构嵌套
```

```
while(循环条件 1){
      //循环操作 1
      for(循环条件 2){
            //循环操作 2
      }
}
```

上面几种形式中，循环条件 1 和循环操作 1 对应的循环称为外层循环，循环条件 2 和循环操作 2 对应的循环称为内层循环，内层循环结束后才执行外层循环的语句。在二重循环结构中，外层循环变量变化一次，内层循环变量要从初始值到结束值变化一遍。

因此，在示例 8 中，外层 for 循环结构中循环变量变化一次，内层循环变量要从初始值到结束值变化一遍。这样当外层循环变量为 1 时，就可以累计出第一个班级的成绩总和并计算出平均分，然后外层循环变量加 1，再次进入内层循环，内层循环执行完毕，就可以累计出第二个班级的成绩总和并计算出平均分，依次类推，就完成了各个班级的平均分计算任务。

二重循环结构使用起来很方便。下面通过一个示例，学习如何用二重循环结构输出图形。

示例 9

用字符*输出矩形图案，效果如下。

```
*****
*****
*****
*****
*****
```

分析

观察发现上面的图形共有 5 行，需循环 5 次输出 5 行，每行有 5 个字符*，需循环 5 次输出字符*，因此可以用二重循环结构实现。外层循环控制行数，内层循环控制每行字符*的个数。所以外层循环变量 i 的值为 1～5，内层循环变量 j 的值也为 1～5。

用二重循环结构输出字符*矩形的代码如下所示：

```
public class Rectangle {
    public static void main(String[] args) {
        System.out.println("输出矩形");
        for(int i = 0; i < 5; i++){
            for(int j = 0; j <5; j++){
                System.out.print("*");
            }
            System.out.print("\n");      //换行
        }
    }
}
```

上述代码中，变量 i 表示第 it1 行，现在要输出 5 行，可以得到外层循环条件。内层循环操作就是输出字符*，变量 j 控制内层循环的循环条件。根据分析，每行输出 5 个字符*，这样就得到了内层循环条件，输出完一行后要换行。程序运行结果如图 5.12 所示。

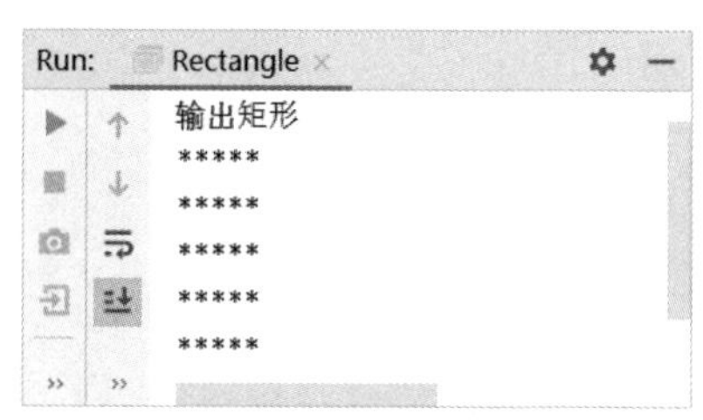

图5.12　示例9的程序运行结果

经验

在使用二重循环结构实现需求时，首先需要明确内层循环和外层循环的作用，并分别分析出内层循环和外层循环的循环条件和循环操作，然后再进行编程实现。

技能训练

上机练习 3——输入行数，输出直角三角形

需求说明

- 在运行窗口输入直角三角形的高度（行数）。
- 每行字符*的个数依次为 1、3、5、7、9 等。

程序运行结果如图 5.13 所示。

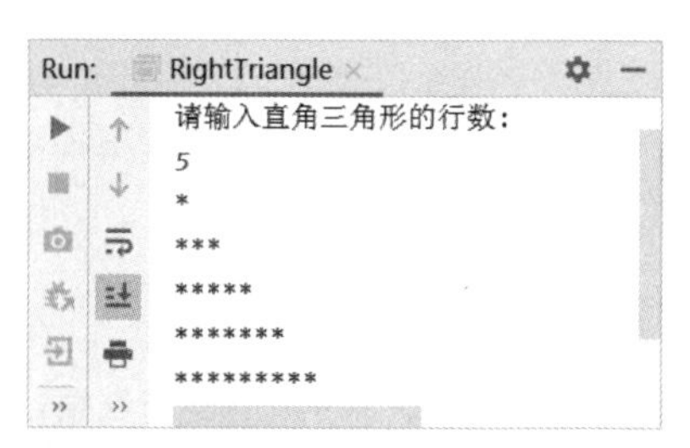

图5.13　上机练习3的程序运行结果

实现思路及关键代码

（1）外层设置变量 i，用来循环控制行数。根据用户输入的行数得到外层循环条件。例如，用户输入的行数是 5，则外层循环次数为 5 次。

（2）分析每行输出的内容。每一行均输出字符*，某一行行数与该行字符*个数是什么关系呢？首先分析内层循环变量 j 的变化规律（假如用户输入的行数是 5）。

第一行，i=0，输出 1 个字符*，内层循环执行 1 次。

第二行，i=1，输出 3 个字符*，内层循环执行 3 次。

第三行，i=2，输出 5 个字符*，内层循环执行 5 次。

第四行，i=3，输出 7 个字符*，内层循环执行 7 次。

第五行，i=4，输出 9 个字符*，内层循环执行 9 次。

不难发现，对于每一行，内层循环变量 j 的最大值为 2*i+1，从而得到内层循环条件为 j＜2*i+1。

（3）每一行输出字符*结束后要换行。

关键代码：

```
import java.util.Scanner;
```

```
public class RightTriangle {
    public static void main(String[] args) {
        System.out.println("请输入直角三角形的行数：");
        Scanner input = new Scanner(System.in);
        int rows = input.nextInt(); //直角三角形的行数
        for(int i = 0; i < rows; i++){
            for(int j = 0; j < i*2+1;j++){
                System.out.print("*");
            }
            System.out.println();
        }
    }
}
```

上机练习 4——输入行数，输出等腰三角形

需求说明

- 在运行窗口输入等腰三角形的高度（行数）。
- 每行字符*的个数依次为 1、3、5、7 等。

程序运行结果如图 5.14 所示。

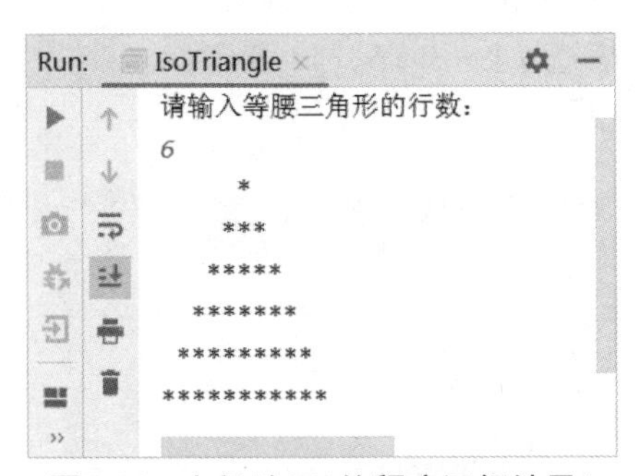

图5.14　上机练习4的程序运行结果1

实现思路及关键代码

（1）外层循环控制行数，根据用户输入的行数得到外层循环条件。

（2）分析每行输出的内容。每一行先输出空格，再输出字符*。输出空格和输出字符*用两个不同的 for 循环结构。为清晰起见，下面以#号代替空格来分析每行空格数、字符*的个数和行数的关系，程序运行结果如图 5.15 所示。

图5.15　上机练习4的程序运行结果2

由图 5.15 可以看出，从第一行开始字符#个数分别为 5、4、3、2、1，而字符*个数分别为 1、3、5、7、9、11。因此我们可以得到如下关系：假设 i 的初始值为 0，第 i 的行的空格数为 rows−i−1（rows 为总行数），第 i 行字符*的个数为 2×i+1，从而得到两个内层 for 循环结构的循环条件。

关键代码：

```
import java.util.Scanner;
public class IsoTriangle {
    public static void main(String[] args) {
        System.out.println("请输入等腰三角形的行数：");
        Scanner input = new Scanner(System.in);
        int rows = input.nextInt(); //等腰三角形行数
        //输出等腰三角形
        for(int i = 0; i < rows; i++){
            for(int j = 0; j < rows-i-1; j++){
                System.out.print(" ");
            }
            for(int k = 0; k < 2*i+1; k++){
                System.out.print("*");
            }
            System.out.println();
        }
    }
}
```

上机练习 5——输出九九乘法表

需求说明

➢ 利用二重循环结构实现输出九九乘法表。

程序运行结果如图 5.16 所示。

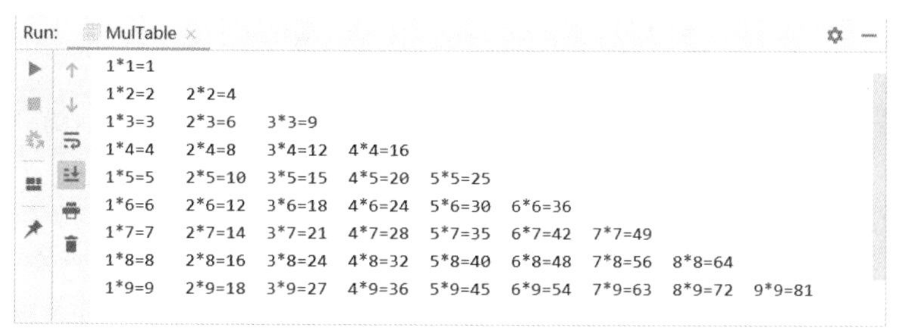

图5.16　上机练习5的程序运行结果

实现思路及关键代码

（1）九九乘法表共有 9 行，关键代码：

```
for(int i = 1; i <= 9; i++){
    // 输出第 i 行
    // 换行
}
```

（2）第 i 行上有 i 个式子，关键代码：

```
for(int i = 1; i <= 9; i++){
     for(int j = 1; j <= i; j++){
          //输出第 i 行上的第 j 个式子
     }
```

```
        // 换行
}
```

（3）分析第 i 行的第 j 个式子可以发现，第 i 行的第 j 个式子为 j 的值和 i 的值相乘，并得到其相乘结果。

关键代码：

```
public class MulTable {
    public static void main(String[] args) {
        int rows = 9;                           //乘法表的行数
        for(int i = 1; i<=rows; i++){           //一共 9 行
            for(int j = 1; j <= i; j++){        //第 i 行有 i 个式子
                System.out.print(j+"*"+i+"="+j*i+"  ");
            }
            System.out.println();               //输出完一行后换行
        }
    }
}
```

上机练习 6——实现矩阵旋转 90 度

需求说明

➢ 定义一个整型二维数组存储矩阵数据，实现将此矩阵顺时针旋转 90 度。

程序运行结果如图 5.17 所示。

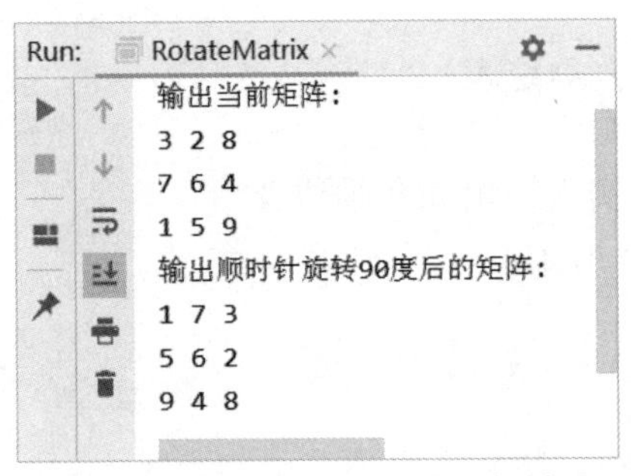

图5.17　上机练习6的程序运行结果

实现思路及关键代码

（1）定义一个二维数组 matrix 存储矩阵数据。

（2）当矩阵顺时针旋转 90 度后，数组的元素将会发生变化，如图 5.17 所示。对于矩阵旋转问题，可以通过另一个二维数组 result 来进行数据的转换，存储旋转 90 度后的新矩阵数据，从而实现矩阵的旋转。那么，旋转前的数据和旋转后的数据存在怎样的关系呢？观察图 5.17 可以发现，其对应关系如下：

新矩阵中[0][0]的数据来自原有矩阵[2][0]；

新矩阵中[0][1]的数据来自原有矩阵[1][0]；

新矩阵中[0][2]的数据来自原有矩阵[0][0]；

新矩阵中[1][0]的数据来自原有矩阵[2][1]；

新矩阵中[1][1]的数据来自原有矩阵[1][1]；

新矩阵中[1][2]的数据来自原有矩阵[0][1]……

由此得出，它们的关系是 result[i][j] = matrix[matrix.length-1-j][i]。

关键代码：

```
public class RotateMatrix {
    public static void main(String[] args) {
        int[][] matrix = new int[][]{{3,2,8},{7,6,4},{1,5,9}};
        System.out.println("输出当前矩阵：");
        //……省略遍历输出二维数组相关代码

        //矩阵顺时针旋转 90 度
        int[][] result = new int[matrix.length][matrix.length];
        for(int i=0; i<result.length; i++){
            for(int j=0;j<result.length;j++){
                result[i][j]=matrix[matrix.length-1-j][i];
            }
        }
        System.out.println("输出顺时针旋转 90 度后的矩阵：");
        //……省略遍历输出二维数组相关代码
    }
}
```

5.2.3 跳转语句进阶

如果希望循环在某种条件下不按正常流程执行，需要用到 continue 或 break 语句。那么，如何在二重循环结构中使用 continue 和 break 语句呢？它们怎样控制程序的执行呢？

1. *在二重循环结构中使用 continue 语句*

示例 10

阅读以下代码，思考代码实现的功能以及程序运行的结果：

```
import java.util.Scanner;
public class ContinueDemo {
    public static void main(String[] args) {
        int[] score = new int[4];              //成绩数组
        int classnum = 3;                      //班级数量
        double sum = 0.0;                      //成绩总和
        double[] average = new double[classnum];//平均成绩数组
        int count = 0;                         //记录 85 分及以上学员人数
        //循环输入学员成绩
        Scanner input = new Scanner(System.in);
        for(int i = 0; i < classnum; i++){
            sum = 0.0;                         //成绩总和归 0
            System.out.println("请输入第" + (i+1) + "个班级的成绩");
            for(int j = 0; j < score.length; j++){
                System.out.print("第" + (j+1) + "个学员的成绩:");
                score[j] = input.nextInt();
                sum = sum + score[j];          //成绩累加
                if(score[j] < 85){             //成绩低于 85 分，则跳出本轮循环
                    continue;
                }
                count++;
            }
            average[i] = sum / score.length;
```

```
                System.out.println("第" + (i+1)
                        + "个班级参赛学员的平均分是:" + average[i] + "\n");
            }
            System.out.println("成绩 85 分及以上的学员有" + count + "人");
        }
    }
```

这段代码的功能就是计算每个班参赛学员的平均分并统计成绩在 85 分及以上的学员共有多少人。程序运行结果如图 5.18 所示。

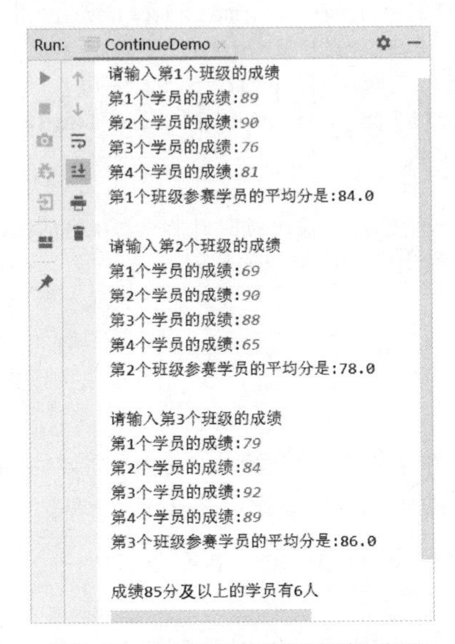

图5.18　示例10的程序运行结果

从运行结果中可以看出，当输入的成绩低于 85 分时，continue 语句后面的 count++ 不会执行，而是回到内层 for 循环结构开头继续输入下一个学员的成绩。如果输入的成绩大于等于 85 分，则会执行 count++。输入完 3 个班级所有参赛学员的成绩后，输出 count 的值。所以内层循环中的 continue 语句作用是跳过内层循环中的剩余语句进入内层循环的下一次循环。

2. 在二重循环结构中使用 break 语句

下面看一个实际问题。

示例 11

使用循环和 break 语句模拟购物结账。假设有 5 家衣服专卖店，每家限购 3 件衣服。顾客可以选择离开，也可以买衣服。最后输出总共购买了几件衣服。

分析

使用二重循环结构解决，其中外层循环控制顾客去每个专卖店的过程，内层循环控制顾客买衣服的过程。如果用户选择离开，则进入下一家店。

关键代码：

```
import java.util.Scanner;
public class BreakDemo {
    public static void main(String[] args) {
        int count = 0;                    //计数器，记录一共买了几件衣服
        String choice;                    //顾客是否选择离开
```

```
        Scanner input = new Scanner(System.in);
        for(int i = 0; i < 5; i++){
            System.out.println("欢迎光临第" + (i+1) + "家专卖店");
            for(int j = 0; j < 3; j++){
                System.out.print("要离开吗(y/n)?");
                choice = input.nextLine();
                //如果离开，则跳出，进入下一家店
                if("y".equals(choice)){
                    break;
                }
                System.out.println("买了一件衣服");
                count++;//计数器加 1
            }
            System.out.println("离店结账");
        }
        System.out.println("总共买了" + count + "件衣服");
    }
}
```

根据专卖店的数量得到外层循环的循环条件，根据限购衣服的数量得到内层循环的循环条件。在内层循环中，如果顾客选择离开，则跳出内层循环，离店结账，进入下一家店。当 5 家专卖店都购物完毕后，输出总共购买了几件衣服。程序运行结果如图 5.19 所示。

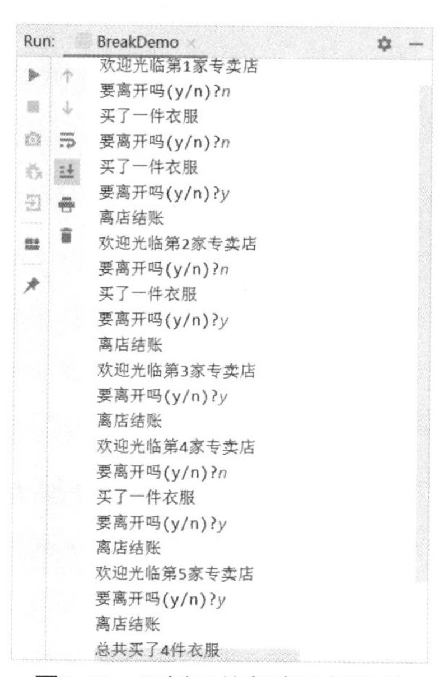

图5.19　示例11的程序运行结果

内层循环中的 break 语句作用是跳过内层循环中的剩余语句，进入外层循环的下一次循环。

3. 二重循环结构中 continue 和 break 语句的对比

当 continue 和 break 语句用在内层循环中时，只会影响内层循环的执行，对外层循环没有影响，它们的不同点在于执行该语句后，程序跳转的位置不同。以二重 for 循环结构为例，两个语句的对比如表 5.3 所示。

表 5.3 continue 和 break 语句的对比

<table>
<tr><th>continue 语句</th><th>break 语句</th></tr>
<tr><td><pre>for(……)
{
    for(……)
    {
        ……
        continue;
        ……
    }
 ……
}</pre></td><td><pre>for(……)
{
    for(……)
    {
        ……
        break;
        ……
    }
    ……
}</pre></td></tr>
</table>

由表 5.3 可以看出，continue 语句是跳出本次循环，进入下一次循环；而 break 语句是跳出本层循环，即提前结束本层循环，执行循环下面的语句。

技能训练

上机练习 7——统计打折商品的数量

需求说明

➢ 有 3 名顾客去商场购物，每人买了 3 件商品。规定：单价 300 元以上的商品享受八折优惠。请编写程序统计每人享受打折优惠的商品有多少件。

程序运行结果如图 5.20 所示。

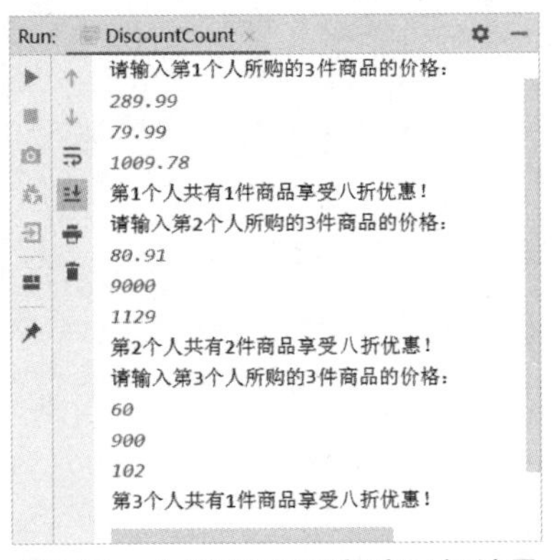

图5.20 上机练习7的程序运行结果

提示

（1）外层循环控制顾客数量，即 i<3。
（2）内层循环控制每人买了多少件商品，即 j<3。
（3）循环接收每人所购商品的价格。
（4）判断商品单价是否高于 300 元。如果是，计数；否则跳过本次循环。

本章小结

本章学习了以下知识点。

➢ 数组是可以在内存中连续存储多个元素的结构。同一数组中的所有元素必须属于相同的数据类型。

➢ 数组中的元素通过数组下标进行访问，数组下标从 0 开始。

➢ 二维数组实际上可以看成一个一维数组，它的每个元素也是一个一维数组。

➢ 使用 Arrays 类提供的方法可以方便地对数组中的元素进行排序、查询等操作。

➢ JDK 1.5 之后提供了增强 for 循环结构，可以用来实现对数组和集合中数据的访问。

➢ 二重循环结构就是一个循环结构内又包含另一个完整循环结构的循环结构。

➢ 在二重循环结构中可以使用 break、continue 语句控制程序的跳转。

本章作业

1．依次输入 4 句话，然后将它们逆序输出。程序运行结果如图 5.21 所示。

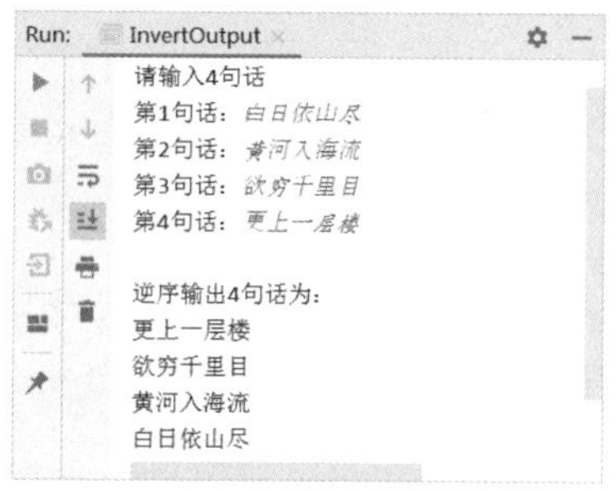

图5.21　程序运行结果

提示

创建一个字符串数组，每句话作为字符串数组的一个元素，然后从该数组的末尾开始循环输出每个元素。

2．假设有一个长度为 5 的数组，如下所示：

```
int[] array = new int[]{1,3,-1,5,-2};
```

现创建一个新数组 newArray，要求新数组中元素的存放顺序与原数组中的元素顺序相反，并且如果原数组中的元素值小于 0，在新数组中按 0 存储。试编程输出新数组中的元素，程序运行结果如图 5.22 所示。

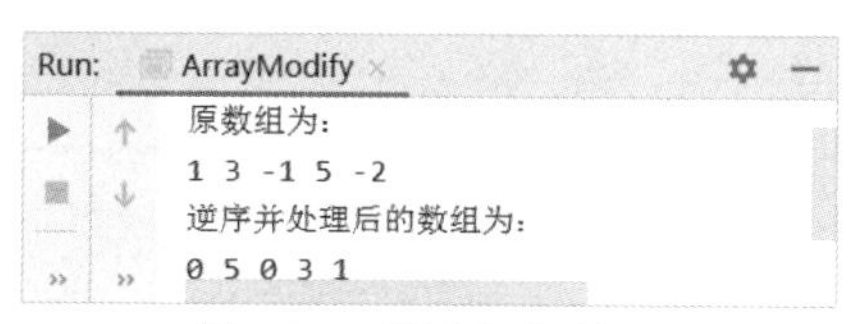

图5.22　程序运行结果

提示

（1）利用循环从原数组最后一个元素（下标为 array.length-1）开始处理，如果该元素的值小于 0，利用 continue 语句退出本次循环（整型数组中元素默认值为 0）。

（2）如果该元素值大于 0，则将该元素复制到新数组中合适的位置。对于原数组下标为 i 的元素，在新数组中的下标为 array.length-i-1。

（3）处理完成后，利用循环输出新数组中的元素。

3．有一组英文歌曲，将歌曲名称按照首字母顺序从“A”到“Z”排列，并保存在一个数组中。现在增加一首新歌，将它插入数组，并保持歌曲名称按首字母正序排列。程序运行结果如图 5.23 所示。

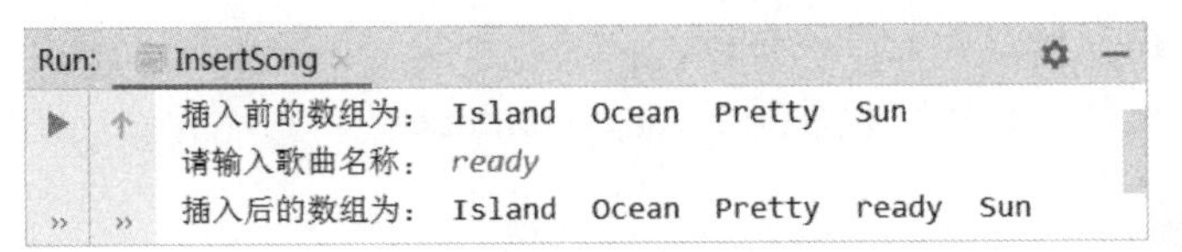

图5.23 程序运行结果

提示

比较字符串的大小可以使用字符串的 compareToIgnoreCase()方法，语法格式如下：

```
String1.compareToIgnoreCase(String2);
```

此方法返回值类型是 int，它是按字典顺序比较两个字符串，并且忽略了字母大小写。如果按照字典顺序 String1 大于 String2，则该方法返回一个正整数，即 1；如果按照字典顺序 String1 小于 String2，则该方法返回一个负整数，即-1；如果按照字典顺序 String1 等于 String2，则该方法返回 0。

4．假设在 ATM（自动取款机）取款的过程如下。首先提示用户输入密码（password），最多只能输入 3 次，超过 3 次则提示用户“密码错误，请取卡”，结束交易。如果用户输入密码正确，再提示用户输入金额（amount），ATM 只能输出 100 元的纸币，一次取款金额要求最低为 0 元，最高为 1000 元。如果用户输入的金额符合上述要求，则输出用户取款金额，最后提示用户“交易完成，请取卡”，否则提示用户重新输入金额。假设用户密码是 111111，则程序运行结果如图 5.24 所示。

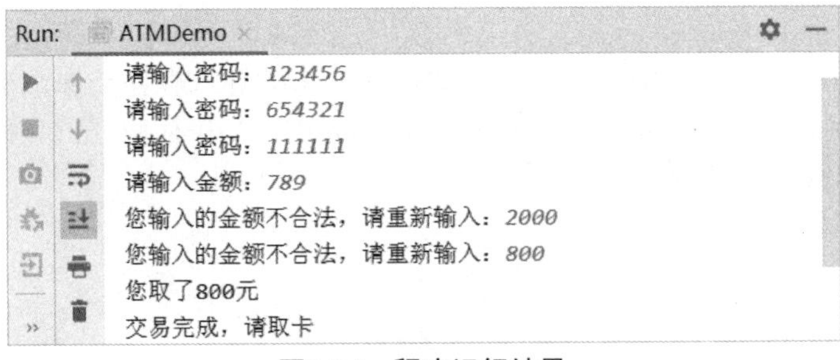

图5.24 程序运行结果

5．输入行数，用*输出菱形，要求如下。

（1）在运行窗口输入菱形的高度（行数）。如果用户输入的行数合法（奇数），则输出菱形；否则提示用户输入奇数。

（2）假设用户输入的行数为 rows，则每行字符*的个数依次为 1、3、5、7、…、rows、…、7、5、3、1，程序运行结果如图 5.25 所示。

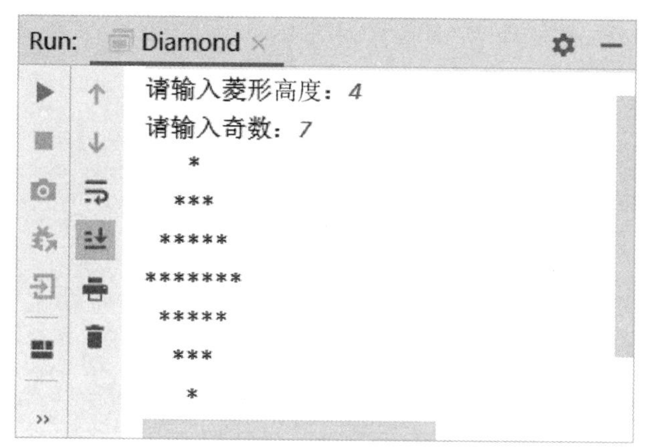

图5.25　程序运行结果

提示

（1）利用 while 循环结构判断用户输入的是否为奇数。
（2）分步输出，先输出菱形的上半部分，即一个等腰三角形，行数为(rows+1)/2。
（3）输出菱形的下半部分，输出完一行后换行。

第 6 章

综合实战——网上订餐系统

技能目标

- 理解程序基本概念——程序、变量、数据类型
- 会使用顺序、选择、循环、跳转语句编写程序
- 会使用数组

本章任务

学习本章，需要完成以下任务。

任务：完成网上订餐系统

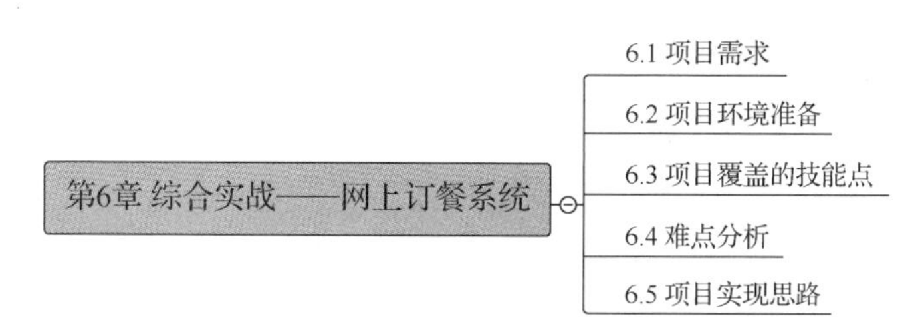

6.1 项目需求

如今已进入网络时代，人们的日常生活已离不开网络，人们通过网络购物、看新闻、交友等。只要动动手指，就能送餐上门，网上订餐越来越受到都市年轻人的青睐。现要求开发一个网上订餐系统，需要实现“我要订餐”“查看餐袋”“签收订单”“删除订单”“我要点赞”和“退出系统”6 个功能。项目运行结果如图 6.1 所示。

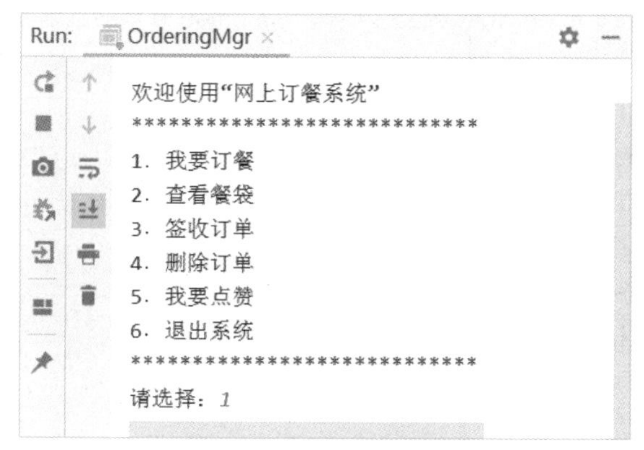

图6.1　网上订餐系统

6.2 项目环境准备

完成网上订餐系统。对于开发环境的要求如下。

- 开发工具：IntelliJ IDEA，JDK1.8。
- 开发语言：Java。

6.3 项目覆盖的技能点

项目覆盖的技能点如下。

- 程序基本概念——程序、变量、数据类型。
- 使用顺序、选择、循环、跳转语句编写程序。
- 数组的使用。

6.4 难点分析

1. 使用数组对象保存订单信息

根据本项目的需求分析可知，每条订单的信息都应包括订餐人姓名、选择的菜品及份数、送餐时间、送餐地址、订单状态、总金额，并且会有多条订单信息，可以使用数组来保存多条相同类型的订单信息。定义 6 个数组分别保存订单的订餐人姓名、选择的菜品及份数、送餐时间、送餐地址、订单状态、总金额，各数组下标相同的元素组成一条订单信息。注意，该系统最多接收 4 条订单。

```
// 数据主体：一组订单信息
String[] names = new String[4];      // 保存订餐人姓名
String[] dishMegs = new String[4];  // 保存所选信息，包括菜品名及份数
int[] times = new int[4];           // 保存送餐时间
String[] addresses = new String[4]; // 保存送餐地址
int[] states = new int[4];          // 保存订单状态：0 表示已预订，1 表示已完成
double[] sumPrices = new double[4]; // 保存订单的总金额
```

2. 访问订单信息

访问各数组中第 i+1 条订单信息可采用如下方式。

订餐人姓名：names[i]。

所选菜品信息：dishMegs[i]。

送餐时间：times[i]。

送餐地址：addresses[i]。

订单状态：states[i]。

订单的总金额：sumPrices[i]。

3. 删除订单信息

若数组下标为 delId 的元素需删除，后面的元素则依次向前移一位，即后一位的数据覆盖前一位的数据，可采用如下方式实现。

关键代码：

```
for(int j=delId-1;j<names.length-1;j++){
      names[j] = names[j+1];
      dishMegs[j] = dishMegs[j+1];
      times[j] = times[j+1];
      addresses[j] = addresses[j+1];
      states[j] = states[j+1];
}
```

依次实现后，再将最后一个元素置为空。

4. 计算订单的总金额

本项目中，用户点菜时输入菜品编号，在接收订单的菜品编号和份数之后，通过“菜品编号-1”得到该菜品单价的保存位置，再利用“单价 * 份数”公式计算出预订菜品的总金额。同时，按“菜品名 + 份数”的格式，使用“+”运算符将菜品名和份数用字符串保存，如“红烧带鱼 2 份”。

关键代码：

```
// 用户点菜
```

```
System.out.print("请选择您要点的菜品编号：");
int chooseDish = input.nextInt();
System.out.print("请选择您需要的份数：");
int number = input.nextInt();
String dishMeg =  dishNames[chooseDish - 1]
                 +" "+ number + "份";
double sumPrice = prices[chooseDish - 1] * number;
```

利用 if 选择结构或三目运算符“?:”判断订单的总金额是否达到 50 元。如果订单总金额达到 50 元，免 5 元送餐费；否则加收 5 元送餐费。

关键代码：

```
// 计算送餐费
double deliCharge = (sumPrice>=50)?0:5;
```

6.5 项目实现思路

1. 数据初始化

（1）创建 OrderingMgr 类，在 main()方法中定义 6 个数组分别存储 6 类订单信息：订餐人姓名（names）、所选菜品信息（dishMegs）、送餐时间（times）、送餐地址（addresses）、订单状态（states）、总金额（sumPrices），参考 6.4.1 小节。

案例源码

（2）创建 3 个数组，用来存储 3 种菜品的名称、单价和点赞数信息。

参考实现代码：

```
String[] dishNames = { "红烧带鱼", "鱼香肉丝", "时令鲜蔬" }; // 菜品名称
double[] prices = new double[] { 38.0, 20.0, 10.0 };        // 菜品单价
int[] praiseNums = new int[3];                             //点赞数
```

（3）初始化订单信息如表 6.1 所示。

表 6.1　初始化订单信息

names	dishMegs	times	addresses	states	sumPrices
张晴	红烧带鱼 2 份	12	天成路 207 号	1	76.0
张晴	鱼香肉丝 2 份	18	天成路 207 号	0	45.0

参考实现代码：

```
// 初始化第一条订单信息
names[0] = "张晴";
dishMegs[0] = "红烧带鱼 2 份";
times[0] = 12;
addresses[0] = "天成路 207 号";
sumPrices[0] = 76.0;
states[0] = 1;

// 初始化第二条订单信息
names[1] = "张晴";
dishMegs[1] = "鱼香肉丝 2 份";
times[1] = 18;
```

```
addresses[1] = "天成路 207 号";
sumPrices[1] = 45.0;
states[1] = 0;
```

2. 实现菜单切换

执行程序，输出系统主菜单。用户根据显示的主菜单，输入功能编号实现菜单的显示和菜单的切换，如图 6.2 所示。具体要求如下。

（1）当输入 1～5 时，输出相关的菜单项信息。

（2）显示“输入 0 返回：”。输入 0，则返回主菜单。输入 6，退出系统，终止程序的运行，输出提示信息“谢谢使用，欢迎下次光临！”。

图6.2　菜单切换

参考实现步骤如下。

（1）使用 do-while 循环结构实现主菜单的操作：

```
Scanner input = new Scanner(System.in);
int num = -1;
// 用户进入系统菜单操作之后判断是否返回主菜单，输入 0 返回主菜单，否则退出系统
boolean isExit = false; // 判断用户是否退出系统：true 表示退出系统

System.out.println("\n 欢迎使用“网上订餐系统”");
// 循环：显示菜单，根据用户选择的功能编号执行相应功能
do {
    // 显示菜单
    System.out.println("****************************");
    System.out.println("1. 我要订餐");
    System.out.println("2. 查看餐袋");
    System.out.println("3. 签收订单");
    System.out.println("4. 删除订单");
    System.out.println("5. 我要点赞");
    System.out.println("6. 退出系统");
    System.out.println("****************************");
    System.out.print("请选择：");
    int choose = input.nextInt(); // 记录用户选择的功能编号
    boolean isAdd = false;  //记录是否可以订餐
```

```
        boolean isSignFind = false;  //找到要签收的订单
        boolean isDelFind = false;  //找到要删除的订单
        // 根据用户选择的功能编号执行相应功能
        //①
        if (!isExit) {
             System.out.print("输入 0 返回：");
             num = input.nextInt();
        } else {
             break;
        }
   } while (num == 0);
```

（2）在以上的 do-while 循环中标记①处编写代码，利用 switch 选择结构实现菜单的切换：

```
   // 根据用户输入的功能编号，执行相应功能
   switch (choose) {
        case 1:
             // 我要订餐
             System.out.println("*** 我要订餐 ***");
             break;
        case 2:
             // 查看餐袋
             System.out.println("*** 查看餐袋 ***");
             break;
        case 3:
             // 签收订单
             System.out.println("*** 签收订单 ***");
             break;
        case 4:
             // 删除订单
             System.out.println("*** 删除订单 ***");
             break;
        case 5:
             // 我要点赞
             System.out.println("*** 我要点赞 ***");
             break;
        case 6:
             // 退出系统
             isExit = true;
             break;
        default:
             // 退出系统
             isExit = true;
             break;
   }
```

3. 实现“查看餐袋”

遍历系统中已有的订单，并逐条输出，内容包括序号、订餐人、餐品信息（菜品名和份数）、送餐时间、送餐地址、总金额、订单状态（已预订或已完成）。图 6.3 是查看餐袋的运行结果。

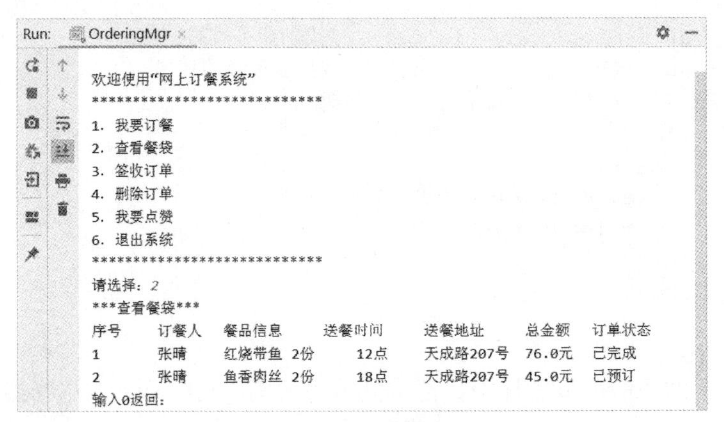

图6.3　查看餐袋

参考实现步骤如下。

在 switch 选择结构 case 2 分支中，利用 for 循环结构遍历全部订单，显示当前餐袋中所有订餐人姓名不为空的订单信息。

参考实现代码：

```
case 2:
      // 查看餐袋
      System.out.println("***查看餐袋***");
      System.out.println("序号\t 订餐人\t 餐品信息\t\t 送餐时间" +
              "\t\t 送餐地址\t\t 总金额\t 订单状态");
      for(int i=0;i<names.length;i++){
            if(names[i]!=null){
                  String state = (states[i]==0)?"已预订":"已完成";
                  String date = times[i]+"点";
                  String sumPrice = sumPrices[i]+"元";
                  System.out.println((i+1)+"\t\t"+names[i]
                        +"\t"+dishMegs[i]+"\t\t"+date+"\t"
                        +addresses[i]+"\t"+sumPrice+"\t"+state);
            }
      }
      break;
```

4. 实现“我要订餐”

为用户显示系统中提供的菜品信息，获得订餐人信息，形成订单。每条订单包含如下信息。

（1）订餐人姓名：要求用户输入。

（2）选择菜品及份数：显示 3 个供选择菜品的编号、菜名、单价、点赞数，提示用户输入要选择的菜品编号及份数。

（3）送餐时间：当天 10:00～20:00 整点送餐，要求用户输入 10～20 的整数，输入错误则提示重新输入。

（4）送餐地址：要求用户输入。

（5）状态：订单的当前状态。订单有两种状态，0 为已预订（默认状态），1 为已完成（订单已签收）。

（6）总金额：订单总金额。总金额 = 菜品单价 × 份数 + 送餐费。其中，当单笔订单总金额达到 50 元时，免收送餐费；否则，需支付 5 元送餐费。

订餐成功后，显示订单信息。运行结果如图 6.4 所示。

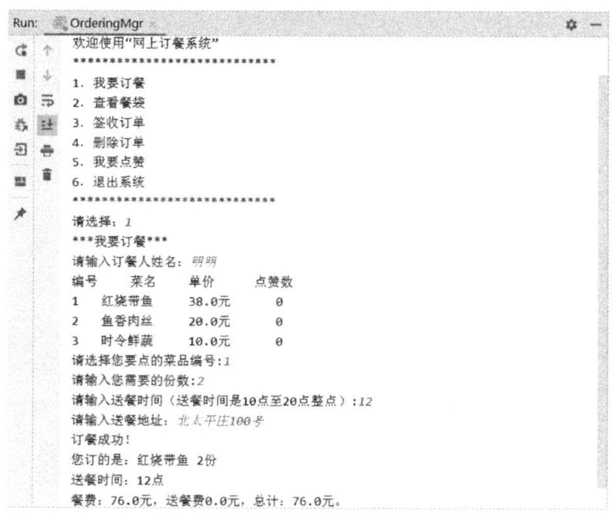

图6.4　我要订餐

各数组中相同下标的数据组成一条订单信息，因此向每个数组相同下标的位置各增加一条数据并保存。

参考实现步骤如下。

（1）利用 for 循环结构遍历全部订单。

（2）使用 if 选择结构获取 names 数组中第一个值为 null（空）的位置。

（3）逐项接收订单信息。

（4）使用 if 选择结构，根据所选菜品总金额获得送餐费。

（5）添加订单信息。

参考实现代码：

```
//……省略代码
case 1:
    // 我要订餐
    System.out.println("***我要订餐***");
    for(int j = 0; j < names.length; j++) {
        if(names[j] == null){  //找到第一个空位置，可以添加订单信息
            isAdd = true;  //标志位，可以订餐
            System.out.print("请输入订餐人姓名：");
            String name = input.next();
            // 显示供选择的菜品信息
            System.out.println("编号" + "\t" + "菜名"+"\t"+"单价"
                    + "\t" + " 点赞数 ");
            for(int i = 0; i < dishNames.length; i++) {
                String price = prices[i] + "元";
                String priaiseNum = (praiseNums[i]) > 0 ? praiseNums[i]
                        + "赞" : "0";
                System.out.println((i + 1) + "\t" + dishNames[i]
                        + "\t\t"    +price+"\t\t"+ priaiseNum);
            }
```

```
                    // 用户点菜
                    System.out.print("请选择您要点的菜品编号：");
                    int chooseDish = input.nextInt();
                    System.out.print("请输入您需要的份数：");
                    int number = input.nextInt();
                    String dishMeg =  dishNames[chooseDish - 1]
                                          +" "+ number + "份";
                    double sumPrice = prices[chooseDish - 1] * number;
                    //计算送餐费：餐费满 50 元，免送餐费 5 元
                    double deliCharge = (sumPrice>=50)?0:5;
                    System.out.print("请输入送餐时间" +
                            "（送餐时间是 10 点至 20 点整点）：");
                    int time = input.nextInt();
                    while (time < 10 || time > 20) {
                        System.out.print("您的输入有误，请输入 10～20 的整数！");
                        time = input.nextInt();
                    }
                    System.out.print("请输入送餐地址：");
                    String address = input.next();

                    //无须添加状态，默认是 0，即已预定状态
                    System.out.println("订餐成功！");
                    System.out.println("您订的是："+dishMeg);
                    System.out.println("送餐时间："+time+"点");
                    System.out.println("餐费:"+sumPrice+"元,送餐费"+deliCharge+"
                              元，总计："+(sumPrice+deliCharge)+ "元。");

                    //添加数据
                    names[j] = name;
                    dishMegs[j] = dishMeg;
                    times[j] = time;
                    addresses[j] = address;
                    sumPrices[j] = sumPrice+deliCharge;
                    break;
                }
            }
            if(!isAdd){
                System.out.println("对不起，您的餐袋已满！");
            }
        break;
        //……省略代码
```

5. 实现“签收订单”

送餐完成后，要将用户订单的状态由“已预订”修改为“已完成”，效果如图 6.5 所示。业务要求如下。

（1）如果订单的当前状态为“已预订”且数组下标为用户输入的订单序号减 1，就可签收。

（2）如果订单的当前状态为“已完成”且数组下标为用户输入的订单序号减 1，不可签收。

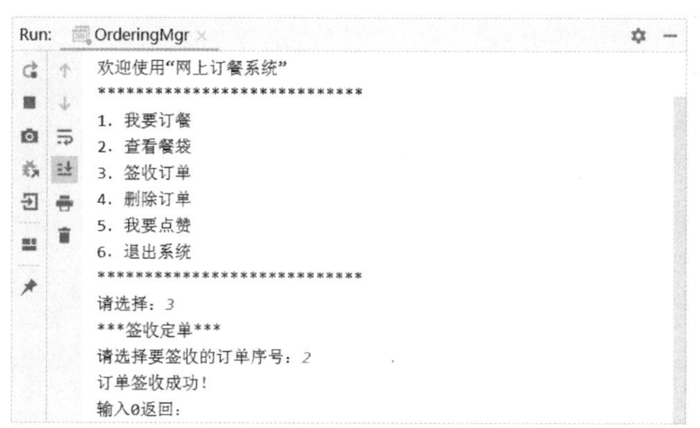

图6.5　签收订单

运行窗口接收要签收的订单序号。利用 for 循环结构遍历全部订单，利用 if 选择结构判断 names 数组中订餐人姓名是否为 null，订单状态是否为“已预订”且数组下标是否是指定订单序号减 1。如果条件成立，该订单的状态值修改为 1（即已完成）。

参考实现代码：

```
case 3:
       // 签收定单
       System.out.println("***签收定单***");
       System.out.print("请选择要签收的订单序号：");
       int signOrderId = input.nextInt();
       for(int i=0;i<names.length;i++){
             // 状态为“已预订”，数组下标为用户输入的订单序号减 1：可签收
             // 状态为“已完成”，数组下标为用户输入的订单序号减 1：不可签收
             if(names[i]!=null && states[i]==0 && signOrderId==i+1){
                   states[i] = 1; //将状态值修改为已完成
                   System.out.println("订单签收成功！");
                   isSignFind = true; // 标记已找到此订单
             }else if(names[i]!=null && states[i]==1 && signOrderId==i+1){
                   System.out.println("您选择的订单已完成签收，不能再次签收！");
                   isSignFind = true; // 标记已找到此订单
             }
       }
       //未找到的订单：不可签收
       if(!isSignFind){
             System.out.println("您选择的订单不存在！");
       }
       break;
       //……省略代码
```

6. 实现“删除订单”

删除系统中处于“已完成”状态的订单，具体要求如下。

（1）接收要删除的订单序号。

（2）如果指定订单的状态为“已完成”且数组下标为用户输入的订单序号减 1，执行删除操作。

（3）如果指定订单的状态为“已预订”且数组下标为用户输入的订单序号减 1，不能删除。

执行删除操作后，给出相应提示信息，运行结果如图 6.6 所示。

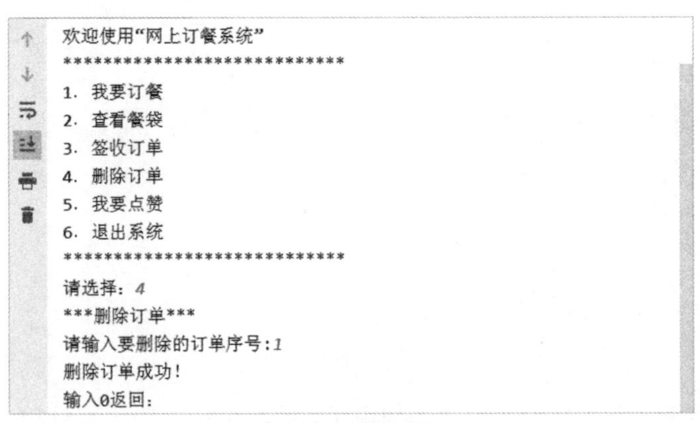

图6.6　删除订单

分步实现以下功能。

（1）查找订单序号相符、订餐人姓名不为空，且状态为“已完成”的订单。

（2）执行删除该序号订单的操作，即数组中后一位元素覆盖前一位元素，最后一位清空。

（3）如果指定订单的状态是“已预订”，则不允许删除。

参考实现步骤如下。

利用 for 循环结构遍历 names 数组和 states 数组，进行查找。

参考实现代码：

```
//省略代码……
case 4:
    // 删除订单
    System.out.println("***删除订单***");
    System.out.print("请输入要删除的订单序号：");
    int delId = input.nextInt();
    for(int i=0;i<names.length;i++){
        // 状态值为“已完成”，数组下标为用户输入的订单序号减 1 ：可删除
        // 状态值为“已预订”，数组下标为用户输入的订单序号减 1 ：不可删除
        if(names[i]!=null && states[i]==1 && delId==i+1){
            isDelFind = true;  // 标记已找到此订单
            //执行删除操作：被删除元素位置后的元素依次向前移一位
            for(int j=delId-1;j<names.length-1;j++){
                names[j] = names[j+1];
                dishMegs[j] = dishMegs[j+1];
                times[j] = times[j+1];
                addresses[j] = addresses[j+1];
                states[j] = states[j+1];
            }
            //最后一位清空
            int endIndex = names.length-1;
            names[endIndex] = null;
            dishMegs[endIndex] = null;
            times[endIndex] = 0;
            addresses[endIndex] = null;
```

```
                states[endIndex] = 0;
                sumPrices[endIndex] = 0;
                System.out.println("删除订单成功！");
                break;
            }else if(names[i]!=null && states[i]==0 && delId==i+1){
                System.out.println("您选择的订单未签收，不能删除！");
                isDelFind = true;
                break;
            }
        }

        //未找到该序号的订单：不能删除
        if(!isDelFind){
            System.out.println("您要删除的订单不存在！");
        }
        break;
        //省略代码……
```

7. 实现“我要点赞”

选择“我要点赞”菜单项，界面显示菜品编号、菜名、单价、点赞数（如为 0 可不显示），提示用户选择要点赞的菜品编号。图 6.7 所示是运行结果。

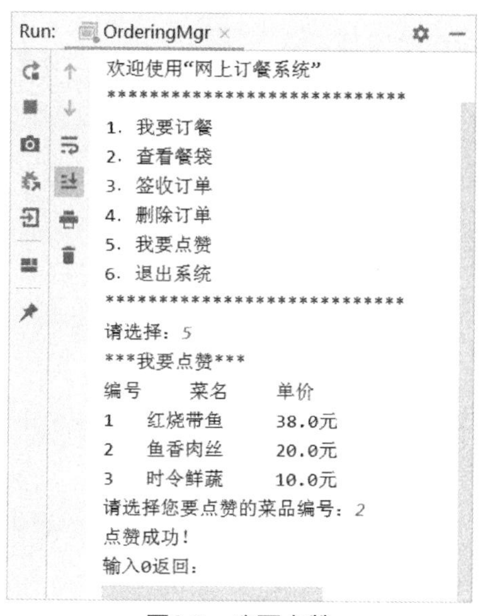

图6.7　我要点赞

实现步骤如下。

（1）用 for 循环结构输出全部菜品的编号、菜名、单价和点赞数（如为 0 可不显示）。

（2）接收要点赞的菜品编号。

（3）praiseNums 中对应菜品的点赞数加 1。

参考实现代码：

```
case 5:
    // 我要点赞
    System.out.println("***我要点赞***");
```

```
// 显示菜品信息
System.out.println("编号" + "\t" + "菜名"+"\t"+"单价");
for (int i = 0; i < dishNames.length; i++) {
      String price = prices[i] + "元";
      String praiseNum = (praiseNums[i]) > 0 ? praiseNums[i]
                                  + "赞" : "";
      System.out.println((i + 1) + "\t" + dishNames[i] +
              "\t\t" +price+"\t"+ praiseNum);
}
System.out.print("请选择您要点赞的菜品编号：");
int praiseNum = input.nextInt();
praiseNums[praiseNum-1]++;  //点赞数加 1
System.out.println("点赞成功！");
break;
```

本章小结

本章学习了如下知识点：使用 Java 流程控制语句编写程序，使用变量、数组存储数据。

本章作业

独立完成网上订餐系统综合实战。

第 7 章

初识面向对象

技能目标

- ❖ 掌握类和对象的特征
- ❖ 掌握类的定义和对象的创建
- ❖ 会定义和使用类的无参方法
- ❖ 会定义和使用类的带参方法
- ❖ 会添加类方法的 JavaDoc 注释

本章任务

学习本章，需要完成以下两个任务。

任务 1：使用面向对象思想实现购物系统的菜单跳转和登录功能

任务 2：实现客户信息的添加、显示和排序

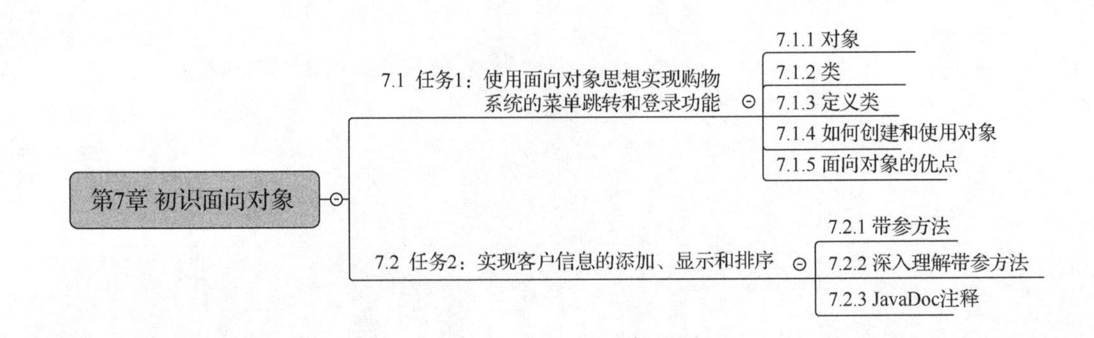

7.1 任务 1：使用面向对象思想实现购物系统的菜单跳转和登录功能

学习目标如下。

➢ 理解面向对象的基本概念：类和对象。
➢ 理解类和对象的关系。
➢ 会定义类，包括类的属性和无参方法。
➢ 会创建和使用类的对象。
➢ 理解面向对象的优点。

7.1.1 对象

世界是由什么组成的？如果你是一个分类学家，你可能会说："这个世界是由不同类别的事物组成的"，如图 7.1 所示。

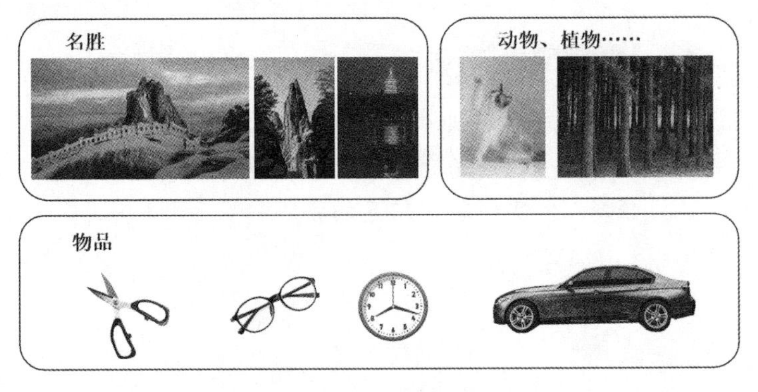

图7.1 世界的组成

世界由动物、植物、物品和名胜等组成。动物可以分为脊椎动物和无脊椎动物。脊椎动物又可以分为哺乳类、鱼类、爬行类、鸟类和两栖类等。爬行类又可以分为有足类和无足类……就这样可以继续分下去。当提到某一个分类时，就可以找到属于该分类的一个具体事物。例如，乌龟属于爬行类中的有足类。这些现实世界中客观存在的事物就称为对象。在 Java 的世界中，万物皆对象。

"万物皆对象"

1. *身边的对象*

现实世界中客观存在的任何事物都可以被看作对象。对象可以是有形的，例如图 7.1 中具体的事物；也可以是无形的，如一种规则、一项计划或一个事件。因此，对象无处不在。

Java 是一门面向对象的编程语言（Object Oriented Programming Language，OOPL），因此我们要学会用面向对象的思想考虑问题和编写程序。在面向对象的编程思想中，对象是用来描述客观事物的一个实体，是对事物共同特性及行为的抽象和总结。用面向对象的方法解决问题时，就要站在分类学家的角度思考问题，首先要选择合适的标准或角度对现实世界中的对象进行分析与归纳，找出哪些对象与要解决的问题是相关的。

下面以超市中的两个对象为例，分析我们身边的对象，如图 7.2 所示。张浩在超市购物后要刷卡结账，收银员李明负责收款并打印账单。在这个例子中，张浩和李明就是我们所关心的对象。下面选择一个角度对他们进行分类，如两人的角色，张浩是顾客，而李明是收银员，因此可以说，张浩是“顾客”对象，而李明是“收银员”对象。

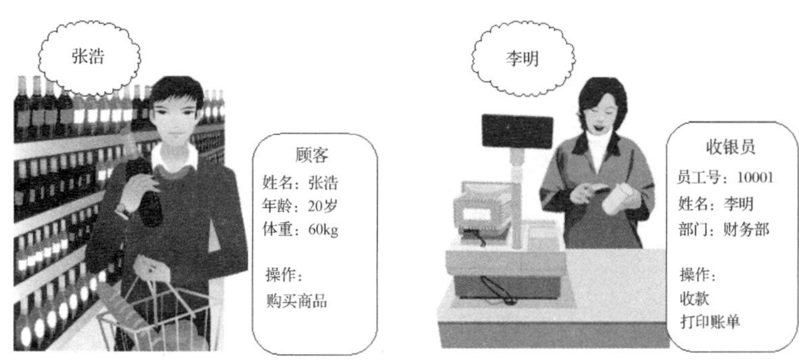

图7.2　“顾客”对象和“收银员”对象

既然他们都是对象，那么如何区分呢？其实每一个对象都有自己的特征，包括静态特征和动态特征。静态特征是可以用某些数据来描述的特征，如人的姓名、年龄等。动态特征是对象的行为或对象所具有的功能，如购物、收款等。根据上面的例子，可以得到表 7.1。

表 7.1　不同对象的静态特征和动态特征对照

对象	静态特征	静态特征的值	动态特征
“顾客”对象 张浩	姓名	张浩	购买商品
	年龄	20 岁	
	体重	60kg	
“收银员”对象 李明	员工号	10001	收款 打印账单
	姓名	李明	
	部门	财务部	

又如不同汽车公司生产的汽车，有奥迪跑车、宝马跑车、奔驰跑车、保时捷跑车。虽然这几种跑车都是对象，但是它们之间具有不同的静态特征，即品牌不同、价格不同、性能不同等。

2. **对象的属性和方法**

在面向对象的编程思想中，对象由一组属性和方法构成。其中，属性是用来描述对象静态特征的一个数据项，该数据项的值即属性值。例如，在上面例子中，“顾客”对象有一个属性是姓名，属性值是张浩。而方法是用来描述对象动态特征（行为）的一个动作序列。例如，“收银员”对象的行为有收款和打印账单，这些都是对象的方法。对象的属性和方法是构成对象的两个主要因素。

3. **对象的封装性**

封装（Encapsulation）就是把一个事物包装起来，并尽可能隐藏内部细节。图 7.3 中是一辆法拉利跑车。这辆车在组装前是一堆零散的部件，如发动机、方向盘等，仅靠这些部件是不能发动车的。当把这些部件组装完成后，它才具有发动的功能。显然，这辆法拉利跑车是一个对象，而部件就是该对象的属性，发动、加速、刹车等行为就是该对象的方法。通过上面的分析可以知道，对象的属性和方法是相辅相成、不可分割的，它们共同组成了实体对象。进一步分析得知，实体对象会隐藏其内部的复杂性，只对外公开简单的使用方法以便于外界调用，这体现出了对象的封装特性。

图7.3　法拉利跑车

7.1.2　类

上文提到了一位顾客“张浩”，但在现实世界中有很多其他顾客，如张三、李四、王五等。因此，“张浩”只是顾客这一类人中的一个实例。又如，图 7.3 的“法拉利跑车”是一个对象，但在现实世界中还有奔驰、保时捷、凯迪拉克等车，因此这辆“法拉利跑车”只是车这一类别中的一个实例。不论哪种车，都有一些共同的属性，如品牌、颜色等，也有一些共同的行为，如发动、加速、刹车等，将这些共同的属性和行为组织到一个单元中，就得到了类。

类是具有相同属性和方法的一组对象的集合。类定义了对象将会拥有的静态特征（属性） 和动态行为（方法）。对象所拥有的静态特征在类中表示时称为类的属性。对象执行的操作称为类的方法。

1. **类和对象的关系**

了解了类和对象的概念，你会发现它们之间既有区别又有联系。想象一辆汽车的制造过程。要造一辆汽车，首先需要设计师的图纸，它严格规定了汽车的详细信息，然后根据图纸将汽车制造出来。这里，图纸就是类，根据这个图纸制造出来的不同颜色、不同性能的汽车就是对象。

在 Java 面向对象编程中，用这个类创建出该类的一个实例，即创建类的一个对象。因此，类与对象的关系就如同图纸（或模具）与根据这个图纸（或模具）制作出的物品之间的关系。一个类为它的全部对象给出了一个统一的定义，而它的每个对象则是符合这个定义的一个实体。因此类和对象的关系就是抽象和具体的关系。类是多个对象综合抽象的结果，是对象的概念模型，而一个对象是类的一个实例。图 7.4 展示了在现实世界、概念世界和计算机世界中的类和对象的关系。

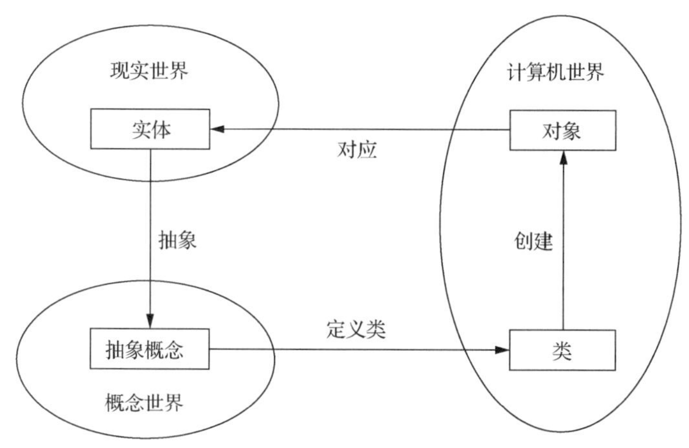

图7.4　现实世界、概念世界和计算机世界中的类和对象的关系

2. *类是对象的类型*

到目前为止，我们已经学习了很多数据类型，如整型、双精度浮点类型、字符类型等。这些都是 Java 已经定义好的类型，编程时只需要用这些类型声明变量即可。

那么，如果想描述顾客“张浩”，他的数据类型是什么呢？是字符类型还是字符串类型？其实都不是。“张浩”的数据类型就是“顾客”，也就是说，类就是对象的数据类型。

事实上，类就是抽取同类实体的共性而自定义的一种数据类型。例如“顾客”类、“人”类、“动物”类、“车”类等。

7.1.3　定义类

Java 是面向对象的语言，面向对象设计的过程就是抽象的过程，一般分 3 步完成：分析需求归纳出类→发现类的属性→发现类的方法。

那么，分析出了类，如何在 Java 中描述它呢？Java 的类模板如下所示。

语法：

```
public class <类名>{
    //定义属性部分
    属性 1 的类型    属性 1;
    属性 2 的类型    属性 2;
    ……
    属性 n 的类型    属性 n;

    //定义方法部分
    方法 1;
    方法 2;
    ……
    方法 n;
}
```

因此，我们通过定义对象将会拥有的属性和方法来描述一个类。通常，定义一个类的步骤如下。

（1）定义类名

通过定义类名，得到程序最外层的框架。

语法：

```
public class 类名 {

}
```

其中，class 是创建类的关键字。在 class 前有一个 public，表示“公有”的意思。编写程序时，要注意编程规范，不要漏写 public。在 class 关键字后面要加定义的类名，然后写上一对大括号，类的主体部分就写在{}中。按照命名规范，类名首字母大写。

注意

类似于变量命名，类的命名也要遵循一定的规则。

（1）不能使用 Java 中的关键字。

（2）不能包含任何嵌入的空格或点号“.”，以及除下画线“_”、字符“$”外的特殊字符。

（3）不能以数字开头。

（2）编写类的属性

在类的主体中定义变量来描述类所具有的静态特征（属性），这些变量称为类的成员变量。

语法：

```
[ 访问修饰符 ] 数据类型 属性名 ;
```

其中，访问修饰符是可选的。除了访问修饰符，其他的语法和声明变量类似。

例如，定义汽车类的颜色属性和品牌属性代码如下：

```
public class Car {
      String color;   //颜色
      String brand;   //品牌
}
```

（3）编写类的方法

类的方法是一个功能模块，其作用是“做一件事情”。例如，所有汽车都具有发动、加速、刹车等功能，因此在汽车类中就可以定义 3 个行为（方法）：发动、加速和刹车。在类中定义方法来描述类所具有的行为，这些方法称为类的成员方法。

在 Java 中，可以定义无参方法和带参方法。其中，无参方法的定义如下所示。

语法：

```
访问修饰符 返回值类型 方法名 () {
   //方法体
}
```

方法包括 3 个重要的部分：方法的名称、方法的返回值类型和方法的主体。通常在定义方法时，首先定义方法名和返回值类型，然后在{}中编写方法的主体部分，即方法体。方法体就是一段程序代码，用来完成一定的工作。下面对方法的几个核心内容进行说明。

① 访问修饰符

在类的方法定义中，访问修饰符是可选的。它限制了访问该方法的范围，如 public，其他的访问修饰符会在后续章节中学习。

② 方法名

一般使用一个有意义的名字展现该方法的作用，其命名应符合标识符的命名规则。

说明

这里介绍一下 Camel-Case（驼峰）命名法和 Pascal（帕斯卡）命名法。

（1）驼峰命名法：方法或变量名的第一个单词的首字母小写，后面每个单词的首字母大写，如 showCenter、userName 等。

（2）帕斯卡命名法：每一个单词的首字母都大写，如类名 School 等。

在 Java 中，定义类的属性和方法使用驼峰命名法，定义类使用帕斯卡命名法。

③ 返回值类型

返回值类型是方法执行后返回结果的类型，这个类型可以是基本类型，或者是引用类型。方法也可以没有返回值，即用 void 来描述。如果方法没有返回值，则返回值类型为 void。如果方法有返回值，在方法体中一定要使用“return”关键字返回对应类型的值，并且要注意方法声明中返回值类型和方法体中真正返回值的类型一定要匹配，否则编译器就会报错。在方法体中返回一个值的语法如下：

```
return 表达式;
```

例如，定义汽车类的发动和加速方法。

关键代码：

```
/*发动*/
public boolean startUp(){
     boolean isSucc = true;
     return isSucc;
}
/*加速*/
public void accelerate(){
     System.out.println("正在加速……");
}
```

这里定义了两个方法：startUp()和 accelerate()。其中，加速方法 accelerate()输出“正在加速……”，没有返回值，因此返回值类型是 void。发动方法 startUp()的方法体中，定义了 boolean 类型变量 isSucc 存储标识是否发动成功的值，并且在退出方法前通过 return 语句将变量值返回，因此，startUp()方法的返回值类型是 boolean 类型。

其实这里的 return 语句是跳转语句的一种，它主要做两件事情。

➢ 跳出方法。意思是“我已经完成了任务，要离开这个方法”。

➢ 返回结果。如果方法产生一个值，这个值放在 return 后面，即表达式部分，意思是“离开方法，并将表达式的值返回给调用它的程序”。例如 startUp()方法，执行方法结束后返回发动是否成功的结果。

了解了如何定义类及类的属性和方法，下面看一个具体的示例。

示例 1

在一款赛车游戏中，提供玩家对车辆进行选择的功能，车辆信息如表 7.2 所示。用面向对象的思想设计程序展示游戏中的车辆信息。

表 7.2 车辆信息

车名	品牌	生产年份	驱动形式	最高时速	功率	加速时间	刹车时间
方程式 A	法拉利	2011	后轮驱动，前置 V8 引擎	344km/h	558244W	2.09s	2.9s
125cc 变速卡丁车	奥迪	2013	后轮驱动，前置单缸	149.67km/h	22065W	3.0s	2.9s

分析

在定义类之前，首先要从问题中找出对象和类，进而分析类所具有的属性和方法。一般将问题描述中的名词和名词短语作为候选的对象和类。在表 7.2 中，列出了两个具体的供选择的车辆，这是两个具体的对象。那么在游戏中，可以增加更多的车辆供玩家选择，因此可以将车辆抽象成类。每个具体的车辆对象，都具有属性（包括车名、品牌、生产年份、驱动形式、最高时速、功率、加速时间和刹车时间），以及“展示车辆信息”的行为。针对需求分析抽象出这个类的具体属性和方法后，就可以定义类了。

关键代码：

```
//定义赛车类
public class RaceCar {
     String name;          //车名
     String brand;         //品牌
     String manufactured;  //生产年份
     String form;          //驱动形式
     int topSpeed;         //最高时速
     int horsePower;       //功率
     double acceleration;  //加速时间
     double breaking;      //刹车时间

     public void show(){
          System.out.println("车名：" + name);
          System.out.println("生产年份：" + manufactured);
          System.out.println("驱动形式：" + form);
          System.out.println("最高时速：" + topSpeed + "km");
          System.out.println("功率：" + horsePower + "W");
          System.out.println("加速时间：" + acceleration + "s");
          System.out.println("刹车时间：" + breaking + "s");
     }
}
```

以上代码定义了赛车类 RaceCar，并且定义了一系列成员变量：name、brand、manufactured 等。另外，还定义了一个类的无参方法，方法名为 show，这个方法的作用是显示赛车对象的信息。

7.1.4 如何创建和使用对象

1. 创建对象

定义好类后，就可以根据定义的模板创建对象了。由类生成对象，称为类的实例化过程。一个对象称为类的一个实例，是类的一次实例化结果。一个类可以生成多个对象。创建对象的语法如下：

类名 对象名 = new 类名();

在创建类的对象时，需要使用 Java 的 new 关键字。等号左边的类名即为对象的数据类型。

例如，创建一个汽车对象。

代码：

```
Car car  = new Car();   //创建一个汽车对象
```

2. 使用对象

创建对象后，需要给它的属性赋值。在 Java 中，要引用对象的属性和方法，需要使用“.”操作符。其中，对象名在圆点的左边，属性或方法的名称在圆点的右边。

语法：

```
对象名.属性        //引用对象的属性
对象名.方法名()    //引用对象的方法
```

下面给对象的属性赋值并调用方法。

代码：

```
car.color = "yellow";     //给汽车对象的颜色属性赋值
car.accelerate();         //调用汽车对象的加速方法
```

下面实现示例 1 的功能，展示赛车游戏的车辆信息。

关键代码：

```
//创建赛车游戏类
public class RacingGame {
     public void showCarsInfo(){
       System.out.println("欢迎进入赛车游戏，请输入编号查看车辆详情：" +
                 "1. 方程式 A  2. 125cc 变速卡丁车");
       Scanner input  =new Scanner(System.in);
       switch(input.nextInt()){
           case 1:
                 RaceCar formulaA  = new RaceCar(); //创建"方程式A"对象
                 formulaA.name = "方程式 A";
                 formulaA.brand = "法拉利";
                 formulaA.manufactured = "2011";
                 formulaA.form = "后轮驱动，前置 V8 引擎";
                 formulaA.topSpeed = 344;
                 formulaA.horsePower = 558244;
                 formulaA.acceleration = 2.09;
                 formulaA.breaking = 2.9;
                 formulaA.show();
                 break;
           case 2:
                 RaceCar kart = new RaceCar();  //创建"125CC 变速卡丁车"对象
                 kart.name = "125cc 变速卡丁车";
                 kart.brand = "奥迪";
                 kart.manufactured = "2013";
                 kart.form = "后轮驱动，前置单缸";
                 kart.topSpeed = 149.67;
                 kart.horsePower = 22065;
                 kart.acceleration = 3.0;
                 kart.breaking = 2.9;
```

```
                    kart.show();
                    break;
                default:
                    System.out.println("输入错误！");
                    break;
            }
        }
    }
```

分析示例 1 需求，可以抽象出另一个 RacingGame 类，它包括 showCarsInfo()方法，作用是允许玩家查看游戏提供的车辆信息。在这个方法中，根据用户输入的车辆编号，创建对应的 RaceCar 对象，即游戏目前提供的两种车辆：方程式 A 和 125cc 变速卡丁车。之后，对创建的对象进行赋值并调用其 show()方法展示车辆信息。

为了测试游戏功能，新建一个 InitialGame 类，在 main()方法中创建 RacingGame 类的对象，并调用它的 showCarsInfo()方法展示供选择的车辆信息。

关键代码：

```
public class InitialGame {
    public static void main(String[] args) {
        RacingGame game = new RacingGame();
        game.showCarsInfo();
    }
}
```

程序运行结果如图 7.5 所示。

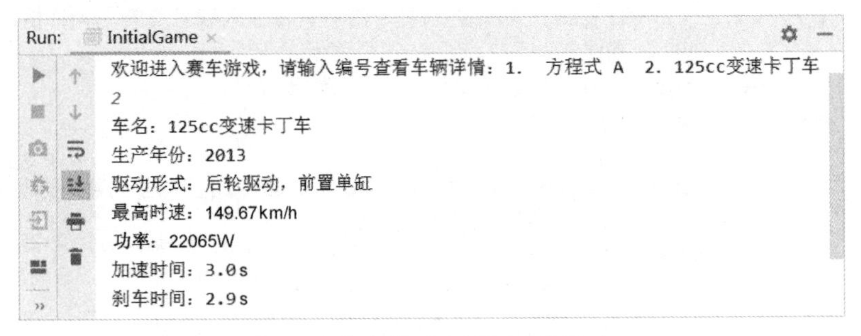

图7.5　赛车游戏中展示车辆信息

需要注意的是，main()方法是程序的入口，一个 Java 类是否包含 main()方法均可，但若包含则要求只能有一个 main()方法。main()方法的位置不受限制，可以出现在任何一个类中。这里将 main()方法放在了 InitialGame 类中，目的是使不同的类实现不同的功能。

下面思考一个问题。

示例 2

示例 1 代码中，在调用对象的方法之前如果没有给对象属性赋值，程序输出结果会是怎样的呢？

关键代码：

```
public class Test {
    public static void main(String[] args) {
        RaceCar formulaA = new RaceCar();
        System.out.println("***初始化成员变量前***");
        formulaA.show();
```

```
        }
    }
```

程序输出结果如图 7.6 所示。

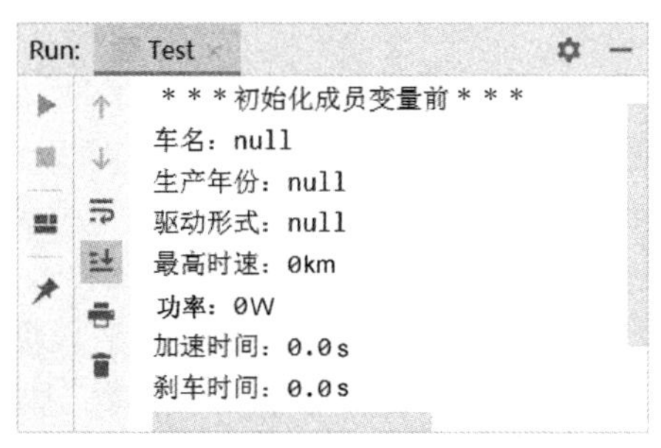

图7.6　示例2的程序运行结果

由图 7.6 可知，在初始化成员变量前，String 类型变量的值为 null（空），而整型变量的值是 0。可见，在定义类时，如果没有给成员变量赋初始值，Java 会给它赋一个默认值，如表 7.3 所示。

表 7.3　Java 数据类型的默认值

类型	默认值
int	0
double	0.0
char	'\u0000'
boolean	false
String	null

小技巧

在 IntelliJ IDEA 中使用“.”操作符引用对象的属性和方法时，IntelliJ IDEA 会弹出一个下拉菜单，显示智能提示信息，如图 7.7 所示，在弹出的代码智能提示菜单中列出了对象所有的属性和方法。使用“↑”和“↓”键或者单击，就可以选择所要引用的属性或方法。这是给用户提供的便捷功能。

图7.7　智能提示信息

7.1.5 面向对象的优点

了解了类和对象，也学习了如何定义类、创建对象和使用对象，下面总结面向对象的优点，具体如下。

➢ 与人类的思维习惯一致。面向对象的思维方式从人类思考问题的角度出发，把人类解决问题的思维过程转变为程序能够理解的过程。面向对象程序设计能够让我们使用“类”来模拟现实世界中的抽象概念，用“对象”来模拟现实世界中的实体，从而用计算机解决现实问题。

➢ 隐藏信息，提高了程序的可维护性。通过将类的属性和方法封装在类中，实现了模块化和信息隐藏，这保证了对类的属性和方法的修改不会影响其他对象，有利于程序维护。另外，提高了程序的可重用性：一个类可以创建多个对象，提高了重用性。

面向对象程序设计还有其他优点，随着学习的深入，你的理解会不断加深。

技能训练

上机练习 1——实现更改管理员密码功能

需求说明

➢ 输入旧的用户名和密码，如果正确，才有权限更改密码。

➢ 从键盘获取新的密码，进行密码更改。

程序运行结果如图 7.8 和图 7.9 所示。

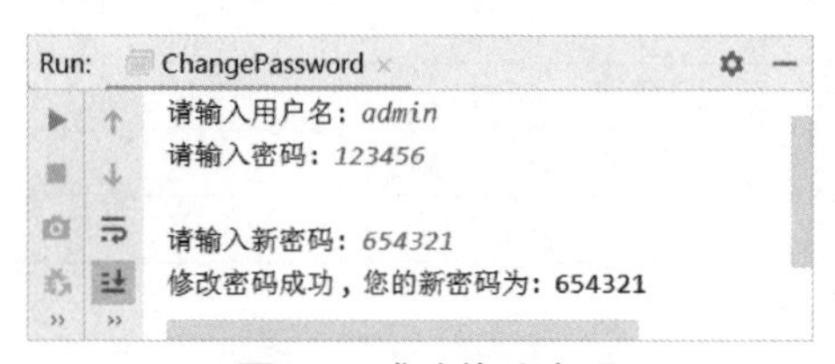

图7.8 成功修改密码

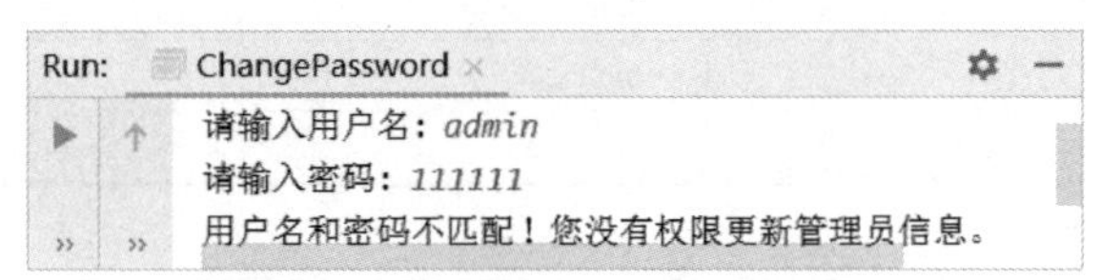

图7.9 输入用户名、密码出错

实现思路及关键代码

（1）定义管理员类 Administrator，其属性包括用户名和密码。

（2）创建管理员对象。

（3）输入旧的用户名和密码。判断用户输入的用户名和密码是否正确，如果正确，则可以修改管理员密码；否则，提示无权限修改密码。

管理员类关键代码：

```
public class Administrator {
    String username; //用户名
    String password; //密码
}
```

更改密码实现类关键代码：

```
import java.util.Scanner;
public class ChangePassword {
    public static void main(String[] args) {
        Scanner input = new Scanner(System.in);
        Administrator admin = new Administrator();  //创建管理员对象
        admin.username = "admin";                   //给 username 属性赋值
        admin.password = "123456";                  //给 password 属性赋值
```

```
            //输入旧的用户名和密码
            System.out.print("请输入用户名：");
            String nameInput = input.next();
            System.out.print("请输入密码：");
            String pwd = input.next();
            //判断用户输入的用户名和密码是否正确
            if(admin.username.equals(nameInput) && admin.password.equals
(pwd)){
                System.out.print("\n 请输入新密码：");
                admin.password = input.next();          //修改密码
                System.out.println("修改密码成功，您的新密码为：" +
admin.password);
            }else{
                System.out.print("用户名和密码不匹配！您没有权限更新管理员信息。");
            }
        }
    }
```

上机练习 2——实现客户积分回馈功能

需求说明

➢ 实现积分回馈功能，金卡客户积分大于 1000 分或普卡客户积分大于 5000 分，获得回馈积分 500 分。

➢ 创建客户对象（金卡会员，会员卡积分 3050 分），输出他得到的回馈积分以及当前会员卡积分。

程序运行结果如图 7.10 所示。

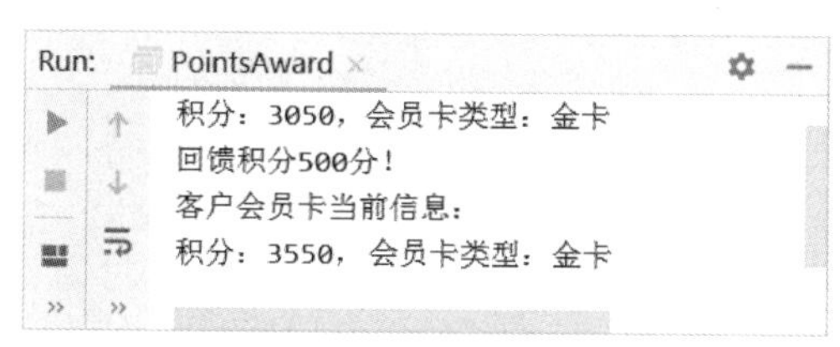

图7.10　输出客户会员卡当前积分信息

实现思路及关键代码

（1）编写客户类 Customer，其属性包括会员卡类型、积分。另外，定义 getInfo()方法，使用 return 语句返回客户会员卡当前信息。

关键代码：

```
public class Customer {
    int points;          //积分
    String cardType;     //会员卡类型

    public String getInfo(){
        String info = "积分：" + points + "，会员卡类型：" + cardType;
        return info;
    }
}
```

（2）创建客户对象，给属性赋值，并调用对象的 getInfo()方法输出当前客户会员卡信息。

（3）使用 if 选择结构实现分支判断。如果满足条件，则执行积分回馈的代码，并输出回馈积分后的客户会员卡信息。

上机练习 3——实现菜单的级联效果

需求说明

➢ 实现“我行我素购物管理系统”菜单的级联效果，输入菜单项编号，可以自由切换各个菜单。

菜单的级联关系如图 7.11 所示，程序运行结果如图 7.12 所示。

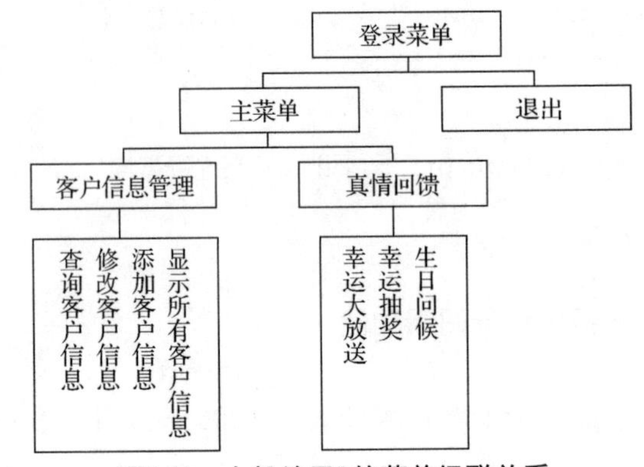

图7.11 上机练习3的菜单级联关系

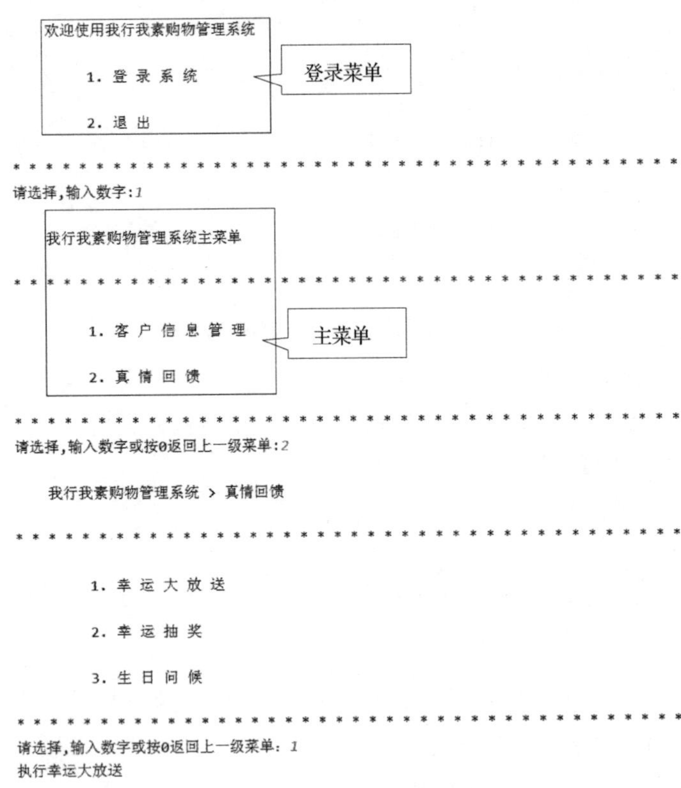

图7.12 上机练习3的程序运行结果

实现思路及关键代码

（1）创建菜单类 Menu。

（2）在 Menu 类中分别编写如下方法，实现以下功能。

showLoginMenu()方法：实现显示登录菜单。

showMainMenu()方法：实现显示主菜单。

showCustMenu()方法：实现显示客户信息管理菜单。

showSendGMenu()方法：实现显示真情回馈菜单。

（3）编写测试类 TestMenu，实现菜单的级联效果。

参考解决方案

（1）showLoginMenu()方法中的关键代码：

```
public void showLoginMenu(){
System.out.println("\n\t 欢迎使用我行我素购物管理系统\n");
    System.out.println("\t\t 1. 登 录 系 统\n");
    System.out.println("\t\t 2. 退 出\n");
    System.out.println ("* * * * * * * * * * * * * * * * * * * *");
    System.out.print("请选择，输入数字：");
}
```

（2）showMainMenu()方法中的关键代码：

```
public void showMainMenu(){
    //……
    boolean con;
    do{
        con = false;
        /*输入数字，选择菜单*/
        Scanner input = new Scanner(System.in);
        int no = input.nextInt();
        if (no == 1){
            showCustMenu();
        }else if (no == 2){
            showSendGMenu();
        }else if (no == 0){
            showLoginMenu();
        }else{
            System.out.print("输入错误，请重新输入数字：");
            con = true;
        }
    }while(con);
}
```

（3）测试类 TestMenu 中的关键代码：

```
public static void main(String[] args) {
     boolean con=true;
     do{
         /*显示登录菜单*/
         Menu menu = new Menu();
         menu.showLoginMenu();
         /*实现菜单的级联效果*/
         Scanner input = new Scanner(System.in);
         int choice = input.nextInt();
         switch(choice){
             case 1:
```

```
                    menu.showMainMenu();
                    break;
                case 2:
                    System.out.println("谢谢您的使用！");
                    con=false;
                    break;
            }
        }while(con);
    }
```

上机练习 4——编写系统入口程序

需求说明

➢ 编写类 StartSMS，实现输入用户名和密码，符合条件的进入系统。登录系统有效的用户名为“jason”，密码是“0000”。程序运行结果如图 7.13 所示。

```
        欢迎使用我行我素购物管理系统

            1. 登 录 系 统

            2. 退 出

* * * * * * * * * * * * * * * * * * * * * * * * *
请选择,输入数字:1
请输入用户名：Tom
请输入密码：123456
@@您没有权限进入系统，请重新登录。@@

        欢迎使用我行我素购物管理系统

            1. 登 录 系 统

            2. 退 出

* * * * * * * * * * * * * * * * * * * * * * * * *
请选择,输入数字:1
请输入用户名：jason
请输入密码：0000
@@登录成功：jason@@

        我行我素购物管理系统主菜单

* * * * * * * * * * * * * * * * * * * * * * * * *

            1. 客 户 信 息 管 理

            2. 真 情 回 馈

* * * * * * * * * * * * * * * * * * * * * * * * *
请选择,输入数字或按0返回上一级菜单:
```

图7.13 上机练习4的程序运行结果

提示

（1）在上机练习 1 的 Administrator 类中，增加对用户名和密码进行初始化设置的代码（即有效的登录账号）。

（2）编写 StartSMS 类，在上机练习 3 的测试类 TestMenu 基础上，实例化 Administrator 对象，实现登录验证。

7.2 任务 2：实现客户信息的添加、显示和排序

学习目标如下。

- 会定义类的带参方法。
- 会调用类的带参方法。
- 会添加类和方法的 JavaDoc 注释。

7.2.1 带参方法

1. 定义带参方法

在程序开发中，针对每一个特定的功能可以定义一个方法，供程序员反复调用，以减少程序开发的工作量。在 Java 程序中，除了定义类的无参方法，还可以根据业务需求，定义类的带参方法。那么，什么是类的带参方法呢？例如使用 ATM 取钱时，要先输入取款金额，然后 ATM 才会“吐出”纸币。“取款”方法的实现依赖于我们给它的初始信息“取款金额”，调用“取款”方法时，需要传入数据对方法内部的变量做初始化，这些数据被称为参数。因此，要实现类似的需求，就需要定义带参方法，即在方法名后的括号中加入参数列表。

语法：

```
<访问修饰符> 返回值类型 <方法名>(<参数列表>){
    //方法的主体
}
```

与之前定义类的无参方法类似，带参方法只是括号中多了参数列表。这里，<参数列表>是传给方法的参数的列表。参数列表中各参数以逗号分隔。参数列表的语法格式如下：

```
数据类型  参数 1, 数据类型  参数 2,…,数据类型  参数 n
```

其中 n≥0。如果 n=0，代表没有参数，这时的方法就是前面学习的无参方法。

下面举一个实际例子。

示例 3

创建学生信息管理类（StudentsBiz），实现学生信息显示和增加功能。

分析

首先定义 StudentsBiz 类，包含学生姓名的属性 names 数组、增加学生姓名的方法。考虑到增加学生姓名时需要传入学生的姓名作为参数，因此需要创建带参方法 addName(String name)来实现增加学生姓名的功能。

关键代码：

```java
public class StudentsBiz {
    String[] names = new String[30];    // 学生姓名数组
    public void addName(String name){   //带参方法
        //增加学生姓名
        for(int i =0;i<names.length;i++){
            if(names[i]==null){
                names[i]=name;
                break;
```

```
                }
            }
        }

        public void showNames(){    //无参方法
            //显示全部学生姓名
            System.out.println("本班学生列表：");
            for(int i =0;i<names.length;i++){
                if(names[i]!=null){
                    System.out.print(names[i]+"\t");
                }
            }
            System.out.println();
        }
    }
```

类中的属性可以是单个变量，也可以是一个数组，如示例了代码中的数组变量 names。可以通过运算符“.”访问类的数组成员变量或数组成员变量的元素。例如下面的代码：

```
StudentsBiz stuBiz=new StudentsBiz();
stuBiz.names;//或 stuBiz.names[1];
```

2. **调用带参方法**

调用带参方法与调用无参方法的语法相同，但是在调用带参方法时必须传入实际的参数值。

语法：

对象名.方法名(参数 1，参数 2，…，参数 n)

在定义带参方法和调用带参方法时，把参数分别称为形式参数和实际参数，简称形参和实参。形参是在定义方法时对参数的称呼，目的是定义方法需要传入的参数个数和类型。实参是在调用方法时传给方法处理的实际值。

在调用带参方法时，需要注意以下两点。

- 先实例化对象，再调用方法。
- 实参的类型、数量、顺序都要与形参一一对应。

如下所示，调用 addName()方法，添加 5 名学生的姓名并输出全部学生姓名。

关键代码：

```
public class TestStudentAdd {
    public static void main(String[] args) {
        StudentsBiz st = new StudentsBiz();
        Scanner input = new Scanner(System.in);
        for(int i=0;i<5;i++){
            System.out.print("请输入学生姓名：");
            String newName = input.next();
            st.addName(newName); //调用方法并传入实参
        }
        st.showNames();
```

```
        }
}
```

程序运行结果如图 7.14 所示。

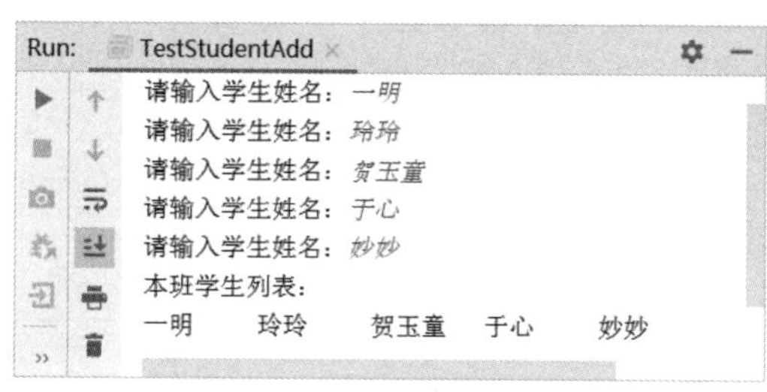

图7.14　示例3的程序运行结果

3. 带多个参数的方法

示例 4

指定查找区间，查找学生姓名并显示是否查找成功。

分析

在数组的某个区间中查找学生姓名，设计方法，通过传入 3 个参数（开始查找的位置、结束查找的位置、查找的姓名）来实现。

关键代码：

```
public class StudentsBiz {
     String[] names = new String[30];  // 学生姓名数组
//……省略其他的类方法

     public boolean searchName(int start,int end,String name){
          boolean find = false;  // 是否找到的标识
          // 在指定数组区间中，查找姓名
          for(int i=start-1;i<end;i++){
               if(names[i].equals(name)){
                    find=true;
                    break;
               }
          }
          return find;
     }
}
```

调用查找方法的代码片段如下：

```
System.out.print("\n 请输入开始查找的位置：");
int start = input.nextInt();
System.out.print("请输入结束查找的位置：");
int end = input.nextInt();
System.out.print("请输入查找的姓名：");
String name = input.next();
System.out.println("\n*****查找结果*****");
if(st.searchName(start,end,name)){
      System.out.println("找到了！");
}
else{
```

```
        System.out.println("没找到该学生！");
    }
```

方法 searchName()带有 3 个参数，数据类型分别是 int、int、String，调用该方法时传入的实参 start、end、name 的类型都与之一一对应，并且 searchName()方法定义返回值类型为 boolean 类型，返回的 find 变量为 boolean 类型。

通过示例 4 可以发现，无论带参方法的参数个数是多少，只要注意实参和形参一一对应，传入的实参与形参的数据类型相同、个数相同、顺序一致，就掌握了带参方法的调用。

经验

在编程时，对于完成不同功能的代码，可以将它们抽象成类的不同方法，每一个方法作为一个独立的功能模块，在需要的时候调用就可以了。使用方法可以提高代码重用率及程序的效率。

技能训练

上机练习 5——实现客户姓名的添加和显示

需求说明

➢ 创建客户业务类 CustomerBiz，实现客户姓名的添加和显示。

程序运行结果如图 7.15 所示。

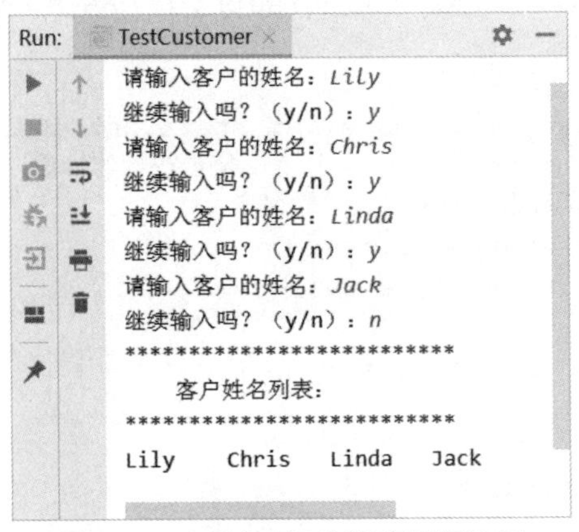

图7.15　上机练习5的程序运行结果

实现思路及关键代码

（1）创建 CustomerBiz 类，添加属性姓名数组。

（2）创建 addName(String name)方法，实现姓名的添加。

（3）创建 showNames()方法，实现姓名的显示。

（4）创建测试类 TestCustomer，实现循环添加姓名并显示客户姓名列表。

参考解决方案

CustomerBiz 类的 addName(String name)方法关键代码：

```
public void addName(String name){
    for(int i =0;i<names.length;i++){
        if(names[i]==null){
            names[i]=name;
```

```
                break;
            }
        }
    }
```

TestCustomer 类实现循环添加客户姓名，关键代码：

```
public class TestCustomer {
    public static void main(String[] args) {
        CustomerBiz cb=new CustomerBiz();
        boolean con=true;
        Scanner input = new Scanner(System.in);

        while(con){
            System.out .print("请输入客户的姓名：");
            String newName = input.next();
            cb.addName(newName);
            System.out .print("继续输入吗？（y/n）：");
            String choice=input.next();
            if(choice.equals("n")){
                con=false;
            }
        }
        cb.showNames();
    }
}
```

上机练习 6——修改客户姓名

需求说明

➢ 修改客户姓名，输入新、旧姓名，进行修改并显示是否修改成功。

程序运行结果如图 7.16 所示。

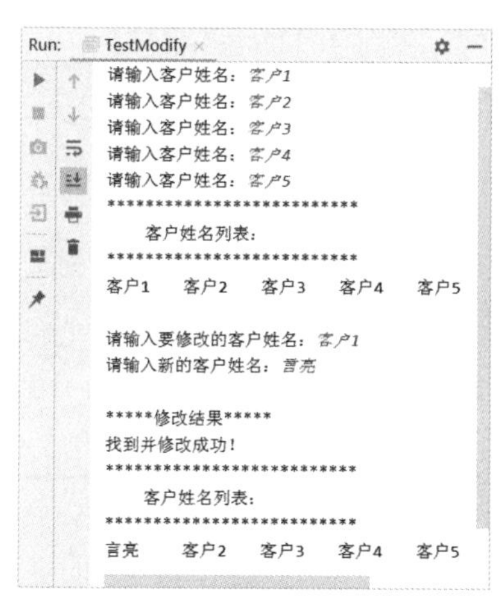

图7.16　上机练习6的程序运行结果

提示

在数组中查找到该客户，进行姓名修改。根据分析可以设计如下方法：

```
public boolean editName(String oldName,String newName){// ……}
```

通过传入两个参数“需要修改的姓名”和“新姓名”来实现姓名的修改。方法返回一个布尔类型变量，用来标识是否修改成功。

7.2.2 深入理解带参方法

根据实际业务需求，我们会向方法中传入特定类型的多个参数。在 Java 程序中，这些参数可以是基本数据类型的数据，也可以是数组或类对象。

1. *数组作为方法的参数*

示例 5

有 5 位学生参加了 Java 知识竞赛的决赛，编程输出决赛的平均成绩和最高成绩。

分析

将多个类型相同的数据存储在数组中，并对其进行求总和、平均值、最大值、最小值等，这些是实际应用中常见的操作。可以设计求总和、平均值、最大值、最小值等的方法，并把数组作为参数，这样便可以在多种场合下调用这些方法。

定义学生管理类如下。

关键代码：

```
public class StudentsBiz {
      /*
       * 求平均分
       */
       public double calAvg(int[] scores){
            int sum=0;
            double avg=0.0;
            for(int i =0;i<scores.length;i++){
                 sum+=scores[i];
            }
            avg=(double)sum/scores.length;
            return avg;
      }

      /*
       * 求最高分
       */
      public int calMax(int[] scores){
           int max=scores[0];
           for(int i =1;i<scores.length;i++){
                 if(max<scores[i]){
                       max=scores[i];
                 }
           }
           return max;
      }
}
```

定义测试类如下。

关键代码：

```
import java.util.Scanner;
public class TestCal {
```

```
    public static void main(String[] args) {
        StudentsBiz st = new StudentsBiz();
        int[] scores=new int[5];  //保存决赛成绩

        Scanner input = new Scanner(System.in);
        System.out.println("请输入 5 名参赛者的成绩：");
        for(int i=0;i<5;i++){     //循环接收成绩
            scores[i] = input.nextInt();
        }
        //输出平均成绩
        double avgScore=st.calAvg(scores);
        System.out.println("平均成绩："+avgScore);
        //输出最高成绩
        int maxScore=st.calMax(scores);
        System.out.println("最高成绩："+maxScore);
    }
}
```

注意，StudentsBiz 类定义了两个方法，分别实现了求平均成绩和最高成绩，它们都是有一个数组作为参数并且有返回值的方法。参数 scores 数组存储所有学生的比赛成绩，在定义方法时并没有指定该数组长度，而是在调用方法时确定要传入的数组长度。return 语句用来返回平均成绩和最高成绩。

程序运行结果如图 7.17 所示。

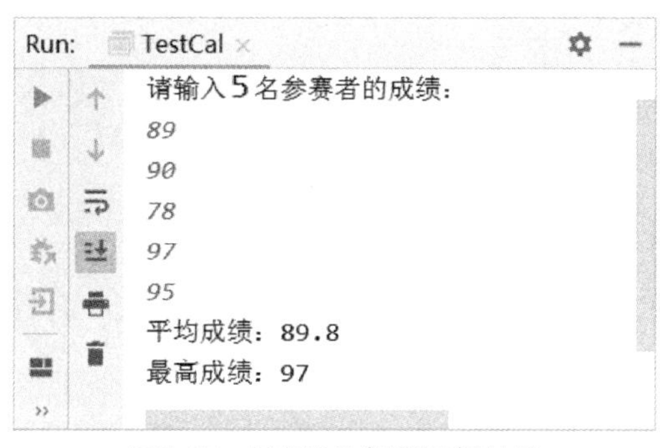

图7.17　示例5的程序运行结果

2. ***对象作为方法的参数***

示例 6

优化示例 3 中的代码，实现新增学生信息功能。要求：增加的学生信息包括姓名、年龄和成绩。

分析

在示例 3 中，设计了一个方法，通过传入一个参数来实现学生姓名的增加。同样，要新增年龄和成绩或是更多的学生信息，应该如何设计呢？我们已经学习了类和对象，可以使用面向对象的思想，把所有要新增的学生信息封装在学生类中，只需要在方法中传入一个学生对象就可以引用所有的学生信息。

定义学生类如下。

关键代码：

```
public class Student {
```

```
    String name;
    int age;
    int score;

     public void showInfo(){
          System.out.println(name+"\t"+age+"\t"+score);
    }
}
```

定义学生管理类如下。

关键代码：

```
public class StudentsBiz {
    Student[] students = new Student[30]; //学生对象数组
    /*
     * 增加学生姓名
     */
    public void addStudent(Student stu){
        for(int i =0;i<students.length;i++){
            if(students[i]==null){
                students[i]=stu;
                break;
            }
        }
    }
    /*
     * 显示本班的学生姓名
     */
    public void showStudents(){
        System.out.println("本班学生列表：");
        for(int i =0;i<students.length;i++){
            if(students[i]!=null){
                students[i].showInfo();
            }
        }
        System.out.println();
    }
}
```

这里定义对象数组 students。“Student[] students = new Student[30];”表示声明了一个长度为 30 的学生对象数组，即数组 students 可以存储 30 个学生对象。定义 addStudent()方法，将新增的学生对象作为参数传入方法，并将该学生对象增加到学生对象数组中。

调用 addStudent()方法的类如下。

关键代码：

```
public class TestStudentAdd {
    public static void main(String[] args) {
        //实例化学生对象并初始化
        Student student1=new Student();
        student1.name="王紫";
        student1.age=18;
        student1.score=99;
        Student student2=new Student();
        student2.name="郝田";
```

```
            student2.age=19;
            student2.score=60;
            //新增学生对象
            StudentsBiz studentsBiz=new StudentsBiz();
            studentsBiz.addStudent(student1);
            studentsBiz.addStudent(student2);
            studentsBiz.showStudents();//显示学生信息
        }
    }
```

注意

在第 2 章中，我们了解了基本数据类型和引用数据类型。这里，数组和对象属于引用数据类型。当作为方法的参数时，基本数据类型和引用数据类型有什么区别呢？我们知道，当调用方法时，会把实参传给形参，方法内部其实是在使用形参。

当参数的类型是基本数据类型时，称为值传递。比如，void func(int a){}将 i=10 传给方法的形参 a，其实是把 10 赋给了形参。

当参数的类型是引用数据类型时，传递的是对象的引用，也就是对象在内存中的地址。比如，void func(Student stu){}将一个学生对象 a 传给方法的形参 stu，其实是把 a 的地址赋给了形参。

技能训练

上机练习 7——实现对客户姓名的排序

需求说明

➢ 编写程序，实现对客户姓名的排序。程序运行结果如图 7.18 所示。

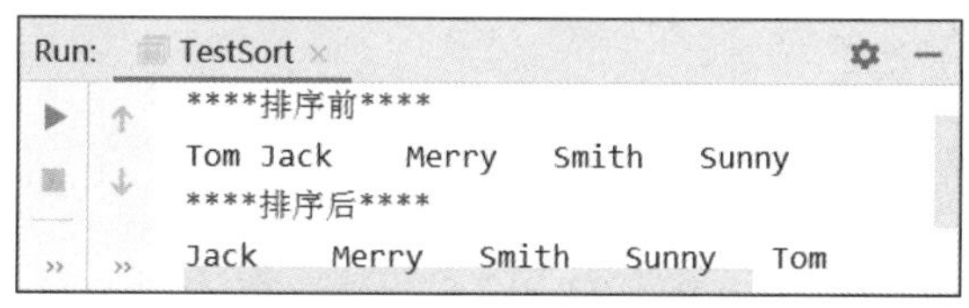

图7.18 上机练习7的程序运行结果

实现思路及关键代码

（1）创建客户管理类，定义长度为 5 的数组变量用于存储客户姓名属性。

（2）在客户管理类中，定义一个方法实现姓名排序，该方法的参数为排序前的姓名数组，返回值为排序后的姓名数组。参考方法定义如下。

关键代码：

```
public String[] sortNames(String[] names) {
    Arrays.sort(names);
    return names;
}
```

（3）创建测试类，对客户姓名数组进行客户信息数据初始化，调用姓名排序的方法，并输出排序前和排序后的客户姓名信息。

关键代码：

```
public class TestSort {
    public static void main(String[] args) {
```

```
            CustomerBiz st = new CustomerBiz();
            st.names[0] = "Tom";
            st.names[1] = "Jack";
            st.names[2] = "Merry";
            st.names[3] = "Smith";
            st.names[4] = "Sunny";
            System.out.println("****排序前****");
            for (int i = 0; i < st.names.length; i++) {
                if (st.names[i] != null) {
                    System.out.print(st.names[i] + "\t");
                }
            }
            //调用姓名排序方法
            st.sortNames(st.names);
            System.out.println("\n****排序后****");
            for (int i = 0; i < st.names.length; i++) {
                if (st.names[i] != null) {
                    System.out.print(st.names[i] + "\t");
                }
            }
        }
}
```

7.2.3 JavaDoc 注释

1. 什么是 JavaDoc 注释

在第 1 章中，我们学习了两种基本的 Java 注释方法：单行注释（以“//”开头）和多行注释（以“/*”开头，以“*/”结尾）。例如：

```
//这是一个注释
/*
 *这是一个演示程序
 */
```

在 Java 中，还有一类注释，称为 JavaDoc 注释。例如：

```
/**
 *MySchool 类
 *@author  Chris
 *@version  1.0  2020/01/01
 */
```

如果想为程序生成像官方 API 帮助文档一样的文件，可以在编写代码时使用 JavaDoc 注释。JavaDoc 是 Sun 公司提供的一种技术，它能够从源代码中抽取类、方法、成员变量等的注释，生成一个和源代码配套的开发文档（简单地说，就是介绍该类、类的方法和成员变量的文档）。因此，只要在编写程序时以一套特定的标签作为注释，在程序编写完成后，通过 JavaDoc 技术就可以生成程序的开发文档，这正是它的优势所在。

在编写 JavaDoc 注释之前，看一下 JavaDoc 注释的语法规则。

- JavaDoc 注释以“/**”开头，以“*/”结尾。
- 每个注释包含一些描述性的文字及若干个 JavaDoc 标签。
- JavaDoc 标签一般以“@”为前缀，常用的 JavaDoc 标签如表 7.4 所示。

表 7.4　常用的 JavaDoc 标签

标签	含义	标签	含义
@author	作者名	@version	版本标识
@param	参数及其意义	@since	最早使用该方法/类/接口的 JDK 版本
@return	返回值	@throws	异常类及抛出异常的条件

示例 7

下面为示例 6 的 StudentsBiz 类添加类和方法的 JavaDoc 注释。

关键代码：

```
/**
 * StudentsBiz 类
 * @author Chris
 * @version 1.0 2020/01/01
 */
public class StudentsBiz {
    Student[] students = new Student[30]; //学生对象数组

    /**
     * 添加学生对象
     * @param stu 学生对象
     */
    public void addStudent(Student stu){
        for(int i =0;i<students.length;i++){
            if(students[i]==null){
                students[i]=stu;
                break;
            }
        }
    }

    /**
     * 显示学生列表
     */
    public void showStudents(){
        System.out.println("本班学生列表：");
        for(int i =0;i<students.length;i++){
            if(students[i]!=null){
                students[i].showInfo();
            }
        }
        System.out.println();
    }
}
```

小技巧

在 IntelliJ IDEA 中，输入“/**”，然后按 Enter 键，IntelliJ IDEA 会自动显示 JavaDoc 注释格式，如果是为带参方法添加 JavaDoc 注释，IntelliJ IDEA 会帮你自动添加方

法的参数列表。

另外，在 IntelliJ IDEA 中也可以通过组合键进行 JavaDoc 注释的添加。方法是把鼠标指针停在类名或者方法名上，然后使用 Alt + Enter 组合键，在出现的几个选项中单击“Add Javadoc”选项就可以了，如图 7.19 所示。

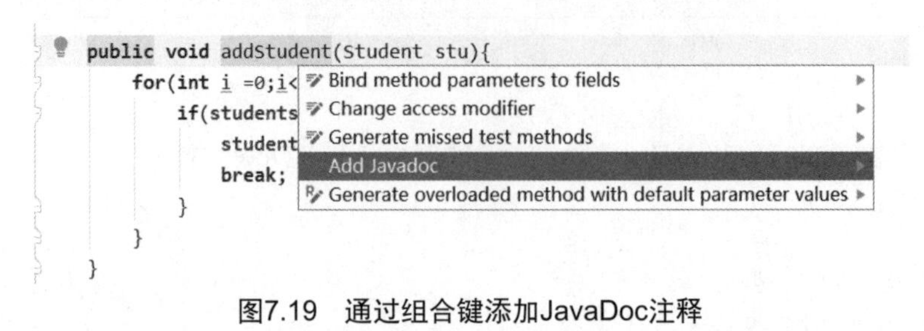

图7.19　通过组合键添加JavaDoc注释

2. **如何生成 JavaDoc 开发文档**

添加完 JavaDoc 注释后，接下来就是生成相应的 JavaDoc 开发文档。生成 JavaDoc 开发文档的方法主要有两种。

➢　使用命令行方式生成。

➢　使用 IntelliJ IDEA 工具生成。

这里重点介绍如何使用 IntelliJ IDEA 工具生成 JavaDoc 开发文档。具体的步骤如下。

（1）打开“Tools”下拉菜单，单击“Generate JavaDoc...”选项，如图 7.20 所示。

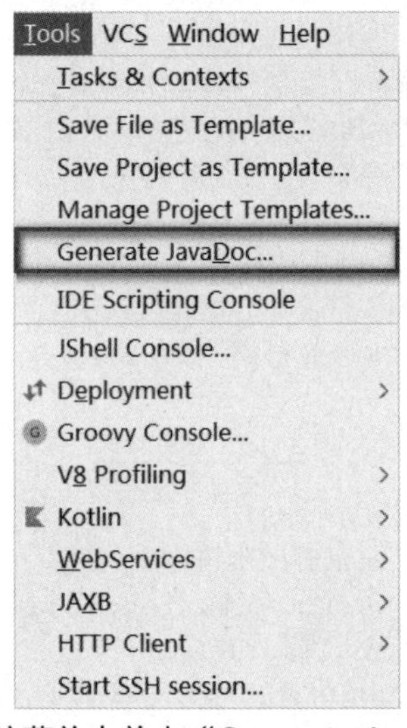

图7.20　在下拉菜单中单击“Generate JavaDoc...”选项

（2）在打开的界面中对要生成的文档进行配置，如图 7.21 所示。

在配置时需要注意以下几点。

➢　JavaDoc 注释的范围允许配置为整个项目生成文档或是选择自定义范围。这里选择为 StudentsBiz 类生成文档。

➢　在“Output directory”右侧选择输出文档存放的位置。

➢　在“Other command line arguments”后的文本框里输入：“-encoding utf-8 -charset utf-8”。目的是避免出现中文乱码问题。

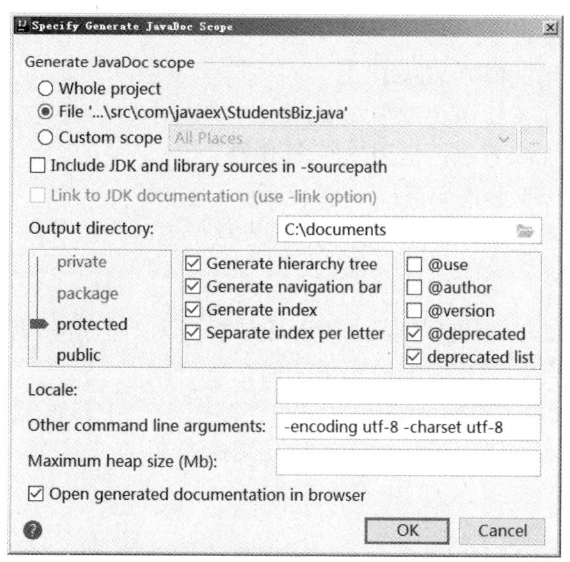

图7.21　对要生成的文档进行配置

（3）配置完毕，单击“OK”按钮，生成的 JavaDoc 开发文档如图 7.22 所示。

图7.22　生成的JavaDoc开发文档

本章小结

本章学习了以下知识点。

- 对象是用来描述客观事物的一个实体，由一组属性和方法构成。
- 类定义了对象将会拥有的特征（属性）和行为（方法）。
- 类和对象的关系是抽象和具体的关系。类是对象的类型，对象是类的实例。
- 对象的属性和方法被共同封装在类中，相辅相成，不可分割。

➢ 使用类的步骤如下。

（1）定义类：使用关键字 class。

（2）创建类的对象：使用关键字 new。

（3）使用类的属性和方法：使用“.”操作符。

➢ 定义方法的一般形式如下：

```
<访问修饰符> 返回值类型 <方法名>(<参数列表>){
    //方法的主体
}
```

➢ 调用带参方法与调用无参方法的语法是相同的，但是在调用带参方法时必须传入数据类型和数量等与形参相匹配的实参的值。

➢ JavaDoc 注释以“/**”开头，以“*/”结尾，并且 Java 提供了 JavaDoc 注释标签。使用 JavaDoc 技术可以生成 JavaDoc 开发文档。

本章作业

1．简述什么是类和对象，以及二者之间的关系。

2．使用面向对象的思想编写一个计算器类（Calculator），可以实现两个整数的加、减、乘、除运算。要求：根据用户输入的整数以及运算符做相应的计算并输出结果。程序运行结果如图 7.23 所示。

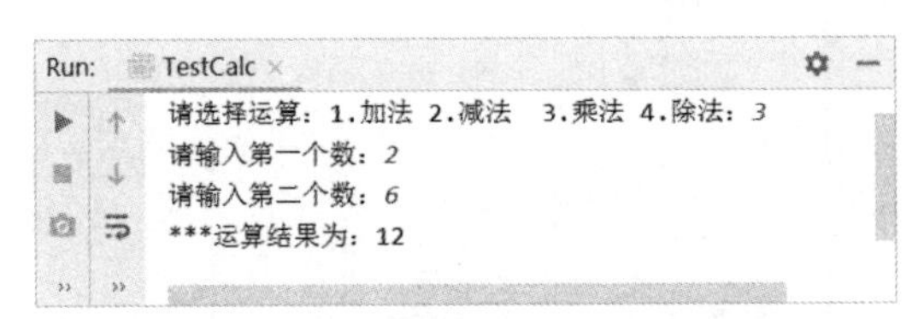

图7.23　计算器的程序运行结果

3．模拟银行账户业务。

（1）添加带参方法，实现存款和取款功能，存款初始值为 0 元，取款时需要判断银行账户余额是否充足。程序运行结果如图 7.24 所示。

（2）为类的方法添加 JavaDoc 注释。

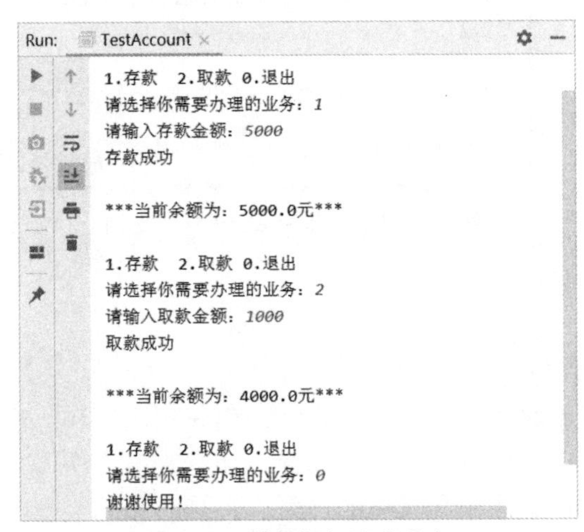

图7.24　模拟银行账户业务

4．根据三角形的 3 条边长度，判断其是直角三角形、钝角三角形，还是锐角三角形。程序的功能要求如下。

（1）输入三角形 3 条边的长度。

（2）判断输入的 3 条边长度能否构成三角形，构成三角形的条件是任意两边之和大于第三边，如果不能构成三角形，则提示“这不能构成三角形。”。

（3）如果能构成三角形，判断三角形是何种三角形。如果三角形较长一边的平方等于其他较短两边平方的和，则为直角三角形；如果三角形较长一边的平方大于其他较短两边平方的和，则为钝角三角形；否则，为锐角三角形。

程序运行结果如图 7.25 所示。

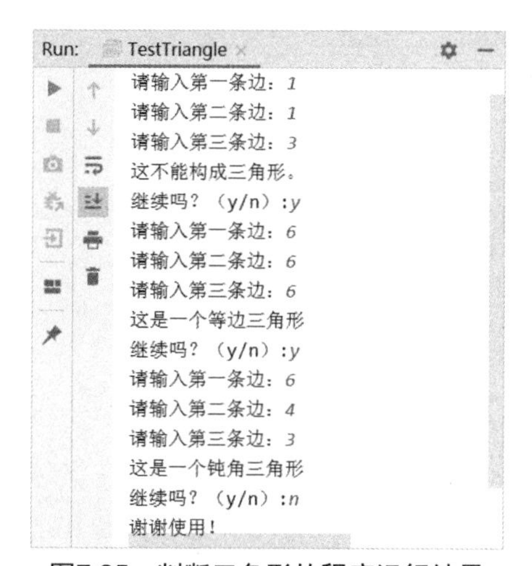

图7.25　判断三角形的程序运行结果

提示

（1）定义方法 isTriangle()，判断输入的 3 条边长度是否能构成三角形。

（2）定义方法 shape()，判断输入的 3 条边长度构成何种三角形。

第 8 章

封装

技能目标

- ❖ 掌握面向对象设计的基本步骤
- ❖ 掌握构造方法
- ❖ 掌握方法重载
- ❖ 掌握封装的原理及其使用
- ❖ 掌握包的使用
- ❖ 会使用访问修饰符

本章任务

学习本章，需要完成以下 4 个任务。

任务 1：定义开心农场游戏中的类并实现种植功能

任务 2：使用封装重构类的属性和方法

任务 3：使用包组织项目

任务 4：实现开心农场游戏作物生长和作物收割功能

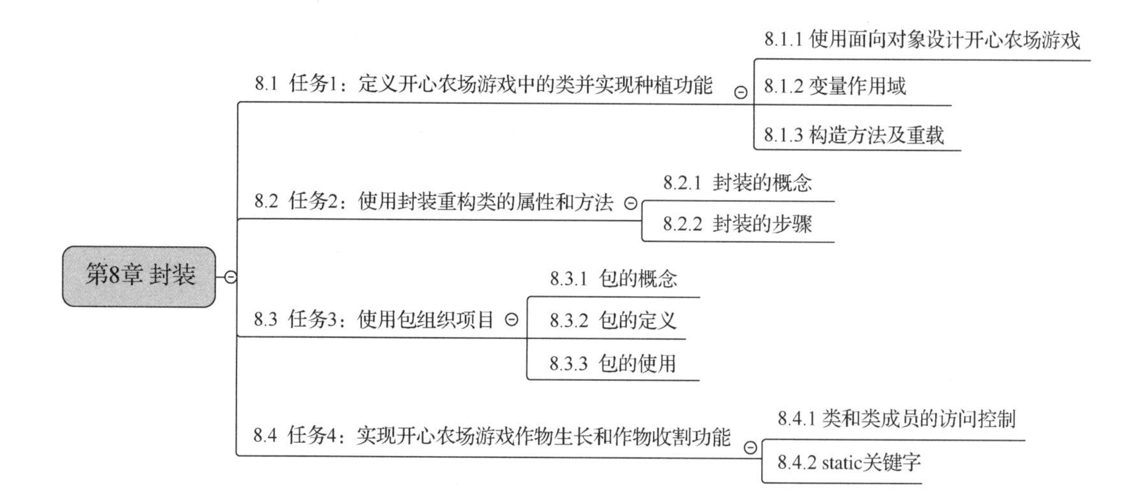

8.1 任务 1：定义开心农场游戏中的类并实现种植功能

学习目标如下。

- 会进行面向对象设计。
- 会使用类图描述设计。
- 理解成员变量和局部变量的区别。
- 会创建类的构造方法。
- 掌握方法重载。

8.1.1 使用面向对象设计开心农场游戏

1. 开心农场游戏项目需求

下面以开心农场游戏为例，了解如何使用面向对象思想进行项目设计。

问题

设计开心农场游戏，具体需求如下。

- 每个玩家拥有一块土地，每块土地允许种植一种作物。假设目前只允许种植苹果树。
- 作物具有不同的生长特点。游戏中苹果树的生长特性如表 8.1 所示。

表 8.1　游戏中苹果树的生长特性

名称	品种	每季成熟时间	每季果实数量	采摘期	多季作物
苹果树	富士、金帅	10 天	100 个	2 天	3 季

用户可以选择要种植的苹果树的品种。苹果树属于 3 季作物，即每季果实收获后，可以继续生长，直到第 3 季结束后死亡。作物种植后，自动生长直到成熟后可以采摘，此时进入采摘期。如果用户在规定的采摘期内完成了采摘，则收获全部果实，否则将无法收获果实。采摘期结束后自动进入下一个生长季。因此，作物在整个生长过程中会经历的生长状态包括生长期、采摘期和已死亡。

➢ 要求在运行窗口可以根据提示进行以下功能操作。

（1）查看土地状态。要求输出土地状态（空闲或非空闲），如果土地处于非空闲状态，需要输出种植的作物。

（2）种植苹果树。要求选择种植的苹果树品种，种植后需要输出苹果树特性信息。

（3）查看苹果树生长状态。要求计算随着时间的推移苹果树自动生长过程中状态的变化，并输出生长状态信息。

（4）收获苹果树果实。要求判断是否允许收获果实以及计算收获的果实数量。果实成熟后只能收获一次，不能重复采摘。

（5）退出游戏。

2. **使用面向对象分析**

了解了项目需求，下面按照面向对象程序设计步骤进行分析和设计。在第 7 章中，已经学习了面向对象程序设计的基本步骤，如下所示。

第一步：分析需求归纳出类。

第二步：发现类的属性。

第三步：发现类的方法。

面向对象设计过程就是抽象的过程。根据项目中的业务需求，发现现实世界中的“对象”并抽象出软件系统中的“对象”，从而归纳出与业务相关联的类及类的属性和方法。

下面按照面向对象程序设计的 3 个步骤来完成开心农场游戏的设计。

可以在需求中通过找出名词的方式确定类和属性，通过找出动词的方式确定方法，并依据它们与实现业务的相关程度进行筛选。

第一步：分析需求归纳出类。

分析需求可以发现，需求中几个关键的名词是土地、苹果树、名称、品种、富士、金帅、成熟时间、果实数量、采摘期、多季作物、土地状态、空闲、非空闲、生长状态、生长期、已死亡等。

经过分析和筛选，可以抽象出的类包括土地类、苹果树类以及游戏类，其中，游戏类用于初始化游戏设置并实现游戏流程。

第二步：发现类的属性。

分析第一步中提取的名词，可以作为苹果树类的属性的名词包括名称（name）、品种（brand）、成熟时间（maturity）、果实数量（numsOfFruits）、采摘期（harvestTime）、多季作物（multiSeasonCrop）、生长状态（status）。可以作为土地类的属性的名词包括土地状态(idle)、苹果树对象（appleTree）。有一些名词是作为属性值存在的，如金帅和富士是品种的属性值，空闲和非空闲是土地状态的属性值，生长期、采摘期、已死亡是生长状态的属性值。考虑到每个玩家拥有一块土地，因此游戏类具有土地属性。

第三步：发现类的方法。

需求中几个关键的动词是查看土地状态、种植苹果树、查看苹果树生长状态、实现苹果树自动生长、输出生长状态信息、收获苹果树果实等。结合要实现的功能，定义苹果树类的方法包括输出苹果树特性信息 print ()、自动生长 grow ()、输出生长状态信息 printGrowReport ()、计算收获的果实数量 harvest ()等。定义土地类的方法包括输出土地状态信息 print ()、种植苹果树 plant()、查看苹果树生长状态 checkAppleGrow ()、收获苹果树果实 harvestApple ()等。

为了更清晰地表示类，可以将设计的结果通过类图进行描述，如图 8.1 所示。类图是软件工程的统一建模语言，是一种静态结构图。它描述了系统的类集合，以及类的属性和类之间的关系。类图就像面向对象设计的“图纸”，依据“图纸”进行设计，方便沟通和修改。

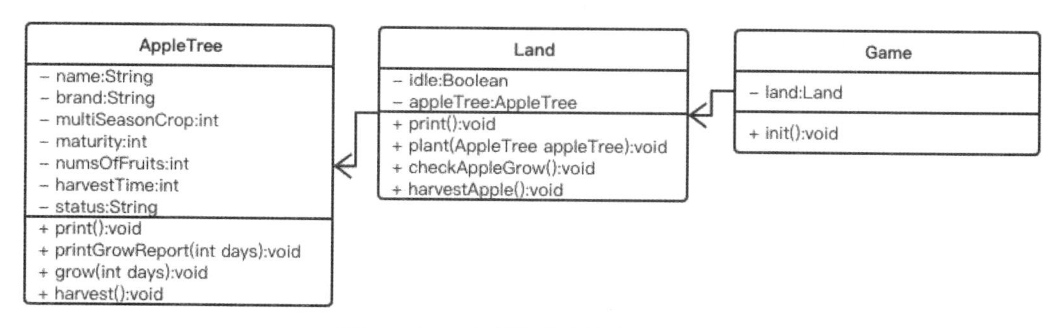

图8.1　开心农场游戏中核心类的类图

小结

在编写类及其属性、方法时遵循的原则如下。

- 属性和方法的设置是为了解决业务问题。
- 关注主要属性和方法。
- 如果没有必要，不要增加额外的类、属性与方法。

3. **通过创建对象实现功能**

前面已经抽象出了类及类的属性和方法，下面使用 Java 代码来实现游戏功能。

示例 1

定义开心农场游戏中的类，实现以下功能。

- 查看土地状态。
- 种植苹果树并输出苹果树的特性。要求苹果树一旦被种植，则进入“生长期”。

定义苹果树类如下。

关键代码：

```
public class AppleTree {
    public String name = "苹果树";    //名称
    public String brand;               //品种
    public int multiSeasonCrop = 3;   //多季作物
    public int maturity = 10;          //每季成熟期
    public int numsOfFruits = 100;    //果实数量
    public int harvestTime = 2;       //采摘期
    public String status;              //作物生长状态
    /**
     * 输出苹果树特性
     */
    public void print(){
        System.out.println("*****作物特性*****");
        System.out.println(this.name +"品种: "+this.brand);
        System.out.println("属于"+ this.multiSeasonCrop + "季作物");
```

```
        System.out.println("每季成熟期"+ this.maturity + "天，"
                    +"采摘期"+ this.harvestTime + "天，"
                    +"每季产量为" + this.numsOfFruits);
    }
}
```

注意，在 AppleTree 类的 print()方法中，使用了 this 关键字。this 指当前对象的引用，这里使用 this 关键字调用当前对象的成员。例如，this.name 调用当前对象的名称。

下面定义土地类。

关键代码：

```
public class Land {
    public boolean idle = true;   //土地状态是否为空闲，默认值为 true
    public AppleTree appleTree;    //默认值为 null，表示未种植苹果树
    /**
     * 种植苹果树
     */
    public void plant(AppleTree appleTree){
        if(!idle){
            System.out.println("土地被占用，目前无法种植新的作物！");
            return;
        }
        this.appleTree = appleTree; //设置当前种植的作物为苹果树
        this.appleTree.status = "生长期"; //设置苹果树进入“生长期”
        this.idle = false;          //修改土地状态为“非空闲”
        System.out.println("您已成功种植了一棵"+this.appleTree.brand
                + this.appleTree.name);
        this.appleTree.print();    //输出作物特性
    }
    /**
     * 输出土地状态信息
     */
    public void print(){
        if(idle){
            System.out.println("您尚未种植任何农作物！");
        }else{
            if(appleTree!=null){
                System.out.println("您种植一棵" + appleTree.name
                    + "，作物目前状态为" + appleTree.status);
            }else{
                System.out.println("土地状态异常！");
            }
        }
    }
}
```

土地类的 plant()方法接收要种植的苹果树对象，如果土地空闲，则种植该苹果树，并设置苹果树状态为“生长期”。

创建游戏类 Game，实现游戏功能。

关键代码：

```
import java.util.Scanner;
public class Game {
```

```
    Land land; //土地对象
    public void init(){
        land = new Land();  //初始化土地对象
    }
    public static void main(String[] args){
        Game game = new Game(); //创建游戏对象
        game.init();  //初始化游戏
        Scanner input = new Scanner(System.in);
        System.out.println("欢迎来到开心农场");
        System.out.println("请选择：1. 查看土地状态 \t 2. 播种苹果树"
+"\t 3. 查看果树生长状态  4. 收获果实  \t 5.退出游戏");
        while(input.hasNextInt()){
            int num = input.nextInt();
            switch(num){
                case 1:
                    game.land.print();
                    break;
                case 2:
                    if(game.land.idle) {
                        System.out.print("请选择要种植的品种：1. 富士 "
+"2. 金帅 ");
                        String brand = "富士";  //①
                        if (input.hasNextInt()) {
                            switch (input.nextInt()) {
                                case 1:
                                    brand = "富士";
                                    break;
                                case 2:
                                    brand = "金帅";
                                    break;
                            }
                        }
                        //创建苹果树对象
                        AppleTree appleTree = new AppleTree();
                        appleTree.brand = brand;
                        //种植苹果树
game.land.plant(appleTree);
                    }else{
                        System.out.println("土地已种植农作物，不能重
复种植！");
                    }
                    break;
                case 3:
                    //待实现
                    break;
                case 4:
                    //待实现
                    break;
                case 5:
                    return;
            }
            System.out.println("请选择：1. 查看土地状态 \t 2. 播种苹果树 "
+"\t 3. 查看果树生长状态  4. 收获果实  \t 5.退出游戏");
```

```
            }
        }
    }
```

在游戏开始时，创建游戏对象，并调用 init()方法进行游戏初始化。在程序运行过程中，依据用户输入的功能编号，执行相应的游戏功能。用户输入 1 时，调用土地对象的 print()方法，输出土地当前状态；用户输入 2 时，如果土地处于空闲状态，则提示用户输入要种植的苹果树品种并创建苹果树对象，再调用土地对象的 plant()方法实现种植苹果树并输出苹果树特性。程序运行结果如图 8.2 所示。

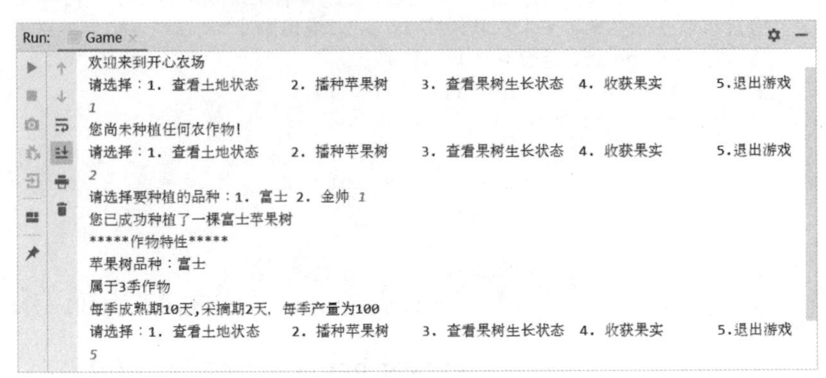

图8.2 示例1的程序运行结果

8.1.2 变量作用域

Java 中通过类来组织程序，类定义的属性称为成员变量，类定义的方法称为成员方法。那么，在类的方法中同样也可以定义变量，它被称为局部变量。

示例 1 中 Game 类的 main()方法中，在代码行①处定义了 brand 变量，用于设置用户输入的苹果树品种，这里的 brand 变量就是局部变量。

成员变量和局部变量有什么区别呢？

示例 2

阅读下面代码中定义的 Person 类，思考调用类的 eatWith()方法输出的内容是什么。

代码：

```
public class Person {
    String name; // 姓名
    int age; // 年龄
    public void eatWith(String name) {
        System.out.println(this.name + " 邀请 " + name + " 共进晚餐 ");
    }
}
```

分析

Person 类中的 name、age 属于 Person 类本身的属性，它们是 Person 类的成员变量。Person 类的成员方法 eatWith()的参数 name 就是局部变量。虽然局部变量 name 和成员变量 name 名称一样，但表示的不是同一个变量。下面编写测试类代码。

代码：

```
public class TestPerson {
    public static void main(String[] args) {
```

```
            Person person = new Person();
            person.name = "李明";
            person.age = 30;
            person.eatWith("王晓");
        }
    }
```

运行程序，输出结果为“李明 邀请 王晓 共进晚餐”。

类的成员变量和方法的局部变量有以下几点不同。

（1）作用域不同。成员变量即类的属性，是直接在类中定义的变量，位置在方法的外部，它的作用域是整个类的内部。因此，类的所有成员都可以使用。如果访问权限允许，还可以在类的外部使用成员变量，调用方法就是先创建该类的对象，然后通过操作符“.”引用。局部变量是在某个方法中定义的，它的作用域局限在定义该局部变量的方法中，因此该局部变量只有在这个方法中能够使用。

（2）初始值不同。对于成员变量，可以在声明的时候赋初始值，如果在类定义中没有给它赋初始值，Java 会给它赋一个默认值。但是 Java 不会给局部变量赋初始值，因此一般情况下，局部变量在使用前需要赋值，否则会编译出错。

（3）局部变量可以和成员变量同名，并且在使用时，局部变量具有更高的优先级。示例 Person 类中 eatWith()方法输出一句话，其中包含主人的姓名以及邀请共进晚餐的客人的姓名。它们的变量名都是 name，因此，在 eatWith()方法的输出语句中 name 指的是局部变量 name，如果要在 eatWith()方法中输出主人的名字，即输出对象的属性 name 变量值，则需要使用 this.name 进行引用。

8.1.3 构造方法及重载

1. 类的构造方法

在示例 1 中，实现种植苹果树功能时，首先通过 new 关键字创建对象，再给属性赋值，通过多条语句来完成。例如：

```
AppleTree appleTree = new AppleTree();
appleTree.brand = brand;
```

如果需要设置的属性很多，按上述方式编写代码就会非常麻烦，可否在创建对象的时候就完成赋值操作呢？在 Java 中，可以通过自定义类的构造方法（Constructor）来执行一些初始化操作，如给成员变量赋初始值等。定义构造方法的语法如下：

```
 [ 访问修饰符 ] 方法名 ([ 参数列表 ]){
//......省略方法体的代码
}
```

需要注意的是，构造方法的名称和类名必须相同，但是构造方法没有返回值类型。另外，构造方法定义中的参数列表是可选的，因此可以定义无参构造方法，也可以定义带参构造方法。事实上，Java 中的每一个类都至少有一个构造方法，如果没有创建，系统会自动创建一个默认的构造方法。默认构造方法是没有参数的，而且方法体中没有代码。

示例 3

为示例 1 中 AppleTree 类添加无参构造方法，在构造方法中设置默认的品种为“金帅”。

关键代码：

```
public class AppleTree {
     public String name = "苹果树";    //名称
     public String brand;              //品种
     public int multiSeasonCrop = 3;  //多季作物
     public int maturity = 10;        //每季成熟期
     public int numsOfFruits = 100;   //果实数量
     public int harvestTime = 2;      //采摘期
     public String status;            //作物生长状态

     /**
      * 类的无参构造方法
      */
     public AppleTree(){
          this.brand = "金帅";
     }

     public void print(){
          //……省略输出苹果树特性的相关代码
     }
     public static void main(String[] args) {
          AppleTree appleTree = new AppleTree();
          appleTree.print();
     }
}
```

程序运行结果如图 8.3 所示。

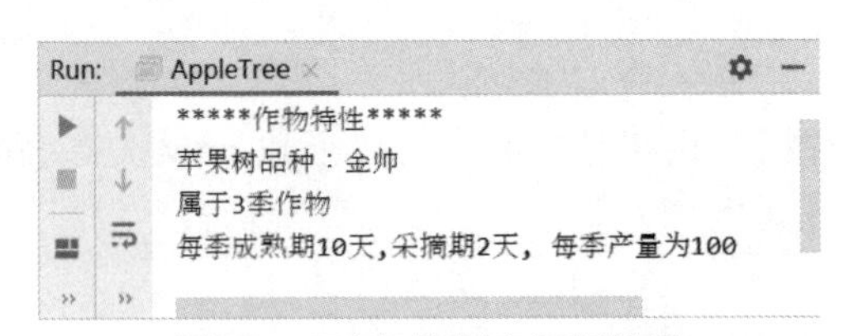

图8.3　示例3的程序运行结果

这里，AppleTree()方法就是类的无参构造方法，它设置苹果树对象的默认品种为“金帅”。从程序运行结果可以看出，当执行语句“AppleTree appleTree = new AppleTree()”时，就会执行自定义构造方法中的代码。

为了更清楚、直观地了解对象创建的过程，下面通过断点调试来追踪构造方法的执行过程。首先在示例 3 代码中 main()方法的“AppleTree appleTree = new AppleTree();”语句行设置断点，然后以断点调试方式运行程序，打开调试窗口后，程序在断点处暂停，如图 8.4 所示。

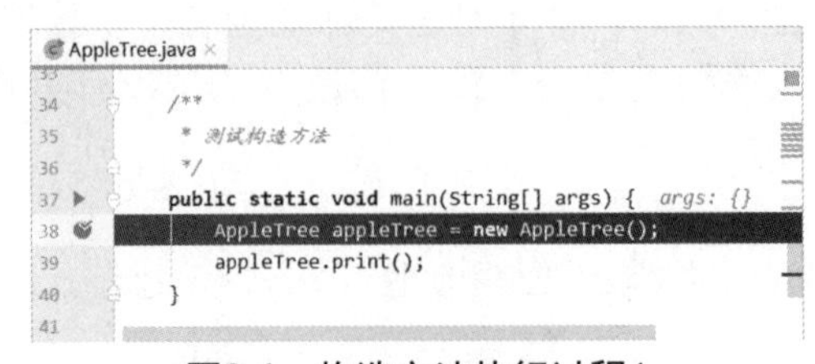

图8.4　构造方法执行过程1

单击调试窗口的“Step Into”按钮，进入 AppleTree 类，程序停在构造方法定义行，如图 8.5 所示。

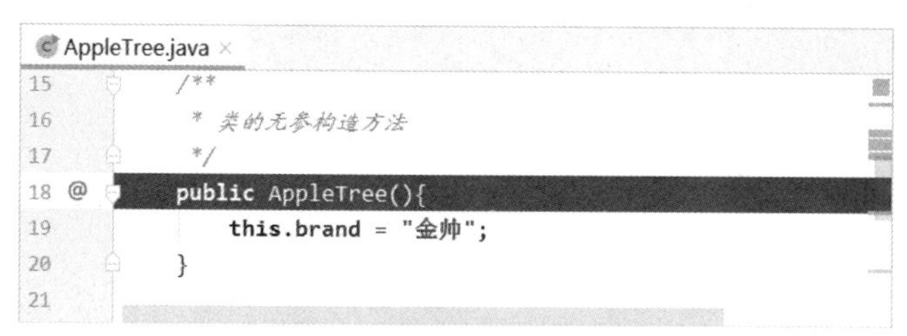

图8.5　构造方法执行过程2

连续单击“Step over”按钮，先执行 AppleTree 类的属性定义语句，依次给属性赋初始值，如图 8.6 所示。

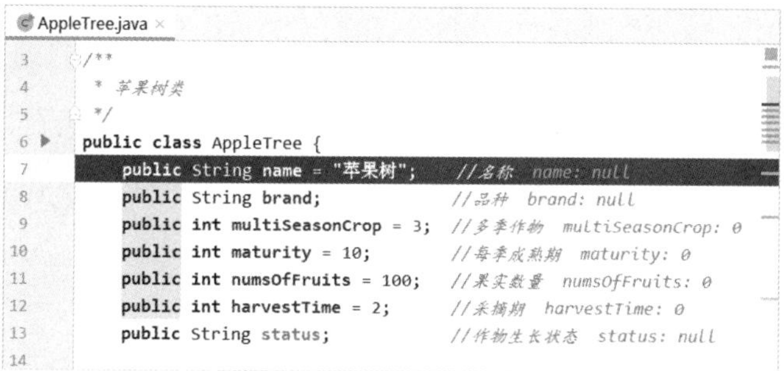

```
AppleTree.java
3   /**
4    * 苹果树类
5    */
6   public class AppleTree {
7       public String name = "苹果树";       //名称  name: null
8       public String brand;                 //品种  brand: null
9       public int multiSeasonCrop = 3;      //多季作物  multiSeasonCrop: 0
10      public int maturity = 10;            //每季成熟期  maturity: 0
11      public int numsOfFruits = 100;       //果实数量  numsOfFruits: 0
12      public int harvestTime = 2;          //采摘期  harvestTime: 0
13      public String status;                //作物生长状态  status: null
14
```

图8.6　构造方法执行过程3

再连续单击“Step over”按钮，依次执行构造方法中的语句，如图 8.7 所示。

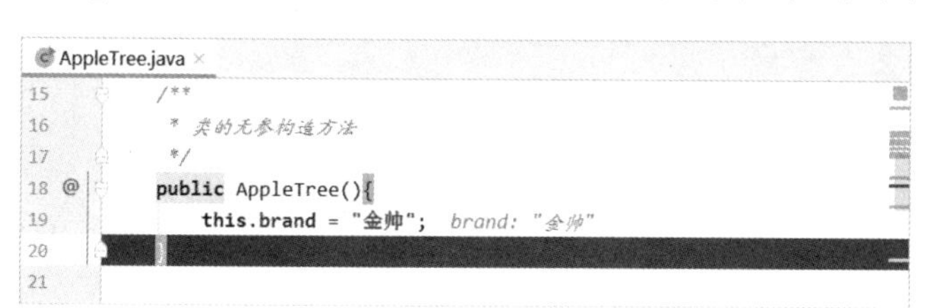

图8.7　构造方法执行过程4

执行完构造方法后，会重新跳回图 8.4 所示的界面，表示对象创建成功，并把对象引用赋给变量 appleTree，至此构造方法执行完毕。

在示例 3 中调用类的无参构造方法，将对象的成员变量 brand 初始值设置为“金帅”。如果希望根据用户的输入进行属性个性化设置，就需要创建类的带参构造方法。

示例 4

在示例 3 的基础上，给 AppleTree 类添加两个带参构造方法。第一个带参构造方法允许对品种属性进行个性化设置。第二个带参构造方法允许对作物所有特性进行个性化设置。

分析

类似于普通类的方法，需要设置的属性值通过方法的参数传入。

关键代码：

```
public class AppleTree {
```

```
        public String name = "苹果树";   //名称
        public String brand;            //品种
        public int multiSeasonCrop = 3;  //多季作物
        public int maturity = 10;        //每季成熟期
        public int numsOfFruits = 100;   //果实数量
        public int harvestTime = 2;      //采摘期
        public String status;            //作物生长状态

        /**
         * 类的无参构造方法
         */
        public AppleTree(){
             this.brand = "金帅";
        }

        /**
         * 类的带参构造方法
         */
        public AppleTree(String brand){
            this.brand = brand;
        }

        /**
         * 类的带参构造方法
         */
        public AppleTree(String name, String brand,
                         int multiSeasonCrop,int maturity,
                         int harvestTime,int numsOfFruits){
             this.name = name;
             this.brand = brand;
             this.multiSeasonCrop = multiSeasonCrop;
             this.maturity = maturity;
             this.harvestTime = harvestTime;
             this.numsOfFruits = numsOfFruits;
        }

        public void print(){
             //……省略输出苹果树特性的相关代码
        }
    public static void main(String[] args) {
             AppleTree appleTree = new AppleTree(); //①调用无参构造方法
             appleTree.print();
             AppleTree fuji = new AppleTree("富士"); //调用带参构造方法
             fuji.print();
             AppleTree pinkLady = new AppleTree("苹果树","粉红佳人
",2,5,1,80);
             pinkLady.print();
        }
    }
```

程序运行结果如图 8.8 所示。

图8.8　示例4的程序运行结果

示例 4 中添加了两个带参构造方法，它们的参数个数不同，允许用户灵活地进行对象初始化。在创建对象时，根据用户传入的参数分别执行不同的构造方法。

在 main()方法中，调用 3 个不同的构造方法，分别创建了 appleTree 对象、fuji 对象和 pinkLady 对象。请思考一下，这时如果将示例 4 中代码行①删掉，在测试类中执行"AppleTree appleTree = new AppleTree();"语句，运行结果会是什么呢？这时就会出现编译错误，提示"Cannot resolve constructor 'AppleTree()'"。出现该错误的原因是当开发人员没有编写自定义构造方法时，Java 会自动添加默认构造方法，默认构造方法没有参数。但是一旦定义了一个或多个构造方法，则 Java 不会自动添加默认构造方法，因此调用无参构造方法就会报错。如果要使用它，开发人员就必须手动编写代码进行添加。

2. **方法的重载**

在示例 4 中，定义了 AppleTree 类的 3 个构造方法，一个无参构造方法和两个带参构造方法。它们的方法名相同，但是参数列表不同，这称为构造方法的重载。

（1）方法重载的定义

方法重载（Overload）指的是同一个类包含了两个或两个以上的方法，它们的方法名相同，方法参数的个数或参数类型不同。成员方法和构造方法都可以进行重载。

其实，之前我们已经使用过方法重载了，例如：

```
System.out.println("good");
System.out.println(true);
System.out.println(100);
```

以上代码实现了不同类型参数值的输出，这正是因为 println()方法实现了不同参数类型方法的重载。在 IntelliJ IDEA 中，可以按住 Ctrl 键的同时单击 println()的方法名，跳转到 println()方法的定义位置进行查看。

（2）方法重载的特点

判断方法之间是否构成重载的依据如下所示。

➢ 各方法必须在同一个类中。

➢ 方法名相同。

➢ 参数列表（方法的参数个数或参数类型）不同。

注意，方法的返回值类型和方法的访问修饰符不能作为判断方法之间是否构成重载的依据。

（3）方法重载的使用和优点

了解了方法重载的概念，下面看一个具体示例。

示例 5

开发一个加法计算器，允许对不同类型的数据进行运算并输出结果，包括整型、浮点类型和字符串类型。

分析

考虑到实现的功能相同，但是参数类型不同，因此通过方法重载来实现。

关键代码：

```
public class Adder {
    public int getSum(int a, int b){
        return a+b;
    }
    public double getSum(double a, double b){
        return a+b;
    }
    public String getSum(String s1, String s2){
        return s1+s2;
    }
    public static void main(String[] args) {
        Adder adder = new Adder();
        int a = 6, b = 8;
        System.out.println(a + "+" + b + "=" + adder.getSum(a,b));
        double c = 9.1, d = 10.9;
        System.out.println(c + "+" + d + "=" + adder.getSum(c,d));
        String s1 = "Hello", s2 = "World";
        System.out.println(s1 + "+" + s2 +"=" + adder.getSum(s1,s2));
    }
}
```

程序运行结果如图 8.9 所示。

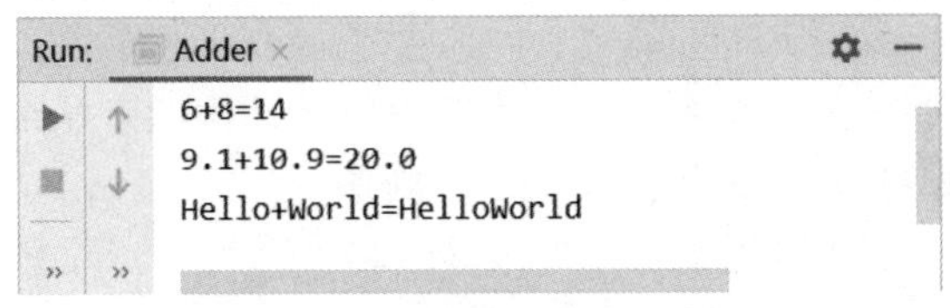

图8.9　示例5的程序运行结果

可见，方法重载其实是对原有方法的一种升级，可以根据参数的不同，采用不同的实现方法，而且不需要编写多个方法名，简化了类调用方法的代码。

3. this 关键字

之前引用成员变量时多次用到了 this 关键字，那么，它还有什么其他的用法呢？

this 关键字是对一个对象的默认引用。每个实例方法内部都有一个 this 引用变量，指向调用这个方法的对象。

this 关键字主要有以下 3 种应用场景。

（1）使用 this 调用成员变量，解决成员变量和局部变量之间的同名冲突问题。

代码：

```
public AppleTree(String brand){
```

```
    this.brand = brand;   // 成员变量和局部变量同名，必须使用 this
}
```

（2）使用 this 调用成员方法。

代码：

```
public void changeName(String name) {
    this.name = name;
    this.print();   //this 可以省略， 直接调用该类的 print( ) 方法
}
```

（3）使用 this 调用重载的构造方法。

在以下代码中定义了 Employee 类，并定义了两个带参构造方法。

代码：

```
public class Employee{
    String name;
    String sex;
    int age;
    String dept;
    public Employee(String name, String sex){
        this.name = name;
        this.sex = sex;
    }

    public Employee(String name, String sex, int age, String dept){
        this.name = name;
        this.sex = sex;
        this.age = age;
        this.dept = dept;
    }
}
```

观察以上代码发现，两个构造方法中存在相同的代码：

```
this.name = name;
this.sex = sex;
```

在这种情况下，可以在一个构造方法中调用另一个构造方法来减少代码量，可以通过 this 关键字实现。

示例 6

优化 Employee 类的带参构造方法。

关键代码：

```
public class Employee{
    String name;
    String sex;
    int age;
    String dept;
    public Employee(String name, String sex){
        this.name = name;
        this.sex = sex;
    }

    public Employee(String name, String sex, int age, String dept){
        this(name,sex); //调用重载的构造方法
```

```
            this.age = age;
            this.dept = dept;
        }
    }
```

这里使用 this 关键字调用重载的构造方法，并传入局部变量 name 和 sex 作为参数。执行代码时，首先执行 Employee（String name，String sex）构造方法，完成 name 和 sex 属性的赋值，然后再执行后面的语句，实现 age 和 dept 属性的赋值。

需要注意的是，this 关键字调用重载的构造方法，只能用在构造方法中，且调用语句必须作为构造方法的第一条语句。

提示

因为 this 是在对象内部指代自身的引用，所以 this 只能调用实例变量、实例方法和构造方法，不能调用类变量和类方法，也不能调用局部变量。关于类变量和类方法的概念将在本章 8.4.2 小节中详细介绍。

8.2 任务 2：使用封装重构类的属性和方法

学习目标如下。

- 了解封装的概念。
- 会进行类的封装。

8.2.1 封装的概念

问题

思考一下，前面设计的 AppleTree 类是否存在缺陷呢？例如，创建一个 AppleTree 类对象的代码如下所示：

```
AppleTree appleTree = new AppleTree();
appleTree.name = "西瓜";
```

很明显，所给代码中创建对象并赋值的语句在语法上是没有错误的，但是不符合实际情况，因为 appleTree 对象的名字不可能是“西瓜”。如何在程序中避免随意赋值引起的不合理情况呢？这就需要使用 Java 类的封装。

Java 中封装的实质就是将类的状态信息隐藏在类的内部，不允许外部程序直接访问，可以是通过该类提供的方法实现对隐藏信息的操作和访问。

封装反映了事物的相对独立性，有效避免了外部错误对对象的影响，并且能对由于对象使用者大意产生的错误操作起到预防作用。

封装的好处在于隐藏类的细节，让使用者只能通过开发者规定的方法访问数据，可以方便地加入存储控制修饰符限制不合理操作。

类的封装

8.2.2 封装的步骤

示例 7

优化 AppleTree 类，实现示例 1 的需求。要求 AppleTree 类满足以下需求。

➢ 种植苹果树时，可以选择树的品种，之后不允许改变品种。

➢ 苹果树的相关生长特性（属性）采用默认值，不允许修改。

➢ 创建苹果树对象时，设置苹果树的状态为“生长期”。生长状态（包括生长期、采摘期、已死亡）只能在作物种植后自动生长的过程中发生改变。

分析

在实际开发中，需要根据业务需求决定封装哪些属性以及如何封装。下面实现对AppleTree类的封装。

1. 修改属性的可见性

将类中的属性私有化，即将AppleTree类的属性的访问修饰符由public修改为private，目的是限制对属性的访问。这里，private为访问修饰符，标识private的属性和方法只能在定义它们的类的内部被访问。

2. 设置setter和getter方法

属性修改为private后，其他类就无法访问了。如果要访问它们，就需要为每个属性创建一对getter和setter方法，用于对这些属性进行存取。其中，setter用来更新变量值，getter用来读取变量值。

根据需求，AppleTree类的构造方法需要对品种进行设置，并初始化生长状态，其他属性使用默认值。另外，一旦对象被创建，对象的属性（名称、品种、多季作物、成熟期、果实数量和采摘期）都不允许修改。因此，这些属性属于只读属性，只需要在AppleTree类中提供getter方法给其他类进行变量值的读取。

关键代码：

```
public class AppleTree {
    private String name = "苹果树";    //名称
    private String brand;             //品种
    private int multiSeasonCrop = 3;  //多季作物
    private int maturity = 10;        //成熟期
    private int numsOfFruits = 100;   //果实数量
    private int harvestTime = 2;      //采摘期
    private String status;            //作物生长状态
    /**
     * 带参构造方法
     */
    public AppleTree(String brand){
        this.brand = brand;
        this.status = "生长期";
    }
    /**
     * 输出苹果树特性
     */
    public void print(){
        System.out.println("*****作物特性*****");
        System.out.println(this.name +"品种："+this.brand);
        System.out.println("属于"+ this.multiSeasonCrop + "季作物");
        System.out.println("每季成熟期"+ this.maturity + "天，"
                +"采摘期"+ this.harvestTime + "天，"
                +"每季产量为" + this.numsOfFruits);
    }
```

```
        public String getName() {
            return name;
        }
        public String getBrand() {
            return brand;
        }
        public int getMultiSeasonCrop() {
            return multiSeasonCrop;
        }
        public int getMaturity() {
            return maturity;
        }
        public int getNumsOfFruits() {
            return numsOfFruits;
        }
        public String getStatus() {
            return status;
    }
    public int getHarvestTime() {
        return harvestTime;
    }
    }
```

由以上代码可知，对 AppleTree 类实现了封装之后，在类的外部需要通过类的 getter 方法来访问相关属性。因为这些属性是只读属性，所以就避免了随意赋值引起的不合理情况。这样，上一小节提出的问题就通过封装得到了解决。

封装土地类的代码如下：

```
public class Land {
    private boolean idle = true;     //土地状态为空闲
    private AppleTree appleTree;     //默认值为null

    /**
     * 种植苹果树
     */
    public void plant(AppleTree appleTree){
        if(!idle){
            System.out.println("土地被占用，目前无法种植新的作物！");
            return;
        }
        this.appleTree = appleTree;
        this.idle = false;     //修改土地状态为“非空闲”
        System.out.println("您已成功种植了一棵"+this.appleTree.
getBrand()
                + this.appleTree.getName());
        this.appleTree.print();
    }

    /**
     * 输出土地信息
     */
    public void print(){
```

```
        if(idle){
              System.out.println("您尚未种植任何农作物!");
        }else{
              if(appleTree!=null){
                    System.out.println("您种植一棵" + appleTree.getName()
                              + "，作物目前状态为" + appleTree.getStatus());
              }else{
                    System.out.println("土地状态异常！");
              }
        }
  }

  public boolean isIdle() {
        return idle;
  }

  public AppleTree getAppleTree() {
        return appleTree;
  }

  public void setIdle(boolean idle) {
        this.idle = idle;
  }

  public void setAppleTree(AppleTree appleTree) {
        this.appleTree = appleTree;
  }
}
```

修改 Game 类中对 Land 类对象空闲状态的访问方式为“game.land.isIdle()”，并修改种植苹果树相关代码实现示例 1 的功能，具体如下：

```
game.land.plant(new AppleTree(brand));    //种植苹果树
```

这里根据用户选择的苹果树品种，通过构造方法创建对象并将对象作为参数传给土地对象的 plant()方法，实现种植苹果树。

小技巧

IntelliJ IDEA 提供了快捷添加 getter 和 setter 的方法：在类中右击选择“Generate”选项，选择要添加的方法（getter、setter 或 getter and setter），单击“OK”按钮即可在类中生成相关方法。

在实际开发中，除了设置属性的私有性，有时还需要设置属性的存取限制。

3．设置属性的存取限制

为了限制不合理赋值，可以在赋值方法中加入对属性的存取控制语句。

示例 8

定义 Person 类，具有姓名、年龄和性别属性。要求：性别的合法值为“男”或“女”，年龄的合法值范围为 0～150。

分析

为了避免赋值错误，需要对属性设置存取限制，可以在 setter 方法中对属性值进行验证，如果属性值合法，则允许赋值，否则使用默认值并给出友好提示。

关键代码:

```
//定义 Person 类
public class Person {
     private String name;   // 姓名
     private int age;      // 年龄
     private String gender; //性别
     public Person(){
          this.name = "无名氏";
          this.age = 18;
          this.gender = "男";
}

     public String getName() {
          return name;
     }
     public void setName(String name) {
          this.name = name;
     }
     public int getAge() {
          return age;
}
public String getGender() {
          return gender;
     }

     public void setAge(int age) {
          if(age<0 || age>150){
               System.out.println("*** 输入的年龄为： "+age
                         +"， 该年龄不合法， 将重置 !***");
               return;
          }
          this.age = age;
     }

     public void setGender(String gender) {
         if(gender.equals(" 男 ") || gender.equals(" 女 ")){
              this.gender = gender;
         }else{
              System.out.println("*** 性别不合法 !***");
         }
     }
     public void say() {
          System.out.println(" 自我介绍一下 \r\n 姓名： "
                    + this.name + "\r\n 性别： "
                    + this.gender + "\r\n 年龄： " + this.age + " 岁 ");
     }
}
```

测试 Person 类的代码如下：

```
public static void main(String[] args) {
     Person person = new Person();
```

```
        person.setName("韩冰");
        person.setAge(221);
        person.setGender("中性");
        person.say();
    }
```

程序运行结果如图 8.10 所示。

```
Run:   TestPerson
*** 输入的年龄为 ： 221， 该年龄不合法， 将重置 ！***
*** 性别不合法 ！***
 自我介绍一下
 姓名 ： 韩冰
 性别 ： 男
 年龄 ： 18 岁
```

图8.10　示例8的程序运行结果

在 Person 类的 setter 方法中设置了限制，避免了年龄和性别误输入的问题。

技能训练

上机练习 1——实现种植玉米功能

需求说明

➢　开心农场游戏新增玉米作物，玉米作物属于单季作物，游戏中玉米的生长特性如表 8.2 所示。

表 8.2　游戏中玉米的生长特性

名称	成熟时间	果实数量	采摘期
玉米	5 天	120	2 天

➢　要求如下。

（1）定义玉米类，它的生长特性相关的属性使用默认值。一旦创建不允许修改。

（2）游戏开始时，每个玩家拥有一块土地，仅允许种植玉米。

（3）实现种植玉米功能。

实现思路

（1）定义玉米类 Corn，属性包括名称（name）、成熟期（maturity）、果实数量（numsOfFruits）、采摘期（harvestTime）以及生长状态（status）。设置上述属性为私有，并提供 getter 方法。

（2）编写玉米类的构造方法，在方法体中设置 status 属性值为“生长期”。

（3）编写玉米类的 print()方法输出作物特性。

（4）定义土地类 Land，编写 plant(Corn corn)方法实现种植玉米功能。

（5）定义 Game 类，编写 main()方法实现游戏功能。

（6）运行程序，输出结果如图 8.11 所示。

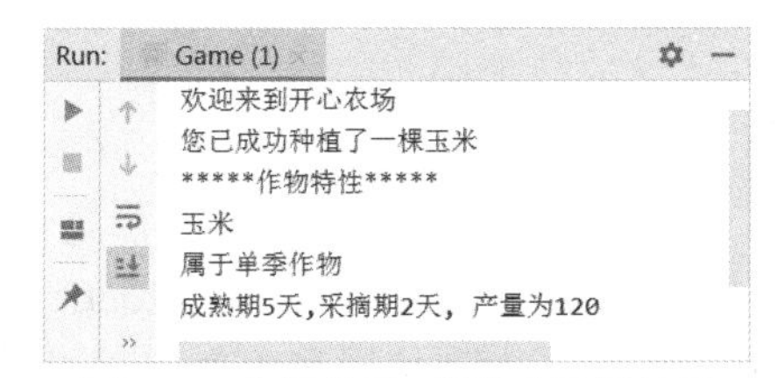

图8.11　上机练习1的程序运行结果

8.3 任务 3：使用包组织项目

学习目标如下。

- 理解包的概念。
- 会新建包。
- 会导入包。

8.3.1 包的概念

在第 1 章中，我们已经对 Java 中的包有了初步的认识。事实上，Java 中的包机制也是封装的一种形式。包主要有以下 3 个方面的作用。

- 包允许将类组合成较小的单元（类似于文件夹），易于找到和使用相应的类文件。
- 防止命名冲突。Java 中只有在不同包中的类才能重名。由于是不同的程序员命名，出现同名的类在所难免。有了包，类名就容易管理了。A 定义了一个 Sort 类，封装在包 A 中，B 定义了一个 Sort 类，封装在包 B 中。在使用时，为了区别 A 和 B 分别定义的 Sort 类，可以通过包名区分开，如 A.Sort 和 B.Sort 分别对应于 A 和 B 定义的 Sort 类。
- 包允许在更广的范围内保护类、数据和方法。根据访问规则，包外的代码可能无法访问某个类。

8.3.2 包的定义

定义包的语法格式如下：

```
package 包名 ;
```

其中，package 是关键字。包的声明必须是 Java 源文件中的第一条非注释性语句，而且一个源文件只能有一条包声明语句，设计的包需要与文件系统结构相对应。因此，在命名包时，要遵守以下编程规范。

（1）一个唯一的包名前缀通常是全部小写的 ASCII 字母，并且是一个顶级域名 com、edu、gov、net 或 org，通常使用组织的网络域名的逆序。例如，如果域名为 javagroup.net，可以声明包为“package net.javagroup.mypackage;”。

（2）包名的后续部分因不同机构内部规范的不同而不同。这类命名规范可能以特定目录名的组成来区分部门名、项目名、机器名或注册名，如“package net.javagroup.research.powerproject;”。

例如，下面的代码为 AppleTree 类定义了包 com.javaex.HappyFarm：

```
package com.javaex.HappyFarm;
public class AppleTree {
    //……省略类的内部代码
}
```

8.3.3 包的使用

要在文件系统中找到一个文件，通常要引用它的存储路径，如.\bin\myfile\file.doc，它代表当前目录下 bin 文件夹的 myfile 文件夹中的 file.doc 文件。如果不写存储路径，file.doc 到底是指哪个文件就不确定了。在使用包管理类时同样会遇到这样的问题。

要使用不在同一个包中的类，需要将包显式地包括在 Java 程序中。在 Java 中，使用关键字 import 告知编译器所要使用的类位于哪一个包中，这个过程称为导入包。import 关键字并不陌生，在以前的程序中已使用过多次，下面的代码就是导入 Java 提供给我们的包 java.util：

```
import java.util.*; //导入 java.util 包
```

在使用 import 时可以指定类的完整描述，导入包中的某个特定的类，即"包名.类名"。

语法：

```
import 包名.类名;
```

这里的包名可以是系统提供的包的名称，如 java.util；也可以是自己定义的包的名称，如 com.javaex.Person。

如果要使用包中的某些类（多于一个类），在使用 import 导入时，可以使用"包名.*"。

语法：

```
import 包名.*;
```

下面解决一个实际问题。

示例 9

开心农场游戏中定义的 AppleTree 类位于包 com.javaex.HappyFarm 中。现创建 Test 类，位于包 com.javaex 中，在 Test 类中实现 main()方法，创建 AppleTree 对象并调用 print()方法。

关键代码：

```
package com.javaex;    //声明包
import com.javaex.HappyFarm.AppleTree;    //导入包
public class Test {
     public static void main(String[] args) {
          AppleTree appleTree = new AppleTree("富士");
          appleTree.print();
     }
}
```

程序运行结果如图 8.12 所示。

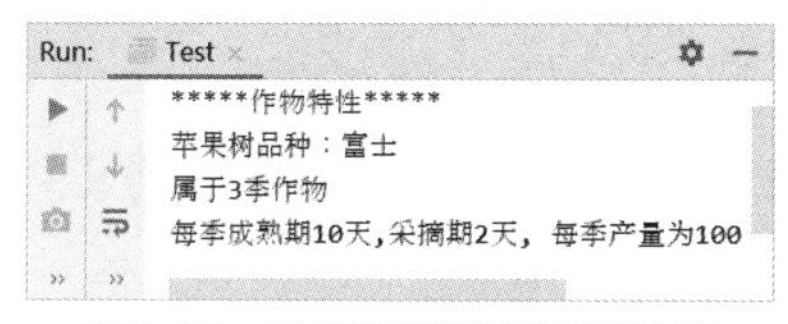

图8.12　示例9的程序运行结果

提示

（1）声明包的含义是声明当前类所在的包。

（2）导入包的含义是声明在当前类中要使用的其他类所在的包。

8.4 任务 4：实现开心农场游戏作物生长和作物收割功能

学习目标如下。

➢ 会使用访问修饰符修饰类。
➢ 会使用访问修饰符修饰类成员。
➢ 会使用 static 关键字。

8.4.1 类和类成员的访问控制

包实际上是一种访问控制机制，通过包可以限制类之间的访问关系。访问修饰符也可以限制类之间的访问关系。访问修饰符可以用于类，也可以用于类的成员。

1. *类的访问修饰符*

Java 中类的访问修饰符如表 8.3 所示。

表 8.3 Java 中类的访问修饰符

修饰符	作用域	
	同一包中	非同一包中
public	可以使用	可以使用
默认修饰符	可以使用	不可以使用

在之前的示例中，定义类使用的都是 public 访问修饰符，如果省略 public，则使用默认修饰符。

访问修饰符

2. *类成员的访问修饰符*

Java 中类成员的访问修饰符如表 8.4 所示。

表 8.4 Java 中类成员的访问修饰符

修饰符	作用域			
	同一类中	同一包中	子类中	外部包
private	可以使用	不可以使用	不可以使用	不可以使用
默认修饰符	可以使用	可以使用	不可以使用	不可以使用
protected	可以使用	可以使用	可以使用	不可以使用
public	可以使用	可以使用	可以使用	可以使用

类的成员包括类的属性和方法。根据业务需求，定义类时通过访问修饰符来控制其它类对它的访问权限。

➢ private：它具有最小的访问权限，仅仅能够在定义它的类中被访问，具有类可见性。它是“封装”的体现，大多数的属性使用 private 修饰。

➢ 默认修饰符：只能被同一个包里的类访问，具有包可见性。

➢ protected：可以被同一个包中的类访问，也可以被同一个项目中不同包的子类访问。子类的概念将在第 9 章讲解。

➢ public：它具有最大的访问权限，可以被所有类访问。

8.4.2 static 关键字

static 关键字可以修饰类的属性、方法和代码块。使用 static 修饰的属性和方法不再属于具体的某个对象，而是属于它们所在的类。

Java 中，一般情况下调用类的成员都需要先创建类的对象，然后通过对象进行调用。使用

static 关键字可以实现通过类名加“.”直接调用类的成员，不需要再消耗资源反复创建对象。

1. 用 static 关键字修饰属性

用 static 修饰的属性属于这个类，因此由这个类创建的所有对象共用同一个 static 属性。通常，用 static 修饰的属性称为静态变量或者类变量，没有使用 static 修饰的属性称为实例变量。

下面通过示例学习 static 的用法，了解 static 修饰属性和代码块时是如何分配内存的。

示例 10

阅读示例代码，思考程序运行结果。

关键代码：

```
public class StaticExample {
     public static int i;      //静态变量
     public static int j = 10; //静态变量
     public int k;             //实例变量

     static{    //静态块
          System.out.println("*******执行静态代码块*********");
          i = 20;
          System.out.println("初始化 k 的值为"+i);
          System.out.println("初始化 j 的值为"+j);
     }
     public StaticExample(){
     System.out.println("*******执行构造方法创建对象*******");
         k = 30;
         System.out.println("初始化 k 的值为"+k);
     }

     public static void main(String[] args) {
          StaticExample se = new StaticExample();
          System.out.println("*******main()方法中修改变量值*******");
          se.k++;              //引用实例变量
          StaticExample.j++;  //引用静态变量
          System.out.println("当前的 i 的值为"+ StaticExample.i);
          System.out.println("当前的 j 的值为"+ StaticExample.j);
          System.out.println("当前的 k 的值为"+se.k);
     }
}
```

程序运行的结果如图 8.13 所示。

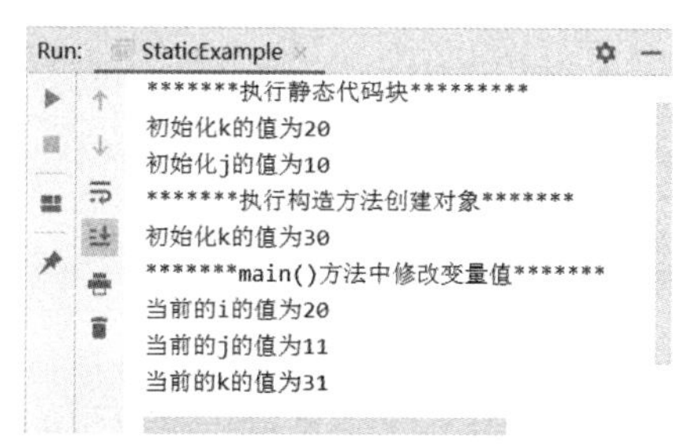

图8.13 程序运行结果

由运行结果可知，在加载类时，就完成了静态变量的内存分配，并执行了 static 代码块，这两个操作是在创建对象之前完成的。在创建对象实例时，完成了对实例变量的初始化。另外，可以通过设置断点调试的方式观察程序执行过程，以加深对 static 关键字的理解。

注意

在方法里不可以定义 static 变量，也就是说，类变量不能是局部变量。

在实际开发中，用 static 关键字修饰属性的常用场景是定义使用 final 关键字修饰的常量。使用 final 关键字修饰的常量在整个程序运行时都不能被改变，和具体的对象没有关系，因此通常使用 static 修饰，如通过“static final double PI = 3.14159;”定义圆周率。

示例 11

在开心农场游戏中，作物从种植开始随着时间的推移自动生长，根据表 8.1 中的生长特性，苹果树在生长过程中的状态包括生长期、采摘期和已死亡。定义静态常量表示作物生长的各个阶段。

分析

作物的生长状态在种植、生长过程中发生变化，根据业务需求，在不同的类中都可能会引用作物状态，因此可以定义常量类来实现。

关键代码：

```
public class Constants {
     public static final String GROW = "生长期";
     public static final String MATURE = "采摘期";
     public static final String DEAD = "已死亡";
}
```

以上代码定义了常量类 Constants，包括 3 个静态常量 GROW、MATURE 和 DEAD。可以直接通过“Constants.变量名”对它们进行引用，非常方便。例如，在 AppleTree 类的构造方法中将 status 属性的初始值赋为生长期，代码如下：

```
public AppleTree(String brand){
     this.brand = brand;
     this.status = Constants.GROW;
}
```

常量用清楚的名称替代了字符串，使程序更易于阅读。另外使用常量更易于代码的修改。例如，作物的状态值在程序中的多个地方会被引用，假设直接将字符串赋给 status，当需要改变状态的名称时，就需要查找整个程序中的状态名称进行修改，麻烦且易出错；如果定义了常量，直接修改常量的值即可。

注意

（1）常量名一般由大写字母组成。

（2）声明常量时一定要赋初始值。

2. 用 static 关键字修饰方法

用 static 修饰的方法称为静态方法或者类方法，不用 static 关键字修饰的方法称为实例方法。

使用静态方法的好处是不用生成类的实例就可以直接调用，直接用类名加“.”调用即可。因此，在实际开发中，如果某个方法是作为一个工具来使用的，通常声明为 static，不需要创建对象实例就可以调用。

注意

（1）在静态方法中不能直接访问实例变量和实例方法。

（2）在实例方法中可以直接调用类中定义的静态变量和静态方法。

示例 12

模拟开心农场游戏作物生长。

需求说明

➢ 作物种植后自动开始生长（为了方便观察，假设系统每过 1 分钟代表作物生长 1 天）。

➢ 实现查看作物生长功能。

➢ 实现收获果实功能。

程序运行结果如图 8.14 所示。

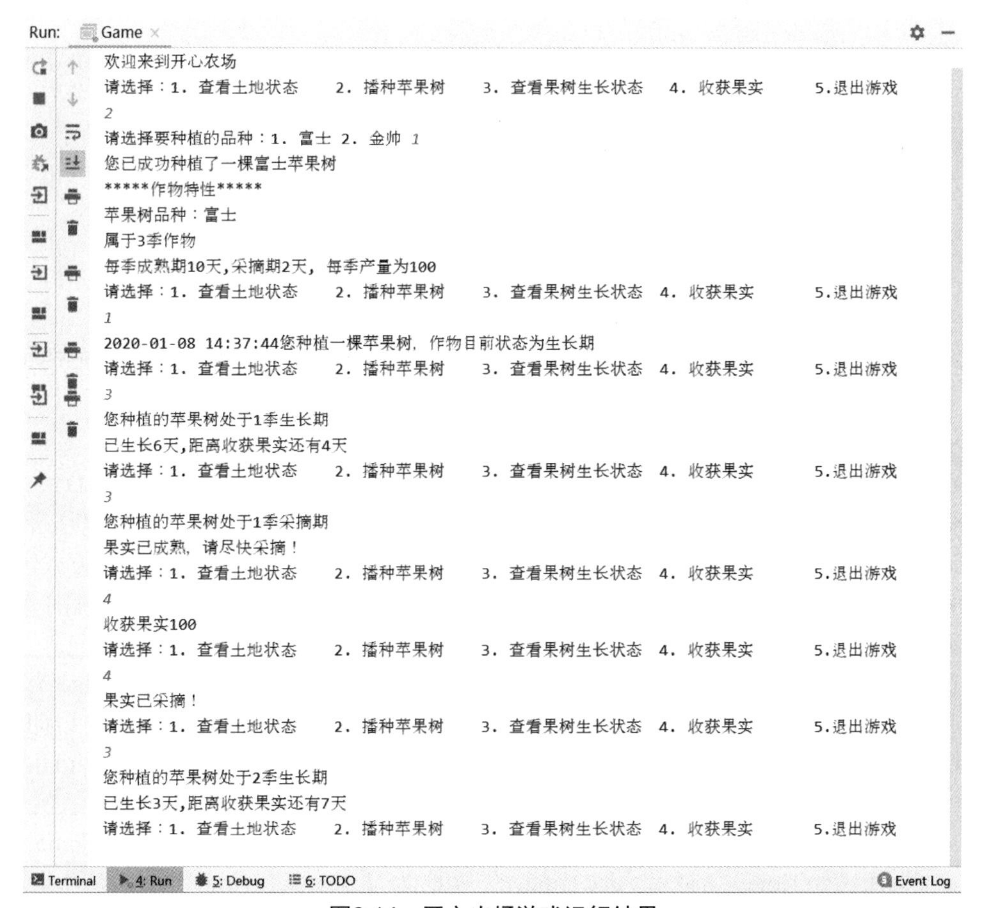

图8.14 开心农场游戏运行结果

分析

（1）种植作物后，系统开始计时，随着时间的推移，根据作物生长特性，它的生长状态会发生改变。因此，可以编写一个工具类 DateUtil，其中定义两个方法：①获取时间差的方法；②为了方便展示时间，将系统时间格式化为“yyyy-MM-dd HH:mm:ss”形式的方法。

关键代码：

```java
import java.time.Duration;
import java.time.LocalDateTime;
import java.time.format.DateTimeFormatter;
public class DateUtil {
      /**
        * 获取时间差（以分钟为单位）
        * @param startTime 开始时间
        * @param endTime  结束时间
        * @return 时间差
        */
      public static long getIntervalsByMin(
                  LocalDateTime startTime, LocalDateTime endTime){
            Duration duration = Duration.between(startTime,endTime);
            long minsDiff = duration.toMinutes();
            return minsDiff;
      }

      /**
        * 将系统时间格式化为“yyyy-MM-dd HH:mm:ss”形式
        * @param dateTime 日期时间对象
        * @return 格式化后的日期时间字符串
        */
      public static String formatDate(LocalDateTime dateTime){
            String time = dateTime.format(
                        DateTimeFormatter.ofPattern("yyyy-MM-dd HH:mm:ss"));
            return time;
      }
}
```

在 JDK1.8 之前的版本中，对于日期时间的处理需要使用 java.util 包中的 Date 类和 Calendar 类，对于时间的格式化操作要使用 java.text 包中的 DateFormat 类，但是所有关于时间和日期的 API 在使用上都存在缺陷，例如，易用性差，对于时间的计算方式烦琐，而且它们都不是线程安全的。基于以上问题，JDK1.8 引入了一套全新的日期时间 API，借助新的 API 可以用更简捷的方法处理时间和日期。

在 JDK1.8 中，日期和时间的类都位于 java.time 包中。其中，LocalDateTime 类表示一个具体的日期和时间。调用 LocalDateTime 类的静态方法 now()可以获取当前日期和时间。Duration 类表示一个时间段，通过 Duration.between()方法可以创建一个 Duration 对象，调用该对象的 toMinutes()方法可以获取当前时间段的分钟数。在本示例中，getIntervalsByMin()方法以分钟为单位计算开始时间 startTime 和结束时间 endTime 的时间差，其中 startTime 变量和 endTime 变量均为 LocalDateTime 类型，因此通过 Duration.between(startTime,endTime)即可创建 duration 对象，然后通过 duration.toMinutes()

获取时间差的分钟数。除了通过 Duration 类来实现计算日期时间差，还可以通过 java.time.temporal.ChronoUnit 类来实现相同的功能。

代码：

```
long minsDiff = ChronoUnit.MINUTES.between(startTime, endTime);
```

另外，有时需要按照定义的格式输出系统时间，这就需要使用 DateTimeFormatter 类进行日期格式化处理，该类位于 java.time.format 包中。本示例中定义的 formatDate()方法用于将日期对象格式化为“yyyy-MM-dd HH:mm:ss”形式，并以字符串类型变量返回。这里调用 LocalDateTime 类的 format()方法实现。format()方法用于将日期转换为字符串，该方法接收一个 DateTimeFormatter 类型参数。

JDK1.8 提供了丰富的方法处理日期和时间，大家可以通过查阅 API 文档进行学习。

定义工具类，其实是提供了一个 API 接口，该工具类不仅可以在当前项目中随时调用，还可以在其他项目中进行重用。

（2）实现 AppleTree 类的 grow()、harvest()、printGrowReport()方法。为了实现作物生长和收获果实功能，需要增加变量 plantDate 记录作物种植的时间，并在类的构造方法中进行初始化。考虑到苹果树属于多季作物，增加 currentSeason 变量记录当前作物属于第几个生长季。根据作物特性，当它成熟时则由“生长期”进入“采摘期”，玩家必须在规定的采摘期内进行收获，采摘期结束，则进入下一个生长季的“生长期”，直到最后一个生长季结束变成“已死亡”状态。在采摘期内，玩家只能收获一次果实，因此增加布尔类型数组变量 harvested 记录每个生长季果实是否收割，避免重复收割。

关键代码：

```
import java.time.LocalDateTime;
public class AppleTree {
     private String name = "苹果树";   //名称
     private String brand;             //品种
     private int multiSeasonCrop = 3;  //多季作物
     private int maturity = 10;        //成熟期
     private int numsOfFruits = 100;   //果实数量
     private int harvestTime = 2;      //采摘期
     private String status;            //作物生长状态
     /*新增属性*/
     private LocalDateTime plantDate;     //记录种植时间
     private int currentSeason; //记录当前属于第几个生长季
     private boolean[] harvested;       //记录每个生长季的果实是否收割
     /**
       * 带参构造方法
       */
     public AppleTree(String brand){
          this.brand = brand;
          this.status = Constants.GROW;
          this.plantDate = LocalDateTime.now(); //初始化种植时间
          //根据生长季数初始化数组
          this.harvested = new boolean[multiSeasonCrop];
     }

     /**
       * 输出苹果树特性
```

```
    */
    public void print(){
        //……省略方法体
    }

    /**
     * 输出生长报告
     * @param days  生长时间（从种植开始计算）
     */
    public void printGrowReport(int days) {
        System.out.println("您种植的" + this.name + "处于"
                + this.currentSeason + "季" + this.status);
        switch(this.status){
            case Constants.GROW:
                int seasonDuration = maturity + harvestTime;
                int growDaysInCurrSeason = days -
                        (currentSeason - 1) * seasonDuration;
                System.out.println("已生长" + growDaysInCurrSeason
                        + "天，距离收获果实还有"
                         + (this.maturity - growDaysInCurrSeason) + "
天");
                break;
            case Constants.MATURE:
                if(harvested[currentSeason-1]==true){
                    System.out.println("本季果实已完成采摘！");
                }else{
                    System.out.println("果实已成熟，请尽快采摘！");
                }
                break;
        }
    }

    /**
     * 生长
     * @param days 生长时间（从种植开始计算）
     */
    public void grow(int days){
        //更新生长状态
        int seasonDuration = maturity + harvestTime;//计算生长季周期
        if(days >= multiSeasonCrop*seasonDuration){
            this.status = Constants.DEAD;
        }else{
            currentSeason = days/seasonDuration + 1;
            //计算当前处于第几个生长季
            //计算在当前生长季的生长时间
            int growDaysInCurrSeason = days- (currentSeason -1 )*
seasonDuration;
            if(growDaysInCurrSeason >= maturity ){
                this.status = Constants.MATURE;
            }else{
                this.status = Constants.GROW;
```

```
            }
        }
    }

    /**
     * 收获果实
     */
    public void harvest(){
        //只有在采摘期才可以进行收获
        if(this.status == Constants.MATURE){
            if(this.harvested[this.currentSeason-1] == false){
                System.out.println("收获果实"+this.numsOfFruits);
                this.harvested[this.currentSeason-1] = true;
                //设置本季果实已收获
            }else{
                System.out.println("果实已采摘！");
            }
        }else{
            System.out.println("抱歉！目前没有果实可以收割！");
        }
    }

    //……省略属性的 getter 方法
}
```

（3）实现土地类的 checkAppleGrow()、harvestApple()方法。注意，在调用苹果树对象的 printGrowReport()方法输出生长状态和调用 harvest()方法进行果实收割之前，都要调用它的 grow()方法更新作物的生长状态，调用时，通过调用工具类的 getIntervalsByMin()方法计算当前时间和种植时间之间的时间差。

关键代码：

```
import java.time.LocalDateTime;
public class Land {
    private boolean idle = true;     //土地状态默认为空闲状态
    private AppleTree appleTree;     //默认值为 null
    /**
     * 种植苹果树
     */
    public void plant(AppleTree appleTree){
        if(!idle){
            System.out.println("土地被占用，目前无法种植新的作物！");
            return;
        }
        this.appleTree = appleTree;
        this.idle = false;     //修改土地状态为“非空闲”
        System.out.println("您已成功种植了一棵"+this.appleTree.get
Brand()
                + this.appleTree.getName());
        this.appleTree.print();
    }
```

```
        /**
         * 输出土地信息
         */
        public void print(){
             //省略方法体
        }

        /**
         * 查看农作物生长状态
         */
        public void checkAppleGrow(){
             if(!idle){
                    if(appleTree!=null){
                           long gap = DateUtil.getIntervalsByMin(
                                  appleTree.getPlantDate(), LocalDateTime.
now());
                           appleTree.grow((int) gap);
                           appleTree.printGrowReport((int)gap);
                    }
             }else{
                    System.out.println("您尚未种植任何农作物！");
             }
        }

        /**
         * 收获果实
         */
        public void harvestApple(){
             if(!idle){
                    if(appleTree!=null){
                           long gap = DateUtil.getIntervalsByMin(
                                  appleTree.getPlantDate(),LocalDateTime.
now());
                           appleTree.grow((int) gap);
                           appleTree.harvest();
                    }
             }
        }

        //省略 getter 和 setter 方法
  }
```

（4）完善 Game 类，实现查看苹果树生长状态和收获果实功能。

关键代码：

```
import java.util.Scanner;
public class Game {
     Land land;

     public void init(){
          land = new Land();
     }
```

```
    public static void main(String[] args){
        Game game = new Game(); //创建游戏对象
        game.init();  //初始化游戏
        Scanner input = new Scanner(System.in);
        System.out.println("欢迎来到开心农场");
        System.out.println("请选择：1. 查看土地状态 \t 2. 播种苹果树 " +
                "\t 3. 查看果树生长状态   4. 收获果实  \t 5.退出游戏");
        while(input.hasNextInt()){
            int num = input.nextInt();
            switch(num){
                case 1:
                    game.land.print();
                    break;
                case 2:
                    if(game.land.isIdle()) {
                        System.out.print("请选择要种植的品种:1. 富士 "+
                                "2. 金帅 ");
                        String brand = "富士";
                        if (input.hasNextInt()) {
                            switch (input.nextInt()) {
                                case 1:
                                    brand = "富士";
                                    break;
                                case 2:
                                    brand = "金帅";
                                    break;
                            }
                        }
                        game.land.plant(new AppleTree(brand));
                    }else{
                        System.out.println("土地已种植农作物，不能重
复种植！");
                    }
                    break;
                case 3:
                    game.land.checkAppleGrow();
                    break;
                case 4:
                    game.land.harvestApple();
                    break;
                case 5:
                    return;
            }
            System.out.println("请选择：1. 查看土地状态 \t 2. 播种苹果树 " +
                    "\t 3. 查看果树生长状态   4. 收获果实  \t 5.退出游戏");
        }
    }
}
```

通过以上代码，就实现了开心农场的完整游戏功能。

技能训练

上机练习 2——实现查看玉米生长状态和收割功能

需求说明

➢ 在上机练习 1 的基础上，实现查看玉米生长状态以及收割功能。

程序运行结果如图 8.15 所示。

```
Run: Game (1)
欢迎来到开心农场
请选择：1.种植玉米  2.查看玉米生长状态  3.收获果实 4.退出程序
1
您已成功种植了一棵玉米
*****作物特性*****
玉米
成熟期5天,采摘期2天, 产量为120
请选择：1.种植玉米  2.查看玉米生长状态  3.收获果实 4.退出程序
2
您种植的玉米处于生长期
已生长3天,距离收获果实还有2天
请选择：1.种植玉米  2.查看玉米生长状态  3.收获果实 4.退出程序
2
您种  的玉米处于采摘期
果实已成熟, 请尽快采摘！
请选择：1.种植玉米  2.查看玉米生长状态  3.收获果实 4.退出程序
3
收获果实120
请选择：1.种植玉米  2.查看玉米生长状态  3.收获果实 4.退出程序
2
您种植的玉米处于已死亡
请选择：1.种植玉米  2.查看玉米生长状态  3.收获果实 4.退出程序
```

图8.15　上机练习2的程序运行结果

实现思路及关键代码

(1)区别于苹果树的生长特性，玉米属于单季作物。因此，在 Corn 类中新增 plantDate 变量记录种植时间，新增布尔变量 harvested 记录作物是否已收割。修改 Corn 类的构造方法，为 plantDate 设置初始值。编写 Corn 类的 grow()、harvest()和 printGrowReport()方法。

关键代码：

```
import java.time.LocalDateTime;
public class Corn{
    private String name = "玉米";      //名称
    private int maturity = 5;          //成熟期
    private int numsOfFruits = 120;    //果实数量
    private int harvestTime = 2;       //采摘期
    private String status;             //作物生长状态
    /*新增属性*/
    private LocalDateTime plantDate;   //记录种植时间
    private boolean harvested;         //记录作物是否已收割
    /**
     * 带参构造方法
     */
    public Corn(){
        this.plantDate = LocalDateTime.now();
        this.harvested = false;
        this.status = Constants.GROW;
    }

    /**
```

```
 * 输出玉米特性
 */
public void print(){
    System.out.println("*****作物特性*****");
    System.out.println(this.name);
    System.out.println("成熟期"+ this.maturity + "天，"
            +"采摘期"+ this.harvestTime + "天，"
            +"产量为" + this.numsOfFruits);
}

/**
 * 生长
 * @param days  生长时间
 */
public void grow(int days){
    int seasonDuration = maturity + harvestTime;//计算生长季周期
    if(days >= seasonDuration){
        this.status = Constants.DEAD;
    }else{
        if(days >= maturity ){
            this.status = Constants.MATURE;
        }else{
            this.status = Constants.GROW;
        }
    }
}

/**
 * 收获果实
 */
public void harvest(){
    if(this.status == Constants.MATURE){
        if(this.harvested == false){
            System.out.println("收获果实"+this.numsOfFruits);
            this.harvested = true; //设置本季果实已收获
        }else{
            System.out.println("果实已采摘！");
        }
    }else{
        System.out.println("抱歉！目前没有果实可以收割！");
    }
}

/**
 * 输出生长报告
 * @param days  生长时间
 */
public void printGrowReport(int days) {
    System.out.println("您种植的" + this.name + "处于" + this.status);
    switch(this.status){
        case Constants.GROW:
```

```
                    System.out.println("已生长" + days
                            + "天，距离收获果实还有"
                            + (this.maturity - days) + "天");
                break;
            case Constants.MATURE:
                if(harvested==true){
                    System.out.println("本季果实已完成采摘！");
                }else{
                    System.out.println("果实已成熟，请尽快采摘！");
                }
                break;
        }
    }

    //……省略 getter 方法
}
```

（2）为土地类添加 checkCornGrow()方法和 harvestCorn()方法。

（3）完善 Game 类，实现游戏功能。

本章小结

本章学习了以下知识点。

- 类图描述了系统的类集合，以及类的属性和类之间的关系。使用类图可以描述面向对象设计的结果，方便沟通和修改。
- 如果同一个类中包含了两个或两个以上的方法，它们的方法名相同，方法参数个数或参数类型不同，则称该方法被重载了，这个过程称为方法重载。
- 构造方法用于创建类的对象。构造方法的主要作用就是在创建对象时执行一些初始化操作。可以通过构造方法重载实现多种初始化操作。
- 封装就是将类的成员属性声明为私有的，同时提供公有的方法实现对该成员属性的存取操作。
- 封装的好处：隐藏类的实现细节；让使用者只能通过程序规定的方法访问数据；可以方便地加入存取控制语句，限制不合理操作。
- Java 提供包来管理类。创建包使用关键字 package，导入包使用关键字 import。
- Java 中包含类的访问修饰符和类成员的访问修饰符，其作用域不同。
- static 关键字修饰的属性和方法不属于具体的对象，采用类名加“.”的方法即可直接访问。

本章作业

1．简述类的封装的定义和具体步骤。

2．代码阅读。给定如下 Java 代码，编译运行后，输出结果是什么？请解释原因。

```
public class MobilePhone {

    public String brand;

    public MobilePhone() {
```

```
            this.brand = "华为";
        }

        public MobilePhone(String bra) {
            this.brand = bra;
        }

        public String buy() {
            return "手机坏了，买一个 " + brand + " 牌子的手机吧！";
        }

        public String buy(String reason) {
            return reason + "，快买一个 " + brand + " 牌子的手机吧！";
        }
    }
    //以上为定义 MobilePhone 类的代码，以下为调用该类的代码
    public class MobilePhoneTest {
        public static void main(String[] args) {
            MobilePhone mp = new MobilePhone();
            mp.brand = "小米";//发布新品了，修改品牌属性
            String detail = mp.buy("发布新品了");//发布新品了，调用带参数的构造方法
            System.out.println(detail);
        }
    }
```

3．编写一个员工类 Employee。要求如下。

➢ 具有属性姓名、年龄、所在部门和入职时间，其中年龄不能小于 18 岁，否则输出错误提示信息。

➢ 提供两个构造方法进行数据初始化。第一个构造方法为无参构造方法，为对象设置默认值；第二个为带参构造方法，参数包括姓名、年龄、所在部门和入职时间。

➢ 实现自我介绍功能，输出员工的个人信息。

➢ 编写测试类，创建员工对象并输出自我介绍信息。

第 9 章

继承

技能目标

- ❖ 掌握继承的优点和实现方法
- ❖ 掌握子类重写父类的方法
- ❖ 掌握继承条件下构造方法的执行过程

本章任务

学习本章，需要完成以下两个任务。

任务 1：使用继承重构开心农场游戏中的类

任务 2：开发高速公路车辆收费系统

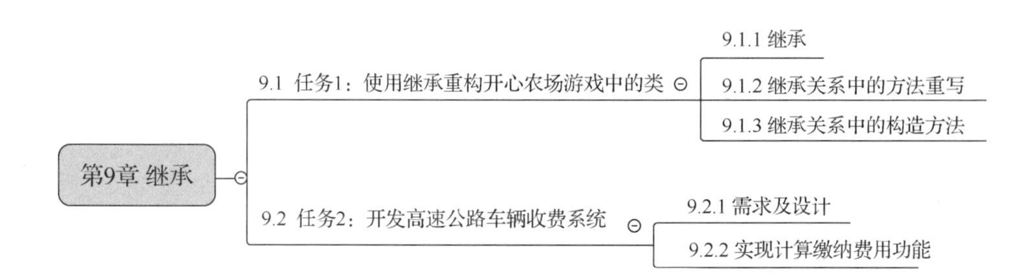

9.1 任务 1：使用继承重构开心农场游戏中的类

学习目标如下。

- ➢ 理解继承的概念。
- ➢ 会提取类中的公共部分并抽象出新的类。
- ➢ 掌握继承的使用。
- ➢ 会使用方法重写。
- ➢ 理解继承关系中构造方法的执行过程。

9.1.1 继承

1. 为什么使用继承

在第 8 章中，实现了在开心农场游戏中种植苹果树和种植玉米的功能。比较定义的 AppleTree 类和 Corn 类（见图 9.1），不难发现，它们具有很多相似的属性和方法。例如，它们都具有 name、maturity、numsOfFruits、harvestTime、plantDate 和 status 等属性。另外，它们都具有 print()方法、harvest()方法、grow()方法和 printGrowReport()方法。注意，这里省略了类的属性的 getter 方法。

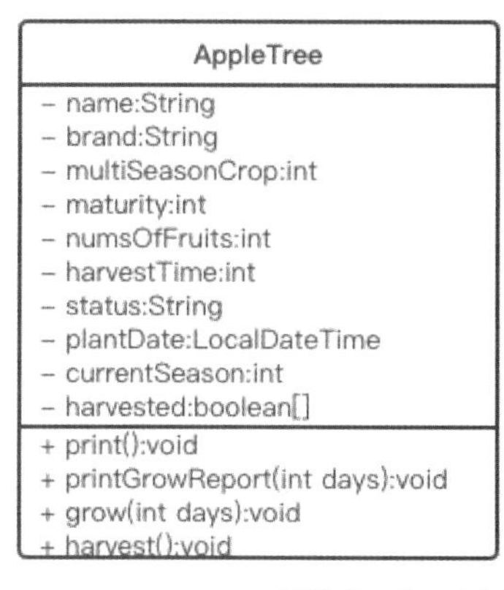

Corn
– name:String
– maturity:int
– numsOfFruits:int
– harvestTime:int
– status:String
– plantDate:LocalDateTime
– harvested:boolean
+ print():void
+ printGrowReport(int days):void
+ grow(int days):void
+ harvest():void

图9.1 AppleTree类和Corn类的类图

假设对开心农场游戏进行功能扩展，支持种植更多的作物。这时就会发现，之前的程序是存在缺陷的。第一，代码重复，如果需要修改两个类中相同的属性或方法，两个类的代码都要修改；第二，如果增加新的类，重复的代码就会更多，修改量也会更大。如何解决这个问题呢？

在日常生活中，我们很清楚孩子往往会继承父母的一些特点，同样，Java 也存在继承的特性。利用 Java 继承的特性，我们可以根据业务需求，将相同的属性和方法提取出来，抽象成一个新的类，这样就避免了代码重复，也方便后续对类进行扩展。分析开心农场游戏业务需求，可以将作物具有的共同属性和方法抽取出来，抽象成新的类 Crop。AppleTree 类和 Corn 类继承自 Crop 类。图 9.2 通过类图描述了上述 3 个作物类之间的继承关系。

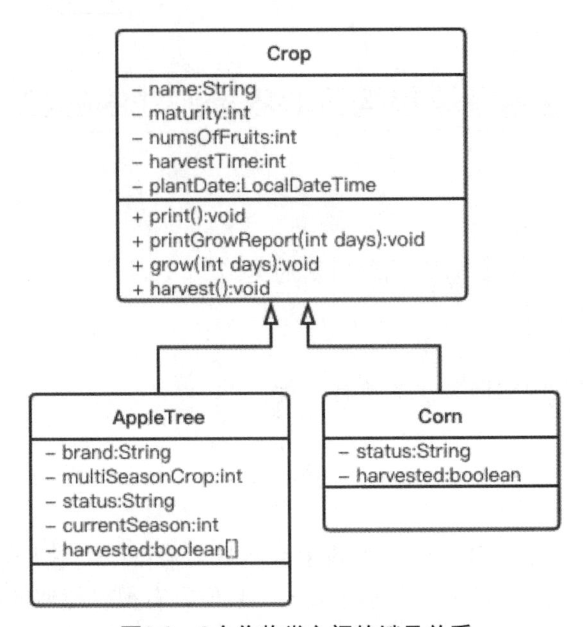

图9.2　3个作物类之间的继承关系

这里并没有把 status 属性提取出来作为 Crop 类的属性，原因是不同作物具有不同的生长特性，相应地，也就具有不同的生长过程。在作物的生长过程中，status 的值不断发生改变，且只在生长过程中被修改，所以这里将 status 属性作为 AppleTree 类和 Corn 类的专有属性来处理。

2. 继承的基本概念

继承（Inheritance）是面向对象的三大特性之一，继承可以解决编程中代码冗余的问题，是实现代码重用的重要手段之一。继承是软件可重用性的一种表现，新类可以在不增加自身代码的情况下，通过从现有的类中继承其属性和方法来充实自身内容，这种现象或行为就称为继承。此时新类称为子类，现有的类称为父类。继承最基本的作用就是使得代码可重用，提升软件的可扩充性。

继承表达的是“×× is a ××”的关系，如“Dog is a pet.”。同样可以让“教师”继承“人”，让“西瓜”继承“水果”，让“小轿车”继承“车”等。

继承的语法格式如下：

```
[访问修饰符] class <SubClass> extends <SuperClass>{
}
```

在 Java 中，继承通过 extends 关键字实现，其中 SubClass 称为子类，SuperClass 称为父类或基类。在 Java 中，子类可以从父类中继承以下内容。

➢ 子类可以继承父类中由 public 和 protected 修饰的属性和方法，不论子类和父类是否在同一个包里。

➢ 子类可以继承由默认访问修饰符修饰的属性和方法，但是子类和父类必须在同一个包里。

注意，子类无法继承父类的构造方法，Java 中只支持单继承，即每个类只能有一个直接父类。

3. **继承的应用**

下面通过继承来重构开心农场游戏中的 AppleTree 类和 Corn 类。

示例 1

抽象出作物类 Crop，AppleTree 类和 Corn 类继承自 Crop 类，并输出作物特性。

分析

首先提取 AppleTree 类和 Corn 类的公共属性和方法，编写 Crop 类。

关键代码：

```
import java.time.LocalDateTime;
public class Crop {
    private String name;            //名称
    private int maturity;           //每季成熟期
    private int numsOfFruits;       //果实数量
    private int harvestTime;        //采摘期
    private LocalDateTime plantDate;        //种植时间
    public Crop(){
        this.name = "默认";
    }
    public Crop(String name, int maturity, int numsOfFruits, int
harvestTime){
        this.name = name;
        this.maturity = maturity;
        this.numsOfFruits = numsOfFruits;
        this.harvestTime = harvestTime;
        this.plantDate = LocalDateTime.now();
    }

    public void print(){
        System.out.println("*****作物特性*****");
        System.out.println(this.name);
        System.out.println("每季成熟期"+ this.maturity + "天，"
                +"采摘期"+ this.harvestTime + "天，"
                +"每季产量为" + this.numsOfFruits);
    }

    public String getName() {
        return name;
    }

    public int getMaturity() {
        return maturity;
    }
```

```
        public int getNumsOfFruits() {
            return numsOfFruits;
        }

        public int getHarvestTime() {
            return harvestTime;
        }

        public LocalDateTime getPlantDate() {
            return plantDate;
        }
    }
```

然后，重新定义 AppleTree 类（继承自 Crop 类），并编写它的专有属性。

关键代码：

```
public class AppleTree extends Crop {
    private String status; //作物生长状态
    private String brand;  //品种
    private int multiSeasonCrop; //多季作物
    private int currentSeason;   //当前属于第几个生长季
    private boolean[] harvested; //果实是否收割
    public AppleTree(String brand){
        super("苹果树",10,100,2);  //①访问父类的构造方法
        this.multiSeasonCrop = 3;
        this.brand = brand;
        this.status = Constants.GROW;
        this.harvested = new boolean[this.multiSeasonCrop];
    }
}
```

接下来，重新定义 Corn 类（继承自 Crop 类），并编写它的专有属性。

关键代码：

```
public class Corn extends Crop {
    private String status;    //作物生长状态
    private boolean harvested; //果实是否收割
    public Corn(){
        super("玉米",5,120,2); //②访问父类的构造方法
        this.status = Constants.GROW;
        this.harvested = false;
    }
}
```

最后，编写测试类 Test，分别创建 Crop 类的对象、AppleTree 类的对象和 Corn 类的对象。

关键代码：

```
public class Test {
    public static void main(String[] args) {
        //1. 创建 Crop 类的对象并输出信息
        Crop crop = new Crop();
        crop.print();
        //2. 创建 AppleTree 类的对象并输出信息
```

```
        AppleTree appleTree = new AppleTree("富士");
        appleTree.print();
        //3. 创建 Corn 类的对象并输出信息
        Corn corn = new Corn();
        corn.print();
    }
}
```

程序运行结果如图 9.3 所示。

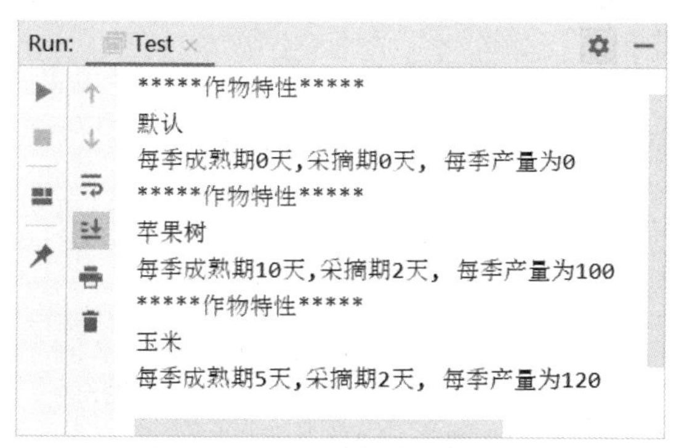

图9.3　示例1的程序运行结果

在示例 1 中，分别创建 3 个对象 crop、appleTree 和 corn，它们都调用各自对应的构造方法进行对象实例化。其中，使用 super 关键字调用父类的构造方法，如代码行①和代码行②所示。根据程序输出结果可知，子类对象 appleTree 和 corn 在执行 print()方法时，调用的是继承自父类的 print()方法。

4．Object 类

事实上，在 Java 中，所有的 Java 类都直接或间接地继承自 Object 类，Object 类位于 java.lang 包中。Object 类是所有 Java 类的“祖先”。在定义一个类时，如果没有使用 extends 关键字，也就是这个类没有显式地继承某个类，那么这个类就直接继承 Object 类，其所有对象都继承 Object 类的方法。

Object 类定义了大量可被其他类继承的方法，表 9.1 中列出的是 Object 类中的部分常用方法。

表 9.1　Object 类中的部分常用方法

方法	说明
toString()	返回当前对象本身的有关信息，返回字符串对象
equals()	比较两个对象是否是同一个对象，若是，返回 true
clone()	生成当前对象的一个副本，并返回
hashCode()	返回该对象的哈希码值
getClass()	获取当前对象所属类的信息，返回 Class 对象

Object 类中的 equals()方法用来比较两个对象是否是同一对象，若是，返回 true。而字符串对象的 equals()方法用来比较两个字符串的值是否相等，java.lang.String 类重写了 Object 类中的 equals()方法。

那么，什么是方法重写呢？

9.1.2 继承关系中的方法重写

1．*方法重写*

通过继承，子类 AppleTree 具有了父类 Crop 定义的 print()方法，但是存在一个问题：AppleTree 的特性介绍不完整，缺少品种信息以及多季作物声明。该如何解决这个问题呢？这需要利用 Java 的方法重写机制。

如果从父类继承的方法不能满足子类的需求，可以在子类中对父类的同名方法进行重写，以符合子类的需求。

示例 2

在 AppleTree 类中重写继承自父类的 print()方法。

关键代码：

```
public class AppleTree extends Crop {
    private String status;//作物生长状态
    private String brand;//品种
    private int multiSeasonCrop; //多季作物
    private int currentSeason;//当前属于第几个生长季
    private boolean[] harvested;
    public AppleTree(String brand){
        super("苹果树",10,100,2);
        this.multiSeasonCrop = 3;
        this.brand = brand;
        this.status = Constants.GROW;
        this.harvested = new boolean[this.multiSeasonCrop];
    }
    /**
     * 重写父类的 print()方法
     */
    public void print(){
        super.print();  //①调用父类的方法
        System.out.println("作物品种: "+this.brand);
        System.out.println("属于"+this.multiSeasonCrop+"季作物");
    }
}
```

程序运行结果如图 9.4 所示。

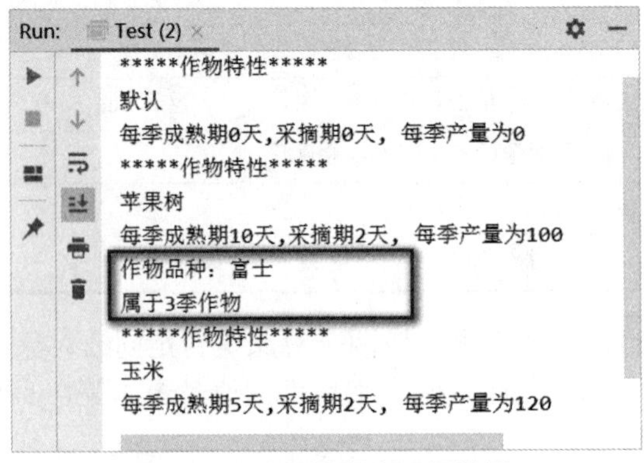

图9.4　示例2的程序运行结果

父类 print()方法在 AppleTree 类中被重写，因此，由程序运行结果可知，在调用 AppleTree 类的对象时执行的是子类中的 print()方法。首先通过 super.print()执行父类中的 print()方法，然后再执行后面的语句，输出苹果树特有的品种和多季作物信息。

在子类中可以根据需求对从父类继承的方法进行重新编写，这称为方法的重写或方法的覆盖（Override）。

方法重写必须遵守以下规则。

➢ 重写方法和被重写方法必须具有相同的方法名。
➢ 重写方法和被重写方法必须具有相同的参数列表。
➢ 重写方法的返回值类型必须和被重写方法的返回值类型相同或为其子类。
➢ 重写方法不能缩小被重写方法的访问权限。

另外，IntelliJ IDEA 提供了便捷的方式实现对父类方法的重写。以示例 2 为例，具体步骤如下。

（1）在 AppleTree 类代码中右击，在打开的列表中单击“Generate”选项，打开图 9.5 所示的菜单。

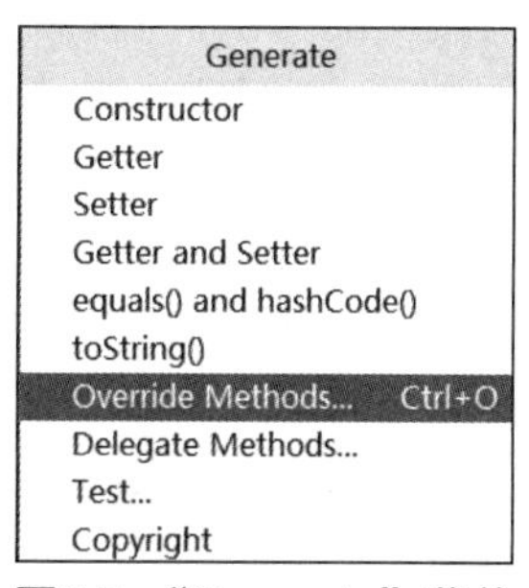

图9.5 “Generate”菜单

（2）单击“Override Methods”选项，打开图 9.6 所示的对话框。

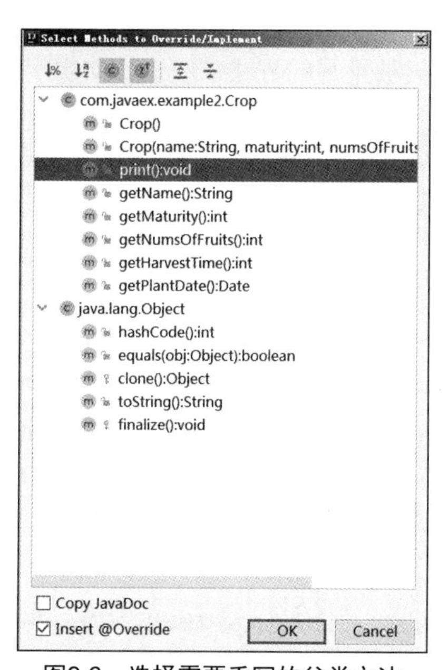

图9.6 选择需要重写的父类方法

这里列出了所有允许在 AppleTree 类中进行重写的父类方法，包括顶级父类 Object 类中定义的方法。选择重写 Crop 类的 print()方法，默认勾选“Insert @Override”，单击“OK”按钮。在 AppleTree 类中自动生成 print()方法框架，如图 9.7 所示。

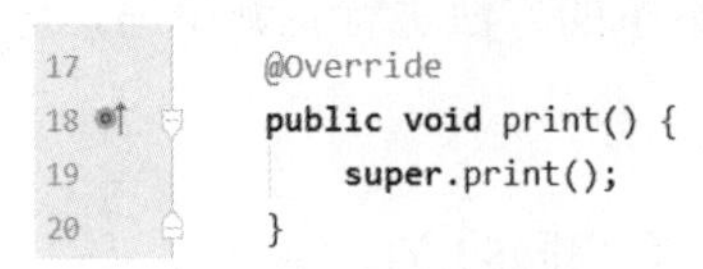

图9.7　自动生成的print()框架

分析

➢ @Override 是用 Java 注解的方法，表示该方法重写了父类方法，可以写也可以不写，在功能实现上没有影响。但是，通过@Override 注解，程序更加方便阅读。另外，编译器也会帮助验证@Override 下面的方法是否是父类所有的，如果不符合方法重写规则，则会报错。Java 注解又称 Java 标注，是 Java 5 引入的一种注释机制。Java 注解属于 Java 技术的进阶内容，在本书中不做详解，读者稍作了解即可。

➢ 图 9.7 中标志代表重写父类的方法，同样地，在父类的 print()方法处，会出现标志，标识该方法在子类中被重写。在子类中单击标志，可以直接跳转到父类的相应方法进行查看。

（3）最后，在自动生成的方法框架中编写具体的方法体即可。

问题：方法重载和方法重写的区别是什么？

回答如下。

（1）方法重载涉及同一个类中的同名方法，要求方法名相同，参数列表不同，与返回值类型无关。

（2）方法重写涉及的是子类和父类中的同名方法，要求方法名相同，参数列表相同，返回值类型相同或为继承关系。

2．super 关键字

如果想在子类中调用父类被重写的方法，应该如何实现呢？如示例 2 中代码行①，可以在子类方法中通过“super.方法名”来实现。

super 关键字代表对当前对象的直接父类对象的默认引用。在子类中可以通过 super 关键字来访问父类的成员，包括父类的属性和方法。具体语法如下：

```
super(参数)//访问父类构造方法
super.< 父类属性或方法 >()//访问父类属性或方法
```

在使用 super 关键字时，需要注意以下几点。

➢ super 必须出现在子类（子类的方法和构造方法）中，不允许在其他位置。

➢ 可以通过 super 访问父类的成员，如父类的属性、方法、构造方法。

➢ 注意访问权限的限制，如无法通过 super 访问 private 成员。

例如，在 AppleTree 类中可以通过如下语句访问父类成员（其中父类成员属性为 private 且提供 getter 方法，成员方法和构造方法都是 public）：

```
super.getName();//通过 getter 方法访问直接父类的 name 属性
super.print(); //访问直接父类的 print()方法
super("苹果树",10,100,2);//访问直接父类的构造方法，该语句只能出现在子类的构造方法中
```

注意

（1）在构造方法中如果有 this 语句或 super 语句出现，则它们只能是第一条语句。

（2）在一个构造方法中不允许同时使用 this 和 super 关键字调用构造方法（否则就有两个第一条语句）。

（3）在类方法中不允许出现 this 或 super 关键字。

（4）在实例方法中，this 和 super 语句不要求是第一条语句，可以共存。

下面再来看另一个示例。

示例 3

实现开心农场游戏苹果树自动生长功能，并输出生长报告。

分析

作物的生长特性不同，因此具有不同的生长过程。在 Crop 类中编写 grow()方法和 printGrowReport()方法，在子类中根据不同作物的具体生长特性对 grow()方法和 printGrowReport()方法进行重写。

Crop 类的关键代码：

```
public class Crop {
      //……省略属性
      //……省略构造方法和 print()方法
      public void grow(int days){
            System.out.println("作物生长"+days+"天");
      }
      public void printGrowReport(int days){
            System.out.println("输出作物生长状态……");
      }
      //……省略 getter 方法
}
```

AppleTree 类的关键代码：

```
public class AppleTree extends Crop {
      //……省略属性
      //……省略构造方法
      @Override
      public void print(){
            super.print();
            System.out.println("作物品种: "+this.brand);
            System.out.println("属于"+this.multiSeasonCrop+"季作物");
}
@Override
    public void grow(int days){
            int seasonDuration = super.getMaturity()
                        + super.getHarvestTime();//计算生长季周期
            if(days >= multiSeasonCrop*seasonDuration){
                  this.status = Constants.DEAD;
            }else{
                  currentSeason = days/seasonDuration + 1;
                  //计算当前处于第几个生长季
```

```
                int growDaysInCurrSeason = days
                  - (currentSeason -1 )*seasonDuration;
                  //计算在当前生长季的生长时间
                if(growDaysInCurrSeason >= super.getMaturity() ){
                     this.status = Constants.MATURE;
                }else{
                     this.status = Constants.GROW;
                }
            }
        }
    @Override
       public void printGrowReport(int days) {
           System.out.println("您种植的" + super.getName() + "处于"
                   + this.currentSeason + "季" + this.status);
           switch(this.status){
               case Constants.GROW:
                   int seasonDuration = super.getMaturity()
    + super.getHarvestTime();
                   int growDaysInCurrSeason = days -
                           (currentSeason - 1) * seasonDuration;
                   System.out.println("已生长" + growDaysInCurrSeason
                           + "天，距离收获果实还有"
                           + (super.getMaturity() - growDaysIn CurrSeason)
+ "天");
                   break;
               case Constants.MATURE:
                   if(harvested[currentSeason-1]==true){
                       System.out.println("本季果实已完成采摘！");
                   }else{
                       System.out.println("果实已成熟，请尽快采摘！");
                   }
                   break;
               }
           }
    }
```

这里使用 super 关键字调用父类 Crop 的成员方法和构造方法，使用 this 关键字调用自身的属性和成员方法。

测试类的关键代码：

```
    public class Test {
        public static void main(String[] args) {
            AppleTree appleTree = new AppleTree("富士");
            appleTree.grow(5);
            appleTree.printGrowReport(5);
        }
    }
```

这里，创建苹果树对象 appleTree。假设作物已生长 5 天，程序运行结果如图 9.8 所示。

可见，调用 AppleTree 类对象的 grow()方法以及 printGrowReport()方法时，执行的是子类中重写的方法。

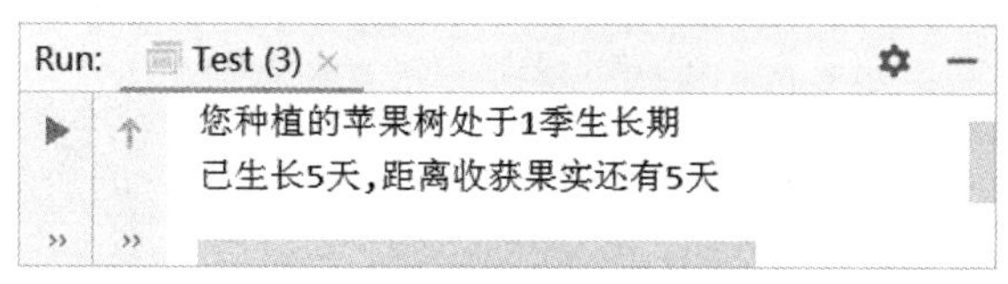

图9.8 示例3的程序运行结果

技能训练

上机练习 1——实现部门介绍功能

需求说明

某公司有 10 个部门。

➢ 使用面向对象思想设计程序，输出人力资源部门（HR）和研发部门（R&D）的部门介绍，包括部门名称、经理姓名、部门员工人数、部门职责介绍等。

➢ HR 部门具有招聘目标属性，R&D 部门具有研发项目数属性，需要在部门介绍中进行特别输出。

程序运行结果如图 9.9 所示。

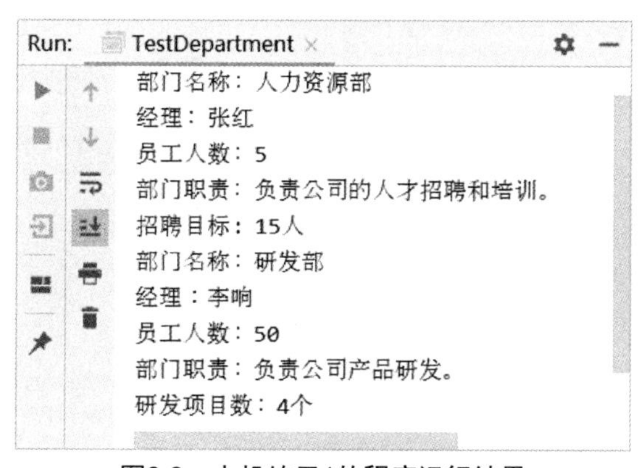

图9.9 上机练习1的程序运行结果

实现思路及关键代码

（1）定义部门类 Department，属性包括部门名称、经理姓名、部门员工人数、部门职责介绍。另外，编写部门介绍方法 printIntro()。

关键代码：

```
public class Department {
    private String name;//部门名称
    private String managerName;//经理姓名
    private int employeeNum;//部门员工人数
    private String responsibility;//部门职责介绍
    public Department(String name, String managerName,
                      int employeeNum, String responsibility){
        this.name = name;
        this.managerName = managerName;
        this.employeeNum = employeeNum;
        this.responsibility = responsibility;
    }
    public void printIntro(){
```

```
            System.out.println("部门名称："+ name);
            System.out.println("经理："+ managerName);
            System.out.println("员工人数："+ employeeNum);
            System.out.println("部门职责："+ responsibility);
        }
}
```

（2）定义 HR 类，继承 Department 父类，添加招聘目标属性并重写父类的输出方法。

关键代码：

```
public class HR extends Department {
    private String recruitGoal; //招聘目标
    public HR(String name, String managerName,
            int employeeNum,String responsibility,String recruitGoal){
        super(name,managerName,employeeNum,responsibility);
        this.recruitGoal = recruitGoal;
    }
    @Override
    public void printIntro() {
        super.printIntro();
        System.out.println("招聘目标："+recruitGoal);
    }
}
```

（3）定义 RD 类，继承 Department 父类，添加研发项目数属性并重写父类的输出方法。

关键代码：

```
public class RD extends Department{
    private String resProjects;//研发项目数
    public RD(String name, String managerName,
            int employeeNum,String responsibility,String resProjects){
        super(name,managerName,employeeNum,responsibility);
        this.resProjects = resProjects;
    }
    @Override
    public void printIntro() {
        super.printIntro();
        System.out.println("研发项目数："+resProjects);
    }
}
```

（4）编写测试类，分别创建 HR 类的对象和 RD 类的对象，并调用其 printIntro()方法。

上机练习 2——实现玉米的自动生长功能

需求说明

➢ 在 Corn 类中重写父类 Crop 定义的 grow()和 printGrowReport()方法，实现 Corn 自动生长功能并输出生长报告。程序运行结果如图 9.10 所示。

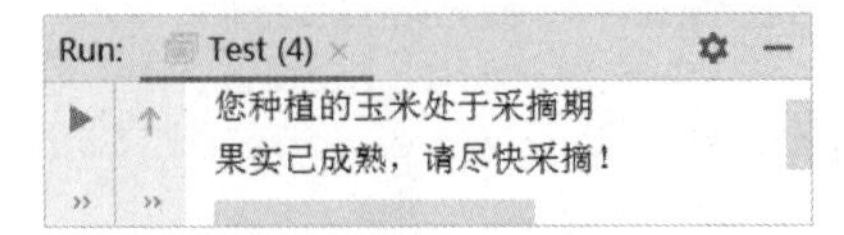

图9.10　上机练习2的程序运行结果

实现思路及关键代码

（1）在 Corn 类中，重写父类的 grow()方法以及 printGrowReport()方法。

关键代码：

```
public class Corn extends Crop {
      //……省略属性
      //……省略构造方法
      @Override
      public void grow(int days){
            int seasonDuration = super.getMaturity()
  + super.getHarvestTime();//计算生长季周期
            if(days >= seasonDuration){
                  this.status = Constants.DEAD;
            }else{
                  if(days >= super.getMaturity() ){
                        this.status = Constants.MATURE;
                  }else{
                        this.status = Constants.GROW;
                  }
            }
      }
      @Override
      public void printGrowReport(int days){
            System.out.println("您种植的" + super.getName() + "处于" +
this.status);
            switch(this.status){
                  case Constants.GROW:
                        System.out.println("已生长" + days
                                    + "天，距离收获果实还有"
                                    + (super.getMaturity() - days) + "天");
                        break;
                  case Constants.MATURE:
                        if(harvested==true){
                              System.out.println("本季果实已完成采摘！");
                        }else{
                              System.out.println("果实已成熟，请尽快采摘！");
                        }
                        break;
            }
      }
}
```

（2）创建测试类。

关键代码：

```
public class Test {
      public static void main(String[] args) {
            Corn corn = new Corn();
            corn.grow(5);
            corn.printGrowReport(5);
      }
}
```

9.1.3 继承关系中的构造方法

在 Java 中，一个类的构造方法在如下两种情况下总是会被执行。

➢ 创建该类的对象（实例化）。

➢ 创建该类的子类的对象（子类的实例化）。

因此，子类在实例化时，首先会执行其父类的构造方法，然后才执行子类的构造方法。换言之，当在 Java 中创建一个对象时，Java 虚拟机会按照“父类—子类”的顺序执行一系列的构造方法。在子类继承父类时构造方法的调用规则如下。

➢ 如果子类的构造方法中没有通过 super 显式调用父类的带参构造方法，也没有通过 this 显式调用自身的其他构造方法，则系统会默认先调用父类的无参构造方法。在这种情况下，是否写“super();”语句效果是一样的。

➢ 如果子类的构造方法中通过 super 显式地调用了父类的带参构造方法，那么将执行父类相应的构造方法，而不执行父类的无参构造方法。

➢ 如果子类的构造方法中通过 this 显式地调用了自身的其他构造方法，在被调用的构造方法中遵循以上两条规则。

➢ 特别需要注意的是，如果存在多级继承关系，则在创建一个子类对象时，以上规则会多次向更高一级父类应用，一直到执行顶级父类 Object 类的无参构造方法为止。

下面通过断点调试的方法观察在继承关系中子类的创建过程，从而加深对继承的理解。以示例 1 的代码为例，首先在“AppleTree appleTree = new AppleTree("富士");”行设置断点，然后以代码调试方式运行程序，程序会启动调试窗口并在断点处暂停。

单击调试窗口中“Step Into”按钮和“Step Out”按钮，逐步执行程序，其主要的执行步骤如下。

（1）进入 AppleTree 类的构造方法，如图 9.11 所示。

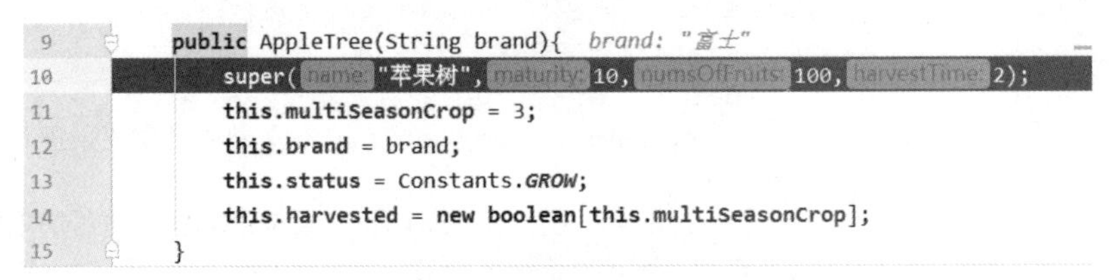

图9.11 断点调试执行过程1

（2）进入父类 Crop 类构造方法执行程序，如图 9.12 所示。

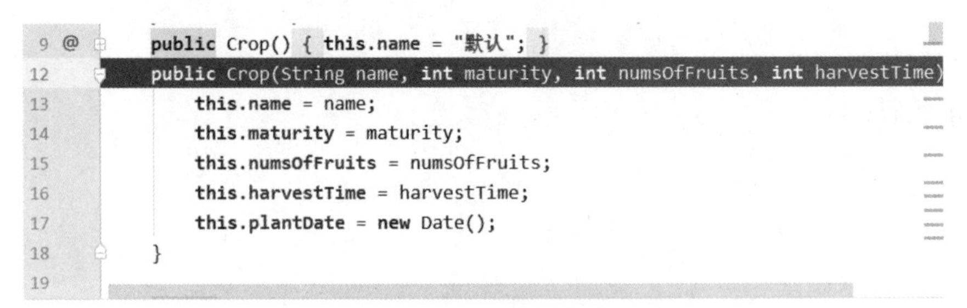

图9.12 断点调试执行过程2

（3）返回 AppleTree 类构造方法继续执行程序，如图 9.13 所示。

```
9   public AppleTree(String brand){   brand: "富士"
10      super( name: "苹果树", maturity: 10, numsOfFruits: 100, harvestTime: 2);
11      this.multiSeasonCrop = 3;   multiSeasonCrop: 0
12      this.brand = brand;
13      this.status = Constants.GROW;
14      this.harvested = new boolean[this.multiSeasonCrop];
15  }
```

图9.13　断点调试执行过程3

（4）执行完 AppleTree 类构造方法内的语句后，会跳回图 9.14 所示的位置，表示创建对象成功，并把对象引用赋给变量 appleTree，至此构造方法执行完毕。

```
3   public class Test {
4       public static void main(String[] args) {   args: {}
5           //1. 创建Crop对象并输出信息
6           Crop crop = new Crop();   crop: Crop@525
7           crop.print();   crop: Crop@525
8           //2. 创建AppleTree对象并输出信息
9           AppleTree appleTree = new AppleTree( brand: "富士");
10          appleTree.print();
11          //3. 创建Corn对象并输出信息
12          Corn corn = new Corn();
13          corn.print();
14      }
15  }
```

图9.14　断点调试执行过程4

在子类构造方法中，通过显式调用 super()来执行父类构造方法。试想，如果将示例 1 中代码行①和代码行②的 super()语句删除，结果会怎样呢？再次运行程序，输出结果如图 9.15 所示。

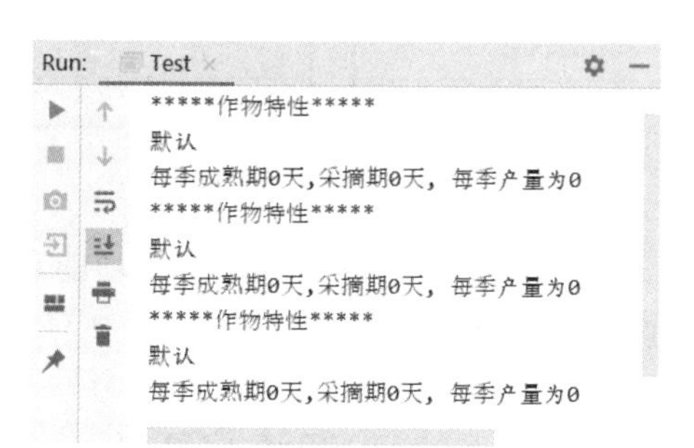

图9.15　删除使用super调用父类构造方法语句的输出结果

很明显，在子类对象进行实例化时，自动调用了父类的无参构造方法，因此，它们的名称均为“默认”。需要特别注意的是，在类没有提供任何构造方法时，系统会提供一个无参的、方法体为空的默认构造方法。一旦提供了自定义构造方法，系统将不再提供默认构造方法。如果要使用它，程序员必须手动添加相应代码。如果此时父类 Crop 中没有显式定义无参构造方法，就会出现编译错误，提示 Crop 类中没有默认构造方法。

示例 4

扩展开心农场游戏功能，允许种植更多作物。其中，有些作物属于单季作物，有些作物属于多季作物。

重构开心农场游戏代码，支持新作物的种植。实现输出作物特性、作物生长状态和生长报告功能。

分析

按照之前的设计，如果增加更多的作物，就会发现定义新的作物类需要编写很多重复的代码，如何让程序具有更强的扩展性呢？根据生长特性，作物属于单季作物，或者多季作物，对于同一类型作物，它们的生长过程类似。因此，可以对类进行重构，再次提取一层父级关系。定义单季作物类 SingleSeasonCrop 和多季作物类 MultiSeasonsCrop，它们继承自作物类 Crop，而具体种植的作物（如苹果树、玉米等）根据自身特性继承自 SingleSeasonCrop 类或 MultiSeasonsCrop 类。具体类图如图 9.16 所示。

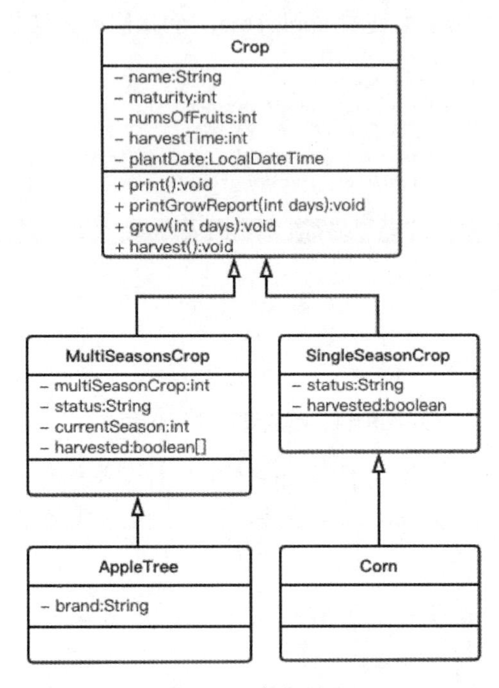

图9.16　多级继承

按照图 9.16 描述的类关系，以多季作物为例，上述功能具体实现如下。

定义 MultiSeasonsCrop 类，继承自 Crop 类。

关键代码：

```
public class MultiSeasonsCrop extends Crop {
    private String status;
    private int multiSeasonCrop;
    private int currentSeason;
    private boolean[] harvested;
    public MultiSeasonsCrop(String name, int maturity,
            int numsOfFruits, int harvestTime,int multiSeasonCrop){
        super(name,maturity,numsOfFruits,harvestTime);
        this.multiSeasonCrop = multiSeasonCrop;
        this.status = Constants.GROW;
        this.harvested = new boolean[this.multiSeasonCrop];
        System.out.println("MultiSeasonsCrop 类构造方法执行完毕……");
    }
    @Override
    public void print(){
```

```
        super.print();
        System.out.println("属于"+this.multiSeasonCrop+"季作物");
    }
    @Override
    public void grow(int days){
        int seasonDuration = super.getMaturity()
                + super.getHarvestTime();//计算生长季周期
        if(days >= multiSeasonCrop*seasonDuration){
            this.status = Constants.DEAD;
        }else{
            currentSeason = days /seasonDuration + 1;
            //计算当前处于第几个生长季
            int growDaysInCurrSeason = days
              - (currentSeason -1 )*seasonDuration;
            //计算在当前生长季的生长时间
            if(growDaysInCurrSeason >= super.getMaturity() ){
                this.status = Constants.MATURE;
            }else{
                this.status = Constants.GROW;
            }
        }
    }
    @Override
    public void printGrowReport(int days) {
        System.out.println("您种植的" + super.getName() + "处于"
                + this.currentSeason + "季" + this.status);
        switch(this.status){
            case Constants.GROW:
                int seasonDuration = super.getMaturity()
 + super.getHarvestTime();
                int growDaysInCurrSeason = days -
                        (currentSeason - 1) * seasonDuration;
                System.out.println("已生长" + growDaysInCurrSeason
                        + "天，距离收获果实还有"
                        + (super.getMaturity() - growDaysInCurr
Season) + "天");
                break;
            case Constants.MATURE:
                if(harvested[currentSeason-1]==true){
                    System.out.println("本季果实已完成采摘！");
                }else{
                    System.out.println("果实已成熟，请尽快采摘！");
                }
                break;
        }
    }
}
```

在 MultiSeasonsCrop 类的构造方法中，调用父类 Crop 的构造方法并对类中的属性进行初始化。另外，重写父类的 print()、grow()和 printGrowReport()方法，实现输出多季作物的生长状态和生长报告。

重构 AppleTree 类，继承自 MultiSeasonsCrop 类。定义品种属性，并重写 print()方法输出品种信息。

关键代码：

```
public class AppleTree extends MultiSeasonsCrop {
     private String brand;
     public AppleTree(String brand){
          super("苹果树",10,100,2,3);
          this.brand = brand;
          System.out.println("AppleTree 类构造方法执行完毕……");
}
@Override
     public void print(){
          super.print();
          System.out.println("作物品种："+this.brand);
     }
}
```

编写测试类。

关键代码：

```
public class Test {
     public static void main(String[] args) {
          AppleTree appleTree = new AppleTree("金帅");
          appleTree.print();
          appleTree.grow(3);
          appleTree.printGrowReport(3);
     }
}
```

程序运行结果如图 9.17 所示。

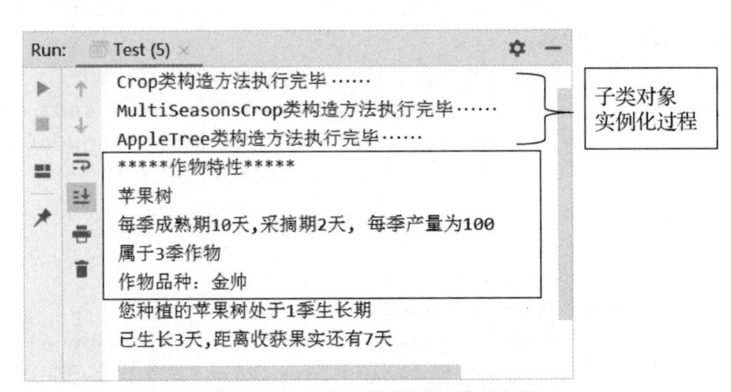

图9.17　示例4的程序运行结果

当执行语句“AppleTree appleTree = new AppleTree("金帅");”时，调用构造方法 AppleTree(String brand)。在调用 AppleTree(String brand)构造方法时，首先调用其父类的构造方法 MultiSeasonsCrop(String name,int maturity,int numsOfFruits,int harvestTime,int multiSeasonCrop)；而在调用其父类构造方法时，又会调用其父类 Crop 的构造方法 Crop(String name,int maturity,int numsOfFruits,int harvestTime)；在执行 Corp 类的构造方法时，会调用它的直接父类 Object 类的无参构造方法，该方法内容为空。最终运行结果如图 9.17 所示。

可见，如果类存在多级继承关系，在创建一个子类对象时，构造方法的调用规则会多次向更高一级父类应用，一直到执行顶级父类 Object 类的无参构造方法为止。

技能训练

上机练习 3——实现种植单季作物

需求说明

- 定义单季作物类 SingleSeasonCrop。
- 重构 Corn 类，继承自 SingleSeasonCrop 类。
- 创建测试类，实现输出玉米的特性以及生长状态信息。

程序运行结果如图 9.18 所示。

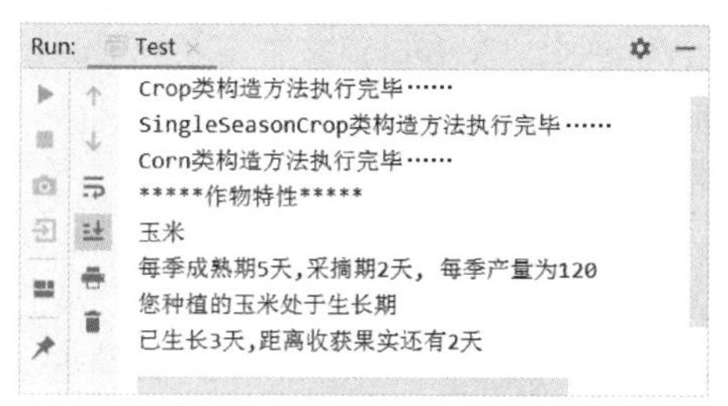

图9.18　上机练习3的程序运行结果

9.2 任务 2：开发高速公路车辆收费系统

学习目标如下。

- 使用面向对象思想设计类。
- 使用继承、方法重写实现高速公路车辆收费系统的计费功能。

9.2.1 需求及设计

示例 5

某城市高速公路收费站对不同类型车辆的收费标准如表 9.2 所示。

表 9.2　某高速公路的车辆收费标准

序号	车辆类型	车型标准	收费标准（元/千米）
1	客车	车长小于 6000 毫米且核定载人数不大于 9 人	0.6
2		车长小于 6000 毫米且核定载人数为 10～19 人	0.6
3		车长不小于 6000 毫米且核定载人数不大于 39 人	0.9
4		车长不小于 6000 毫米且核定载人数不小于 40 人	0.9
5	货车	2 轴，车长小于 6000 毫米且最大允许总重量小于 4500kg	0.6
6		2 轴，车长不小于 6000 毫米或最大允许总重量不小于 4500kg	0.9
7		3 轴	1.02
8		4 轴	1.315
9		5 轴	1.428
10		6 轴	1.428

采用面向对象思想进行设计，编写程序计算车辆需要缴纳的费用。

面向对象设计过程就是抽象的过程。与之前的设计过程类似，先从需求中通过找出名词的方式确定类和属性，通过找出动词的方式确定方法。然后对找到的词语进行筛选，剔除无关、不重要的词语，再对词语之间的关系进行梳理，从而确定类、属性、属性值和方法。

第一步：分析需求并抽象出类。

需求中跟业务相关的名词主要有客车、货车、车长、核定载人数、车轴数、最大允许总重量、收费标准。动词主要是计算缴纳的费用。

其中，客车和货车属于不同类型的车辆。根据车辆不同的特点提供不同的收费标准。

基于上述分析，抽象出车辆类（Vehicle）、客车类（Bus）和货车类（Truck），且客车类和货车类继承自车辆类。

第二步：发现类的属性。

分析提取的名词，其中车长、核定载人数、车轴数、最大允许总重量属于车辆的属性。通常，类的设计要依据业务需求，分析表 9.2 可知，车长是两类车辆共同具有的属性，而核定载人数是客车应具有的属性，车轴数和最大允许总重量是货车应具有的属性。基于上述分析，车辆类具有车长属性（length），另外，每辆车都有一个车牌号作为唯一标识，因此添加车牌号属性（plateNo）。客车类除了具有父类属性外，还具有核定载人数（passengers）属性。货车类除了具有父类属性外，还具有最大允许总重量（weight）和车轴数（numsOfAxles）属性。车辆的属性值与计费有着密切的关系。

第三步：发现类的方法。

根据需求，计算车辆需要缴纳的费用。将 getRate()方法设计为父类方法，在子类中进行重写。另外，为了提升用户体验，在父类中增加输出方法 print()，用于输出车辆信息。输出方法也需要在子类中进行重写。

设计分析完毕，通过类图描述设计结果，如图 9.19 所示。

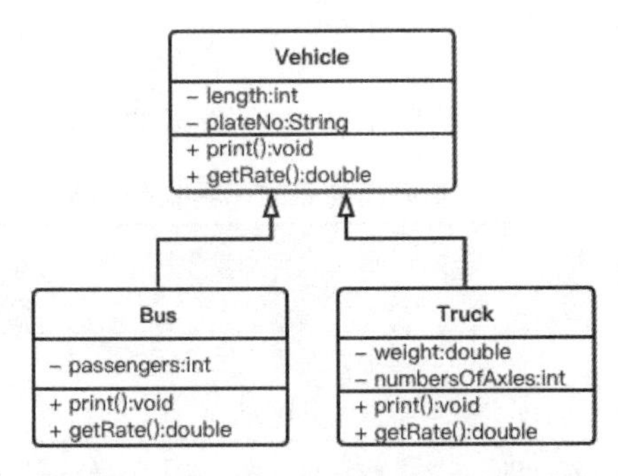

图9.19 高速公路车辆收费系统的类图

9.2.2 实现计算缴纳费用功能

根据设计结果，下面编程实现计算车辆缴纳费用功能。

1. 编写车辆类

关键代码：

```
public class Vehicle {
```

```
    private int length;     //车长（单位：毫米）
    private String plateNo; //车牌号
    public Vehicle(){}
    public Vehicle(int length, String plateNo){
        this.length = length;
        this.plateNo = plateNo;
    }
    /**
     * 输出车辆信息
     */
    public void print(){
        System.out.println("车牌号: "+plateNo);
        System.out.println("车长: "+length);
    }
    /**
     * 计算车辆每千米的费用
     * @return 车辆每千米的费用
     */
    public double getRate(){
        return 0;
    }
    public int getLength() {
        return length;
    }

    public void setLength(int length) {
        this.length = length;
    }

    public String getPlateNo() {
        return plateNo;
    }

    public void setPlateNo(String plateNo) {
        this.plateNo = plateNo;
    }
}
```

2. **编写客车类**

关键代码：

```
public class Bus extends Vehicle {
    private int passengers; // 核定载人数
    public Bus(){}
    public Bus(int length, String plateNo,int passengers){
        super(length,plateNo);
        this.passengers = passengers;
    }

    @Override
    public void print(){
        super.print();
```

```
            System.out.println("核定载人数: "+passengers);
        }

        @Override
        public double getRate() {
            double rate = 0; //车辆每千米的费用
            if(super.getLength()<6000 && passengers<=19) {
                rate = 0.6;
            }else if(super.getLength()>=6000){
                rate = 0.9;
            }
            return rate;
        }

        public int getPassengers() {
            return passengers;
        }

        public void setPassengers(int passengers) {
            this.passengers = passengers;
        }
    }
```

3. **编写货车类**

关键代码：

```
    public class Truck extends Vehicle {
        private double weight;  //最大允许总重量
        private int numbersOfAxles; //车轴数
        public Truck(){}
        public  Truck(int  length,  String  plateNo,  double  weight,  int
numsbersOfAxles){
            super(length,plateNo);
            this.weight = weight;
            this.numbersOfAxles = numsbersOfAxles;
        }
        @Override
        public void print(){
            super.print();
            System.out.println("最大允许总重量: "+weight);
            System.out.println("车轴数: "+ numbersOfAxles);
        }

        @Override
        public double getRate() {
            double rate = 0;
            switch(numbersOfAxles){
                case 2:
                    if(super.getLength()<6000 && weight<4500){
                        rate = 0.6;
                    }else if(super.getLength()>=6000 || weight >=4500){
                        rate = 0.9;
```

```
                }
                break;
            case 3:
                rate = 1.02;
                break;
            case 4:
                rate = 1.315;
                break;
            case 5:
            case 6:
                rate = 1.428;
                break;
        }
        return rate;
    }

    public double getWeight() {
        return weight;
    }

    public void setWeight(double weight) {
        this.weight = weight;
    }

    public int getNumbersOfAxles() {
        return numbersOfAxles;
    }

    public void setNumbersOfAxles(int numbersOfAxles) {
        this.numbersOfAxles = numbersOfAxles;
    }
}
```

4. 编写测试类

假设高速公路的长度为170千米，通过的车辆车牌号为京BK2193，车长为4000毫米，核定载人数为5人。创建该车辆对象并调用getRate()方法获取车辆每千米的费用，并计算需要缴纳的总费用。

关键代码：

```
import java.util.Scanner;
public class Test {
    public static void main(String[] args) {
        Scanner input = new Scanner(System.in);
        System.out.println("欢迎进入高速公路车辆收费系统");
        String plateNo = "京BK2193";
        System.out.println("请确认车牌号："+plateNo + "(1：是 2：否)");
        if(input.nextInt()==1){
            Bus bus = new Bus(4000,plateNo,5);
            System.out.println("***车辆信息***");
            bus.print();
            double distance = 170; //设定该高速公路长度
```

```
                double fees = distance * bus.getRate();
                System.out.println("您的车辆需缴费"+ fees + "元！");
            }else{
                System.out.println("已退出收费系统！");
            }
        }
}
```

程序运行结果如图 9.20 所示。

大家也可以编写测试代码实现计算货车缴纳的费用。参考效果如图 9.21 所示。

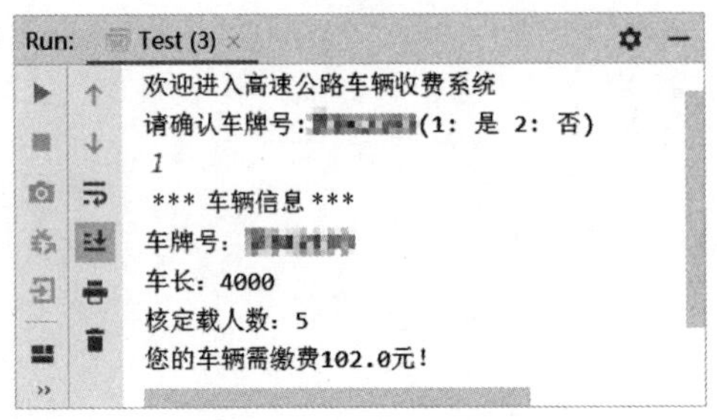

图9.20　客车的缴费界面

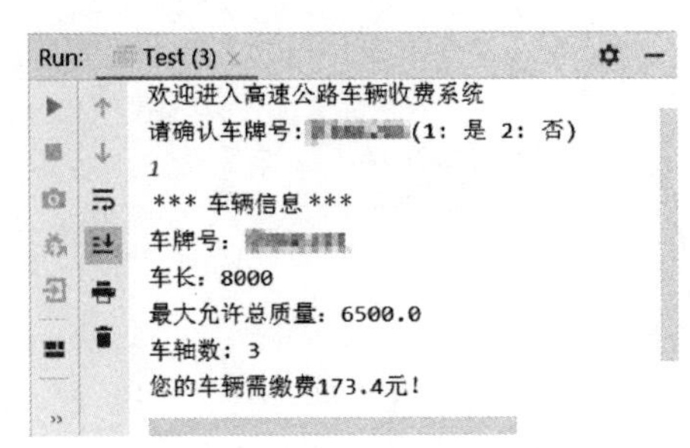

图9.21　货车的缴费界面

本章小结

本章学习了以下知识点。

- 继承是 Java 中实现代码重用的重要手段之一。Java 中只支持单继承，即一个类只能有一个直接父类。Object 类是所有 Java 类的“祖先”。
- 在子类中可以根据实际需求对从父类继承的方法进行重新编写，称为方法的重写或覆盖。
- 子类中重写的方法和父类中被重写的方法必须具有相同的方法名、参数列表，返回值类型必须和被重写方法的返回值类型相同或是其子类。
- 在实例化子类时，会首先执行其父类的构造方法，然后再执行子类的构造方法。
- 通过 super 关键字可以访问父类的成员。

本章作业

1. 简述方法重写和方法重载的区别。
2. 给定如下 Java 代码，编译运行后，输出的结果是什么？解释其原因。

```
class Base {
    public Base(){
        System.out.println( "Base");
    }
}
class Child extends Base{
    public Child(){
        System.out.println("Child");
    }
}
```

```
public class Sample {
      public static void main(String[] args) {
            Child c = new Child();
      }
}
```

3．阅读以下 Java 代码，指出代码中的错误并说明原因。

```
class Base {
      public void method(){
      }
}
class Child extends Base{
      public int method(){
      }
      private void method(){
      }
      public void method(String s){
      }
}
```

4．阅读以下 Java 代码，指出代码中的错误并说明原因。

```
class Base extends Object {
      private String name;
      public Base(String name) {
            this.name = name;
      }
}
class Child extends Base {
      private String hobby;
      public Child() {
            this.hobby = "排球";
      }
}
public class Sample {
      public static void main(String[] args) {
            Child c = new Child();
      }
}
```

5．设计 Bird（鸟）类、Fish（鱼）类，它们都继承自 Animal（动物）类，实现方法 printInfo()，输出动物的相关信息。参考程序运行结果如图 9.22 所示。

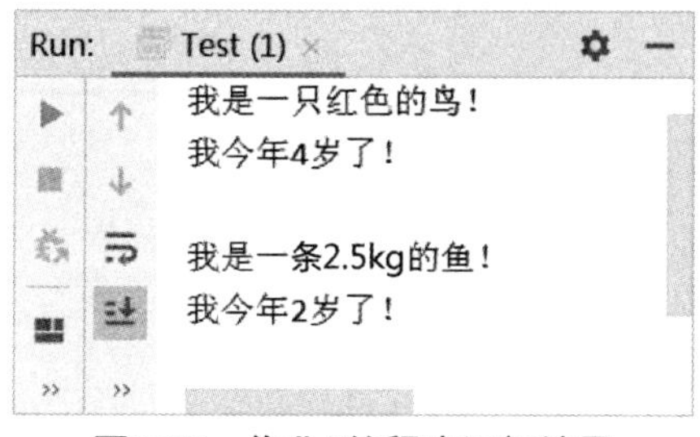

图9.22　作业5的程序运行结果

第 10 章

多态

技能目标

- ❖ 掌握多态的优势和应用场合
- ❖ 会进行子类和父类之间的类型转换
- ❖ 掌握 instanceof 运算符的使用
- ❖ 会使用父类作为方法形参实现多态
- ❖ 会使用父类作为返回值实现多态

本章任务

学习本章，需要完成以下两个任务。

任务 1：使用多态重构开心农场游戏功能

任务 2：使用多态实现图书馆计算罚金功能

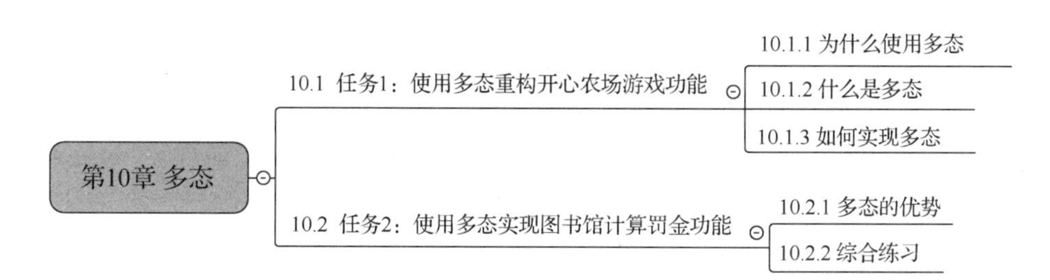

10.1 任务 1：使用多态重构开心农场游戏功能

学习目标如下。

- 理解为什么需要使用多态。
- 掌握多态的概念。
- 会进行父类和子类之间的类型转换。
- 会使用 instanceof 运算符。
- 掌握实现多态的两种方式。

10.1.1　为什么使用多态

思考下面的问题。

实现开心农场游戏种植作物的功能。具体要求如下。

- 每一块土地可以种植一种作物。
- 允许用户选择的作物包括苹果树和玉米。根据用户的选择进行种植。

分析

在第 8 章中，分别实现了种植苹果树和种植玉米，如果要同时支持种植这两种作物，可以在 Land 类中编写如下代码实现：

```
public class Land {
    private boolean idle = true;
    private AppleTree appleTree;
    private Corn corn;

    public void plant(AppleTree appleTree){
        //……省略种植苹果树的方法体
    }

    public void plant(Corn corn){
        //……省略种植玉米的方法体
    }

    //……省略其他代码
}
```

以上代码通过定义两个重载的 plant()方法，实现同时种植苹果树和种植玉米的功能。但是，这样的代码看起来非常不美观，在程序的扩展性上也存在缺陷。例如要新增更多允许种植的作物（如樱桃、土豆等），每次增加作物都要修改 Land 类代码，添加更多的作物对象属性以及更多的重载方法。

仔细观察 plant()方法可以发现，它的参数是要种植的作物对象，而 AppleTree 类和 Corn 类具有共同的父类类型 Crop。那么，能不能实现如下效果：Land 类中只有一个 plant()方法，可以实现所有作物的种植功能；不管支持多少种作物，均无须修改 Land 类代码。答案是可以的。通过多态即可实现这种效果。

10.1.2 什么是多态

认识多态

简单来说，多态（Polymorphism）是具有表现多种形态能力的特征。在程序设计的术语中，它意味着一个特定类型的变量可以引用不同类型的对象，并且能自动地调用引用对象的方法，也就是根据作用的不同对象类型，响应不同的操作。

为了理解多态的概念，可以思考这样一个例子。定义 Animal 类作为父类，Dog 类和 Cat 类作为子类，它们都继承自 Animal 类。父类 Animal 的 call()方法在子类中具有不同的实现效果。例如，调用 Dog 子类的 call()方法，显示狗的叫声为“汪汪汪”，调用 Cat 子类的 call()方法，显示猫的叫声为“喵喵喵”。很明显，子类分别对父类的 call()方法进行了重写，因此调用后表现出不同的效果。从这里也可以看出，多态与继承、方法重写密切相关。方法重写是实现多态的基础。

10.1.3 如何实现多态

1. 子类到父类的转换（向上转型）

子类向父类的转换称为向上转型。向上转型的语法格式如下：

```
< 父类型 > < 引用变量名 > = new < 子类型 >();
```

在第 2 章中介绍了基本数据类型之间的类型转换，举例如下：

```
//把 int 类型常量或变量的值赋给 double 类型变量，可以自动进行类型转换
int i = 8;
double d1 = i;
//把 double 类型常量或变量的值赋给 int 类型变量，必须进行强制类型转换
double d2 = 3.14;
int a = (int)d2;
```

实际上，在引用数据类型的子类和父类之间也存在着类型转换问题。在开心农场示例中，Crop 为父类，AppleTree 为子类，Crop 中包含 print()方法。

代码：

```
AppleTree appleTree = new AppleTree();  //①
Crop crop = new AppleTree("富士");    //②
crop.print();  //③
```

在以上代码中，代码行①创建 appleTree 对象不涉及类型的转换，代码行②是将创建的子类对象赋给父类对象，涉及子类到父类的转换。代码行③中，调用 AppleTree 类重写的 print()方法，而不是 Crop 类的 print()方法。这体现了多态的特性。需要特别注意的是，这里的 crop 对象无法调用子类特有的方法。

由以上内容可总结出子类转换成父类时的规则，具体如下。

- 将一个父类的引用指向一个子类对象称为向上转型，系统会自动进行类型转换。
- 此时通过父类引用变量调用的方法是子类覆盖或继承自父类的方法，不是父类

的方法。

➢　此时通过父类引用变量无法调用子类特有的方法。

那么，如何实现多态呢？

2. 使用父类作为方法形参实现多态

使用父类作为方法形参的方式，是 Java 中实现和使用多态的主要方式之一。

实现多态的方式

下面解决在 10.1.1 小节中提出的问题。

示例 1

每块土地种植一种作物。使用多态实现两种作物同时种植的功能。

分析

在 Land 类中添加 Crop 属性，并编写 plant(Crop crop)方法，其中，父类 Crop 作为形参。

关键代码：

```
public class Land {
    private boolean idle = true;
    private Crop crop;                    //作物
    /**
     * 种植作物
     */
    public void plant(Crop crop){
        if(!idle){
            System.out.println("土地被占用，目前无法种植新的作物！");
            return;
        }
        this.crop = crop;
        this.idle = false;
        System.out.println("您已成功种植了一棵"+ this.crop.getName());
        this.crop.print();
    }

    public boolean isIdle() {
        return idle;
    }

    public void setIdle(boolean idle) {
        this.idle = idle;
    }

    public Crop getCrop() {
        return crop;
    }

    public void setCrop(Crop crop) {
        this.crop = crop;
    }
}
```

编写测试类，创建两块土地 land1 和 land2，land1 土地种植一棵苹果树，land2 土地种植一棵玉米。

关键代码：

```
public class Test {
    public static void main(String[] args) {
        //种植苹果树
        Land land1  = new Land();
        Crop crop1 = new AppleTree("金帅");
        land1.plant(crop1); //①
        System.out.println("------------------------");
        //种植玉米
        Land land2 = new Land();
        Crop crop2 = new Corn();
        land2.plant(crop2); //②
    }
}
```

程序运行结果如图 10.1 所示。

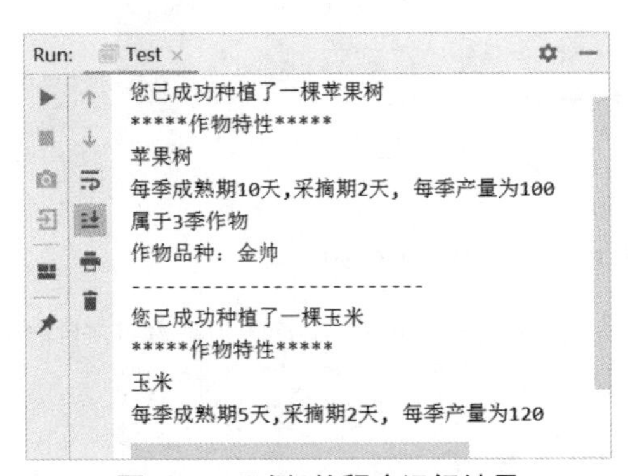

图10.1　示例1的程序运行结果

在以上代码中，代码行①和②在把实参赋给形参的过程中涉及了父类和子类之间的类型转换。例如，执行“Crop crop1 = new AppleTree("金帅");”后，当调用“land1.plant(crop1);”时，会执行“this.crop.print();”，这时调用的是 crop1 对象真实引用对象（AppleTree 类的实例）重写的 print()方法。同样，在执行“Crop crop2 = new Corn();”后，当调用“land2.plant(crop2);”时，会执行“this.crop.print();”，这时调用的是 crop2 对象真实引用对象（Corn 类的实例）重写的 print()方法。

通过示例 1 代码以及运行结果可以看出，Land 类中只需要编写一个 plant()方法，使用父类作为方法的形参，就能轻松地实现不同作物的种植，并输出不同作物的特性信息。因此，使用父类作为方法形参来实现多态的优势明显，不仅可以减少代码量，而且提高了代码的可扩展性和可维护性。它的可扩展性体现在，即使开心农场游戏增加新的作物，例如西红柿、黄瓜等，也不需要添加或修改 Land 类的 plant()方法。下面就来验证这一点。

示例 2

开心农场游戏新增作物：黄瓜。黄瓜为单季作物，游戏中黄瓜的生长特性如表 10.1 所示。

表 10.1　游戏中黄瓜的生长特性

名称	品种	每季成熟时间	每季果实数量	采摘期
黄瓜	迷你黄瓜、白玉黄瓜	6 天	50 个	2 天

实现种植黄瓜的功能。

分析

回顾开心农场游戏中作物类的继承关系，如图 10.2 所示。新增作物属于单季作物，因此可以直接创建 Cucumber 类继承自 SingleSeasonCrop 类。如表 10.1 所示，黄瓜具有不同品种，因此需要在新建的 Cucumber 类中添加品种属性。

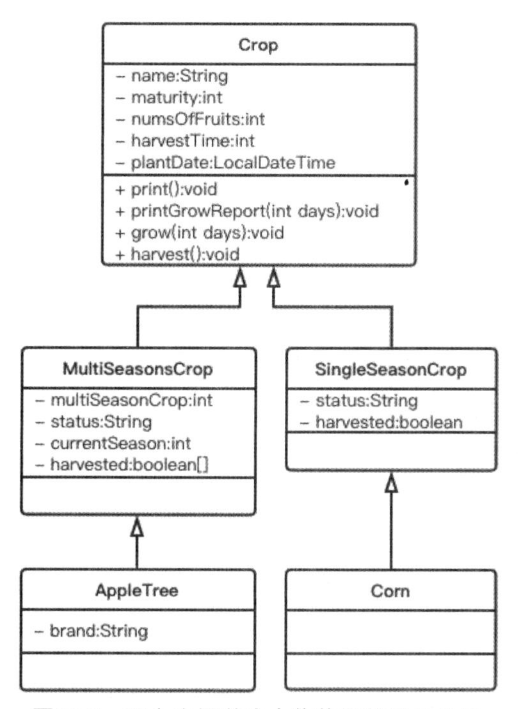

图10.2　开心农场游戏中作物类的继承关系

创建 Cucumber 类的关键代码如下所示：

```
public class Cucumber extends SingleSeasonCrop {
    private String brand;
    public Cucumber(String brand){
        super("黄瓜",6,50,2);
        this.brand = brand;
    }

    @Override
    public void print() {
        super.print();
        System.out.println("作物品种："+brand);
    }

    public String getBrand() {
        return brand;
    }
}
```

编写测试类，实现种植黄瓜的功能。

关键代码：

```
public class Test {
    public static void main(String[] args) {
        //种植黄瓜
        Land land = new Land();
        Crop crop = new Cucumber("白玉黄瓜");
        land.plant(crop);
    }
}
```

程序运行结果如图 10.3 所示。

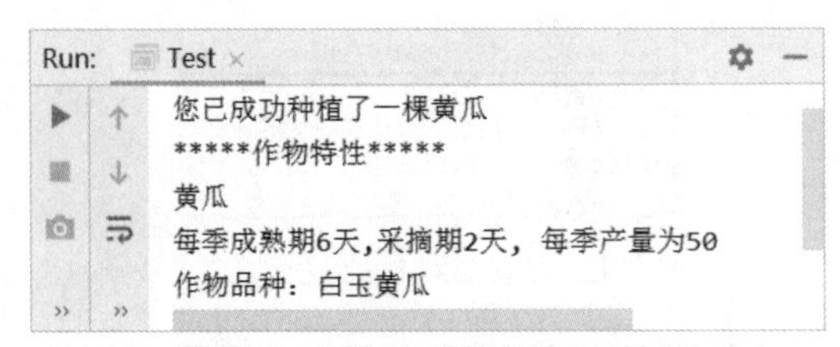

图10.3　示例2的程序运行结果

可见，只需要添加新的作物类，不需要修改 Land 类的任何代码即可实现种植功能扩展。通过使用继承和多态机制，扩展变得非常容易。

3. 使用父类作为方法返回值实现多态

除了使用父类作为形参来实现多态，Java 还提供另一种实现和使用多态的方式——使用父类作为方法返回值实现多态。下面解决示例 3 的问题。

示例 3

游戏往往需要记录玩家的进度，并在玩家再次登录游戏时对玩家的数据进行恢复。开心农场游戏中，要求记录玩家的土地状态、种植的作物信息（包括种植作物的名称、品种以及种植时间）。实现在游戏启动时，根据保存的游戏数据对游戏进行初始化设置。

分析

回顾之前的示例，在游戏启动时，每次都是从初始状态开始，调用 Game 类的 init()方法创建 Land 类的对象。如果玩家之前已经种植了作物，那么在下次登录游戏时，需要根据保存的游戏数据来恢复游戏。为了简化操作，假设游戏数据存储在一个字符串中，具体实现步骤如下。

（1）修改 Game 类（参见第 8 章）的 init()方法，实现根据游戏数据做初始化操作，包括初始化土地状态（idle 属性），以及初始化种植的作物（crop 属性）。为了初始化 Land 类的 crop 属性，可以在 Game 类中新增方法“Crop initCrop(String[] data)”，作用是根据游戏数据创建种植的作物，这里使用父类作为方法返回值来实现多态。

关键代码：

```
import java.time.LocalDateTime;
public class Game {
    Land land;
public void init(){
        String initData = "false#苹果树#金帅#2020-01-28 23:57:21";
        //模拟存储的游戏数据
        String[] data = initData.split("#"); //将数据拆分并存储在字符串数组中
        land = new Land();
```

```
            land.setIdle(Boolean.parseBoolean(data[0])); //初始化土地状态
            land.setCrop(this.initCrop(data)); //初始化土地种植的作物
        }

        public Crop initCrop(String[] data){
            String type = data[1]; //作物类型名称
            String brand = data[2];//作物品种
            LocalDateTime ldt = DateUtil.getDateTimeFromString(data[3]);
//种植时间
            Crop crop = null;
            if(type.equals("苹果树")){
                crop = new AppleTree(brand);
            }else if(type.equals("玉米")){
                crop = new Corn();
            }else if(type.equals("黄瓜")){
                crop = new Cucumber(brand);
            }
            crop.setPlantDate(ldt); //初始化种植时间
            return crop;
        }
    }
```

在以上代码中，字符串 initData 记录了玩家的基本游戏数据。在实际应用中，通常游戏数据会存储在远程数据库中或文件中，在游戏启动时进行加载。这里使用字符串模拟获取的游戏数据。游戏数据包括土地状态、种植的作物类型名称、种植的作物品种、种植时间。这些信息以“#”分隔。因此，在 init()方法中，通过 String 类的 split()方法对游戏数据进行拆分，并存储在字符串数组 data 中，然后逐一进行初始化。

在 initCrop()方法中，根据作物的类型名称，创建不同的作物对象，返回值为 Crop 类型，而它的引用是创建的具体作物类型（AppleTree、Corn 或 Cucumber）。调用该方法，获取种植的 Crop 对象，并赋给 Land 类对象的 crop 属性，也就完成了种植作物的数据初始化。注意，在 initCrop()方法中需要根据游戏数据重设作物种植的时间。这里涉及字符串格式的日期时间与 LocalDateTime 类型的转换，代码如下：

```
import java.time.LocalDateTime;
public class Game {
public class DateUtil {
    //省略其他方法
    /**
     * 由时间字符串构造 LocalDateTime
     * @param dateTimeStr 日期时间字符串
     * @return
     */
    public static LocalDateTime getDateTimeFromString(String dateTimeStr){
        DateTimeFormatter formatter =
                     DateTimeFormatter.ofPattern("yyyy-MM-dd H H:mm:ss");
        LocalDateTime dt = LocalDateTime.parse(dateTimeStr, formatter);
        return dt;
    }
}
```

（2）在 Game 类中添加 main()方法，实现游戏初始化操作。

关键代码：

```
public static void main(String[] args){
      Game game = new Game(); //创建游戏对象
      game.init();  //初始化游戏
      System.out.println("欢迎来到开心农场");
      if(!game.land.isIdle()){
            System.out.println("目前种植的农作物：");
            game.land.getCrop().print();
            System.out.println("种植时间："+
                 DateUtil.formatDate(game.land.getCrop().getPlant
Date()));
      }else{
            System.out.println("目前土地未种植农作物");
      }
}
```

程序运行结果如图 10.4 所示。

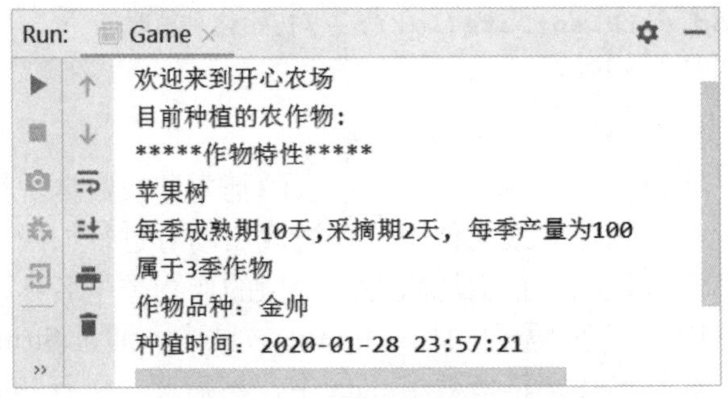

图10.4　示例3的程序运行结果

根据运行结果可知，游戏初始化时根据存储的游戏数据恢复当前土地种植的作物为苹果树，品种为金帅，种植时间为 2020-01-28 23:57:21。

小结

实现多态的 3 个条件如下。

（1）继承的存在（继承是多态的基础，没有继承就没有多态）。

（2）子类重写父类的方法（多态下调用子类重写后的方法）。

（3）父类引用变量指向子类对象（子类到父类的类型转换）。

4. 父类到子类的转换（向下转型）

在之前提到过，当向上转型发生后，将无法调用子类特有的方法。看下面的示例。

示例 4

使用多态重构开心农场查看土地状态的功能。如果土地为非空闲状态，则输出已种植作物的名称以及生长状态。

分析

要实现查看土地状态的功能，需要在示例 1 中 Land 类的基础上添加 print()方法。根据开心农场作物类（Crop）的继承关系，作物生长状态 status 为其子类单季作物类

（SingleSeasonCrop）和多季作物类（MultiSeasonsCrop）中定义的属性，这时 Land 类的 crop 对象就没办法访问在子类中定义的 status 属性，如图 10.5 所示。

```
21      public void print(){
22          if(!idle){
23              if(crop!=null){
24                  System.out.println(DateUtil.formatDate(crop.getPlantDate() )
25                          + "您种植一棵" + crop.getName());
26                  System.out.print("作物目前状态:" + crop.);
27              }
28          }
29      }
30
31      public boolean isIdle() { return idle; }
34
35      public void setIdle(boolean idle) { this.idle =
38
39      public Crop getCrop() { return crop; }
42
43      public void setCrop(Crop crop) { this.crop = crc
```

```
m getName()
m toString()
m getHarvestTime()
m getMaturity()
m getNumsOfFruits()
m getPlantDate()
m equals(Object obj)
m hashCode()
m getClass()
m grow(int days)
m print()
m printGrowReport(int days)
```

图10.5　crop对象无法访问其子类特有的属性和方法

那么，如何解决这个问题呢？

如果要调用子类特有的方法，可以把父类转换为子类来实现。这是另一种实现多态的方式。

将一个指向子类对象的父类引用赋给一个子类的引用，即将父类类型转换为子类类型，称为向下转型，此时必须进行强制类型转换。通过强制类型转换，将父类类型转换为它的某个子类类型，然后才能调用其子类特有的属性。具体的语法如下：

< 子类型 > < 引用变量名 > = (< 子类型 >)< 父类型的引用变量 >;

例如，要输出一个单季作物的生长状态，可以通过以下语句实现。

代码：

```
SingleSeasonCrop ssc =(SingleSeasonCrop)crop;
//将 crop 转换为 SingleSeasonCrop 类型
System.out.print("作物目前状态: "+ssc.getStatus());
//调用 SingleSeasonCrop 类的方法
```

5. instanceof 运算符

通过从父类到子类的转换，可以实现多态，即执行不同子类中定义的特定方法。但事实上，父类对象的引用可能指向某一个子类对象，如果在向下转型时，不是转换为真实的子类类型，就会出现转换异常。

例如代码：

```
public class Test {
     public static void main(String[] args) {
          Crop crop = new AppleTree("富士");
          SingleSeasonCrop ssc = (SingleSeasonCrop)crop;
System.out.println(ssc.getStatus());//类型转换错误
     }
}
```

程序运行出现异常，如图 10.6 所示。

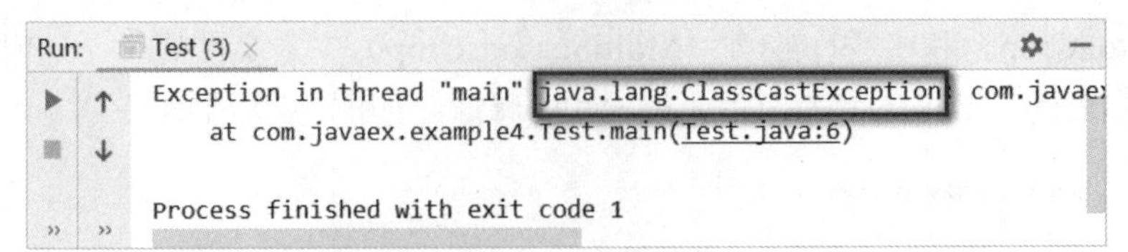

图10.6　程序异常

这里“ClassCastException”是 JVM 在检测到两个类型不兼容时引发的运行时异常。程序异常的原因是，AppleTree 类继承自 MultiSeasonsCrop 类，因此它们之间存在“AppleTree is a MultiSeasonsCrop”的关系，但是 AppleTree 类与 SingleSeasonCrop 类不存在此关系，因此在将 Crop 对象向下转型时，只能转换为 MultiSeasonsCrop 类型或 AppleTree 类型，而不能转换为 SingleSeasonCrop 类型。因此，正确的代码如下所示：

```
public class Test {
    public static void main(String[] args) {
        Crop crop = new AppleTree("富士");
        MultiSeasonsCrop ssc = (MultiSeasonsCrop)crop;
        System.out.println(ssc.getStatus());
    }
}
```

那么，如何避免这种异常的发生呢？Java 提供了 instanceof 运算符进行类型的判断。具体的语法如下：

对象 instanceof 类或接口

instanceof 运算符用来判断一个对象是否属于某个类或者是否实现了某个接口，结果为 true 或 false。在进行强制类型转换之前通过 instanceof 运算符检查对象的真实类型，再进行相应的强制类型转换，这样就可以避免类型转换异常，从而增强代码的健壮性。关于接口的概念，将在下一章中详细讲解。

下面实现示例 4 的功能。

关键代码：

```
public class Land {
    private boolean idle = true;
    private Crop crop;

    /**
     * 种植作物
     */
    public void plant(Crop crop){
        //……省略方法体
    }

    /**
     * 输出土地状态
     */
    public void print(){
        if(!idle){
            if(crop!=null){
                System.out.println(DateUtil.formatDate(crop.
getPlantDate())
                        + "您种植一棵" + crop.getName());
```

```
                        System.out.print("作物目前状态：");
                        if(crop instanceof SingleSeasonCrop){
                            SingleSeasonCrop ssc = (SingleSeasonCrop)
crop;
                            System.out.println(ssc.getStatus());
                        }else if(crop instanceof MultiSeasonsCrop){
                            MultiSeasonsCrop msc = (MultiSeasonsCrop)
crop;
                            System.out.println(msc.getStatus());
                        }
                    }else{
                        System.out.println("土地状态异常！");
                    }
                }else{
                System.out.println("您尚未种植任何农作物！");
                }
            }

            public boolean isIdle() {
                return idle;
            }

            public void setIdle(boolean idle) {
                this.idle = idle;
            }

            public Crop getCrop() {
                return crop;
            }

            public void setCrop(Crop crop) {
                this.crop = crop;
            }
        }
```

最后重构 Game 类，实现游戏功能。

关键代码：

```
public class Game {
    Land land;

    public void init(){
        land = new Land();
    }

        public static void main(String[] args){
        Game game = new Game(); //创建游戏对象
        game.init();  //初始化游戏
        Scanner input = new Scanner(System.in);
        System.out.println("欢迎来到开心农场");
        System.out.println("请选择：1. 查看土地状态 \t 2. 播种 " +
                "\t 3. 查看作物生长状态   4. 收获果实  \t 5.退出游戏");
```

```
            while(input.hasNextInt()){
                int num = input.nextInt();
                switch(num){
                    case 1:
                        game.land.print();
                        break;
                    case 2:
                        if(game.land.isIdle()) {
                            System.out.print("请选择要种植的作物：1. 玉米 " +
                                    "2. 苹果树 ");
                            if(input.hasNextInt()){
                                Crop crop = null;
                                switch(input.nextInt()){
                                    case 1:
                                        crop = new Corn();
                                        break;
                                    case 2:
                                        System.out.println(" 请 选
择要种植的品种： " +
                                                "1. 富士 2. 金帅 ");
                                        String brand = "富士";
                                        if (input.hasNextInt()) {
                                            switch  (input.next
Int()) {
                                                case 1:
                                                    brand  =  "
富士";
                                                    break;
                                                case 2:
                                                    brand  =  "
金帅";
                                                    break;
                                            }
                                        }
                                        crop = new AppleTree (brand);
                                        break;
                                }
                                game.land.plant(crop);
                            }
                        }else{
                            System.out.println("土地已种植农作物，
不能重复种植！");
                        }
                        break;
                    case 3:
                        //待实现
                        break;
                    case 4:
                        //待实现
                        break;
```

```
                            case 5:
    System.out.println("欢迎再次使用！");
                              return;
                    }
                    System.out.println("请选择：1. 查看土地状态 \t 2. 播种 " +
                                "\t 3. 查看作物生长状态  4. 收获果实  \t 5.退出
游戏");
                }
            }
        }
```

程序运行结果如图 10.7 所示。

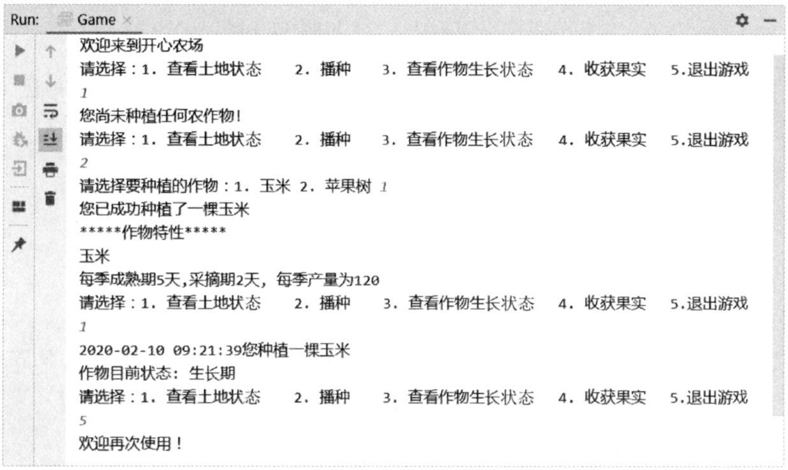

```
Run: Game
欢迎来到开心农场
请选择：1. 查看土地状态    2. 播种    3. 查看作物生长状态    4. 收获果实    5.退出游戏
1
您尚未种植任何农作物！
请选择：1. 查看土地状态    2. 播种    3. 查看作物生长状态    4. 收获果实    5.退出游戏
2
请选择要种植的作物：1. 玉米 2. 苹果树 1
您已成功种植了一棵玉米
*****作物特性*****
玉米
每季成熟期5天,采摘期2天, 每季产量为120
请选择：1. 查看土地状态    2. 播种    3. 查看作物生长状态    4. 收获果实    5.退出游戏
1
2020-02-10 09:21:39您种植一棵玉米
作物目前状态: 生长期
请选择：1. 查看土地状态    2. 播种    3. 查看作物生长状态    4. 收获果实    5.退出游戏
5
欢迎再次使用！
```

图10.7 示例4的程序运行结果

在使用 instanceof 运算符时，需要注意的是，对象的类型必须和 instanceof 的第二个参数所指定的类或接口在继承树上具有上下级关系，否则会出现编译错误。在示例代码中，crop 属性的类型是 Crop，而 MultiSeasonsCrop 类是 Crop 类的子类。如果编写代码“crop instanceof String” 就会出现编译错误。

技能训练

上机练习 1——实现查看作物生长状态的功能

需求说明

➢ 通过多态，实现查看作物生长状态的功能。

实现思路及关键代码

（1）在示例 4 的 Land 类基础上，添加 checkCropGrow()方法。

（2）在示例 4 的 Game 类基础上，添加对 checkCropGrow()方法的调用。

关键代码：

```
import java.time.LocalDateTime;
public class Land {
      private boolean idle = true;
      private Crop crop;                   //种植的作物
      public void plant(Crop crop){
            //……省略方法体
      }
```

```
        public void print(){
              //……省略方法体
        }
        /**
         * 查看农作物生长状态
         */
        public void checkCropGrow(){
              if(!idle){
                     if(crop!=null){
                            long gap = DateUtil.getIntervalsByMin(
                                         crop.getPlantDate(), LocalDateTime.now());
                            crop.grow((int) gap);
                            crop.printGrowReport((int)gap);
                     }
              }else{
                     System.out.println("您尚未种植任何农作物！");
              }
        }
        //……省略 getter 和 setter 方法
  }
```

上机练习 2——实现控制动物叫的功能

需求说明

➢ 假设一个主人领养了 3 只动物，分别是小狗、小猫和小鸭子。他可以控制各个动物叫的行为。编写一个主人类，通过多态实现主人控制动物叫的功能。

实现思路及关键代码

（1）编写动物类 Animal 及 cry()方法。

（2）编写小狗类 Dog、小猫类 Cat 和小鸭子类 Duck，均继承自 Animal 类。分别在类中重写父类的 cry()方法，实现动物叫。

（3）编写主人类 Host 以及控制动物叫的方法 letCry()。这里将 Animal 父类对象作为 LetCry()的形参。

（4）编写测试类，实现功能。

关键代码：

```
//动物类
public class Animal {
      public void cry(){
            System.out.println("动物叫……");
      }
}
//小狗类
public class Dog extends Animal {
      @Override
      public void cry() {
            System.out.println("汪汪汪……");
      }
}

//小猫类
public class Cat extends Animal {
```

```
        @Override
        public void cry() {
            System.out.println("喵喵喵……");
        }
    }
    //小鸭子类
    public class Duck extends Animal {
        @Override
        public void cry() {
            System.out.println("嘎嘎嘎……");
        }
    }
    //主人类
    public class Host {
        public void letCry(Animal animal){
            animal.cry(); //控制动物叫的方法
        }
    }
    //测试类
    public class Test {
        public static void main(String[] args) {
            Host host = new Host();
            Animal animal = new Dog();
            host.letCry(animal); //控制小狗叫

            animal = new Cat();
            host.letCry(animal);//控制小猫叫

            animal = new Duck();
            host.letCry(animal);//控制小鸭子叫
        }
    }
```

上机练习 3——实现主人赠送动物功能

需求说明

➢ 假如上机练习 2 中 3 只动物的主人可以根据其他人的要求送出一只动物。送出的动物可以叫，请实现此功能。

实现思路及关键代码

（1）在上机练习 2 中动物继承关系的基础上，定义 Host 类的 donate()方法。考虑到主人可以根据其他人的要求进行赠送，因此，可以使用 type 变量作为 donate()的参数，返回值类型为 Animal 类型。

（2）编写测试类。

关键代码：

```
    //主人类
    public class Host {
        public Animal donate(String type){
            Animal animal = null;
            if(type=="dog"){
                animal=new Dog();
```

```
            }else if(type=="cat"){
                animal = new Cat();
            }else if(type=="duck"){
                animal = new Duck();
            }
            return animal;
        }
    }
    //测试类
    public class Test {
        public static void main(String[] args) {
            Host host = new Host();
            Animal animal;
            animal = host.donate("dog");
            animal.cry(); //小狗叫

            animal = host.donate("duck");
            animal.cry(); //小鸭子叫
        }
    }
```

10.2 任务 2：使用多态实现图书馆计算罚金功能

学习目标如下。

- 理解多态的优势。
- 使用多态实现图书馆计算罚金功能。

10.2.1 多态的优势

从之前的示例中不难发现，多态具有以下优势。

- 可替换性：多态对已存在的代码具有可替换性。
- 可扩充性：多态对代码具有可扩充性。增加新的子类不影响已存在类的多态性、继承性，以及其他特性的运行和操作。实际上新加的子类更容易获得多态功能。
- 接口性：多态是父类向子类提供了一个共同接口，由子类来具体实现。
- 灵活性：多态在应用中实现了灵活多样的操作，提高了程序效率。
- 简化性：多态简化了应用软件的代码编写和修改过程，在处理大量对象的运算和操作时，这个特点尤为突出和重要。

10.2.2 综合练习

通过示例 5，进一步深入理解多态的应用。

示例 5

图书馆提供给读者借阅服务，包括借阅书籍及音像制品。如果借阅超时需要缴纳罚金。对于不同类型的书籍和音像制品罚款规则不同。

- 成人书籍：允许借阅的时间是 21 天，每超时 1 天，需要缴纳罚金 2 元；如果超时 3 天以上，超出的每天需要缴纳罚金 5 元。

➢ 儿童书籍：允许借阅的时间是 21 天，每超时 1 天，需要缴纳罚金 1 元。

➢ 音像制品（CD 或 DVD）：允许借阅的时间是 14 天，每超时 1 天，需要缴纳罚金 5 元；如果超时 3 天以上，超出的每天需要缴纳罚金 10 元。

每位读者可以一次借阅多本书和多张 CD 或 DVD，请通过多态实现计算罚金的功能。

分析

图书馆允许借阅的内容可分为成人书籍、儿童书籍和音像制品，并且图书馆设置了不同的超时罚款规则。分析要实现的功能，考虑通过继承关系以及多态来实现。

（1）定义类。

定义父类 Book，属性包括名称、借阅期限。定义方法 calFines(int borrowingDays)。

关键代码：

```
public class Book {
    private String name;  //名称
    private int borrowingPeriod;//借阅期限
    public Book(){}
    public Book(String name, int borrowPeriod){
        this.name = name;
        this.borrowingPeriod = borrowPeriod;
    }

    public double calFines(int borrowingDays){
        return 0;
    }

    public String getName() {
        return name;
    }

    public void setName(String name) {
        this.name = name;
    }

    public int getBorrowingPeriod() {
        return borrowingPeriod;
    }

    public void setBorrowingPeriod(int borrowingPeriod) {
        this.borrowingPeriod = borrowingPeriod;
    }
}
```

（2）定义子类 AdultBook、KidBook 及 Disc。它们分别继承自 Book 类。根据图书馆借阅超时缴纳罚金的规则，重写父类的 calFines()方法。

AdultBook 类关键代码：

```
/**
 * 成人书籍类
 */
```

```
public class AdultBook extends Book {
    public AdultBook(String name){
        super(name,21);
    }
    @Override
    public double calFines(int borrowingDays) {
        int delay =borrowingDays-this.getBorrowingPeriod();
        double fines; //罚金
        if(delay<=3){
            fines = delay * 2;
        }else{
            fines = 3 * 2 + (delay-3) * 5;
        }
        return fines;
    }
}
```

KidBook 类关键代码：

```
/**
 * 儿童书籍类
 */
public class KidBook extends Book {
    public KidBook(){}
    public KidBook(String name){
        super(name,21);
    }

    @Override
    public double calFines(int borrowingDays) {
        return (borrowingDays-this.getBorrowingPeriod()) * 1;
    }
}
```

Disc 类关键代码：

```
/**
 * 音像制品类
 */
public class Disc extends Book {
    public Disc(){}
    public Disc(String name){
        super(name,14);
    }

    @Override
    public double calFines(int borrowingDays) {
        int delay = borrowingDays-this.getBorrowingPeriod();
        double fines;
        if(delay<=3){
            fines = delay * 5;
        }else{
            fines = 3 * 5 + (delay-3) * 10;
        }
```

```
            return fines;
        }
    }
```

（3）假设某读者借阅 2 本成人书、2 本儿童书以及 1 张 DVD 光盘。由于遗忘了，借阅 30 天后才归还，计算该读者总共需要缴纳的罚金。

关键代码：

```
public class Test {
    public static void main(String[] args) {
        //超时归还的书籍列表
        Book[] books = new Book[5];
        books[0] = new AdultBook("半小时漫画中国史");
        books[1] = new AdultBook("博弈论");
        books[2] = new KidBook("法布尔昆虫记");
        books[3] = new KidBook("最好的朋友");
        books[4] = new Disc("冰雪公主 2");
        Customer customer = new Customer();
        int borrowingDays = 30; //借阅时间
        int fines = customer.calTotalFines(books,30);
        System.out.println("您共归还书籍"+books.length+"本");
        for(int i=0;i<books.length;i++){
            System.out.println((i+1)+" " + books[i].getName());
        }
        System.out.println("借阅时间："+borrowingDays+"天");
        if(fines >0){
            System.out.println("共需缴纳罚金：" +fines + "元");
        }
    }
}
```

程序运行结果如图 10.8 所示。

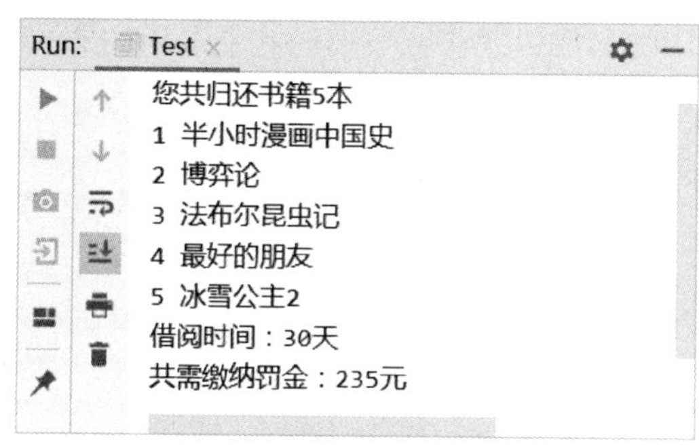

图10.8　示例5的程序运行结果

通过多态，很容易地实现了不同规则的罚金计算功能。

多态是面向对象的三大特性之一。通过多态，不仅可以减少代码量，也能提升程序的可维护性和可扩展性，因此，在实际程序开发中，多态具有广泛的应用。

知识总结

（1）面向对象的三大特性：封装、继承、多态。

（2）封装就是将类的成员属性声明为私有的，同时提供公有的方法实现对该成员属性的存取操作。

（3）继承是软件可重用性的一种表现，新类可以在不增加自身代码的情况下，通过从现有的类中继承其属性和方法来充实自身内容，这种现象或行为就称为继承。

（4）多态是具有表现多种形态能力的特征。在程序设计的术语中，它意味着一个特定类型的变量可以引用不同类型的对象，并且能自动地调用引用对象的方法，也就是根据作用的不同对象类型，响应不同的操作。

本章小结

本章学习了以下知识点。

➢ 通过多态可以减少代码量，也可以提高程序的可扩展性和可维护性。继承是多态的基础，没有继承就没有多态。

➢ 实现多态时，可以将父类作为方法的形参，还可以将父类作为方法的返回值。

➢ 把子类转换为父类，称为向上转型，系统自动进行类型转换。把父类转换为子类，称为向下转型，必须进行强制类型转换。

➢ 向上转型后，通过父类引用变量调用的方法是子类覆盖或继承自父类的方法，通过父类引用变量无法调用子类特有的方法。

➢ 向下转型后可以访问子类特有的方法。向下转型必须转换为父类指向的真实子类类型，否则将出现类型转换异常“ClassCastException”。

➢ instanceof 运算符用于判断一个对象是否属于某个类或者是否实现了某个接口。

本章作业

1．简述多态的概念，以及子类和父类之间转换时遵循的规则。

2．给定如下 Java 代码，找出存在的错误，并解释错误的原因。删除错误语句后的程序输出结果是什么？请说明原因。

```
class Person {
    String name;
    int age;
    public void eat() {
        System.out.println("person eating with mouth");
    }
    public void sleep() {
        System.out.println("sleeping in night");
    }
}
class Chinese extends Person {
    public void eat() {
        System.out.println("Chinese   eating   rice   with   mouth   by
chopsticks");
    }
    public void shadowBoxing() {
        System.out.println("practice Tai Chi every morning ");
    }
```

```
}
class Test {
    public static void main(String[] args) {
        Chinese ch=new Chinese();
        ch.eat();
        ch.sleep();
        ch.shadowBoxing();
        Person p=new Chinese();
        p.eat();
        p.sleep();
        p.shadowBoxing();
    }
}
```

3．利用多态特性，编程创建一个手机类 Phones，定义打电话方法 call()。创建两个子类：苹果手机类 IPhone 和安卓手机类 APhone，并在各自类中重写方法 call()。编写程序入口 main()方法，实现用两种手机打电话。再添加一个 Windows Phone 手机子类 WPhone，重写方法 call()，修改代码实现用该手机打电话。

第 11 章

抽象类和接口

技能目标

- ❖ 掌握抽象类和抽象方法
- ❖ 掌握 final 修饰符的使用
- ❖ 掌握接口的用法
- ❖ 理解面向对象设计原则

本章任务

学习本章，需要完成以下两个任务。

任务 1：使用抽象类模拟愤怒的小鸟游戏

任务 2：使用接口模拟愤怒的小鸟游戏

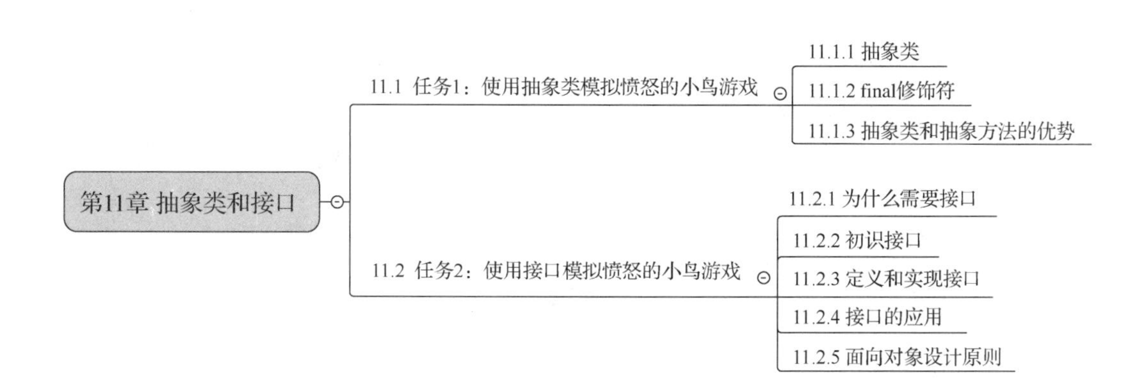

11.1 任务 1：使用抽象类模拟愤怒的小鸟游戏

学习目标如下。

- 理解抽象类的应用场合。
- 会定义抽象类和抽象方法。
- 掌握 final 修饰符的使用。
- 了解抽象类和抽象方法的优势。

11.1.1 抽象类

1. 为什么需要抽象类

在前面实现的开心农场游戏中，定义了作物的父类 Crop。我们可以通过以下代码实例化 Crop 对象：

```
Crop crop = new Crop();
crop.print();
```

事实上，Crop 是我们抽象出来的一个概念，并不存在名为“Crop”的作物，因此将它实例化是没有任何意义的。那么，如何限制 Crop 类不被实例化呢？这里就需要使用 Java 的抽象类。

2. 抽象类和抽象方法

（1）抽象类

什么是抽象类呢？顾名思义，抽象类就是抽象的类，抽象往往是相对于具体而言的。一般来说，具体类（普通类）有直接对应的对象，而抽象类没有，它往往表达的是抽象的概念。例如，猫是具体对象，而动物则是抽象概念；玉米是具体对象，而作物则是抽象概念。

在 Java 中，当一个类被 abstract 关键字修饰时，该类称为抽象类。定义一个抽象类的语法格式如下：

```
abstract class <类名>{
}
```

abstract 关键字表示该类被定义为抽象类。

抽象类与普通类的最大区别是：普通类可以被实例化，而抽象类不能被实例化。

（2）抽象方法

在 Java 中，当一个类的方法被 abstract 关键字修饰时，该方法被称为抽象方法。抽象方法所在的类必须是抽象类。

当一个方法被定义为抽象方法后，该方法不会有具体的实现，而是在抽象类的子类中通过方法重写进行实现。定义抽象方法的语法格式如下：

```
[ 访问修饰符 ] abstract < 返回值类型 > < 方法名 >([ 参数列表 ]);
```

abstract 关键字表示该方法被定义为抽象方法。

抽象方法与普通方法最大的区别是：普通方法有方法体，而抽象方法没有方法体。

观察下面的代码，它们是抽象方法吗？

代码：

```
public void print() {}  //①
public abstract void print();  //②
```

在以上代码中，代码行①的方法不是抽象方法，而是有具体实现但具体实现为空的普通方法。代码行②的方法为抽象方法，切记不要忘记语句最后的分号。这里，abstract 可以用来修饰类和方法，但不能用来修饰属性和构造方法。

注意

抽象方法只能在抽象类中定义。但是抽象类可以包含抽象方法，也可以包含普通方法，还可以包含普通类包含的其他成员。

3. 定义抽象类

下面通过一个示例，了解抽象类和抽象方法的用法。

示例 1

使用抽象类重新编写开心农场游戏中的 Crop 类。

分析

要将 Crop 类改写成抽象类，只需要添加 abstract 关键字即可。

关键代码：

```
public abstract class Crop {
     private String name;          //名称
     private int maturity;          //成熟期
     private int numsOfFruits;      //果实数量
     private int harvestTime;       //采摘期
     private LocalDateTime plantDate;       //种植时间
     public Crop(){
          this.name = "默认";
     }
     public Crop(String name, int maturity, int numsOfFruits, int
harvestTime){
          this.name = name;
          this.maturity = maturity;
          this.numsOfFruits = numsOfFruits;
          this.harvestTime = harvestTime;
          this.plantDate = LocalDateTime.now();
     }
```

```
    public void print(){
        System.out.println("*****作物特性*****");
        System.out.println(this.name);
        System.out.println("每季成熟期"+ this.maturity + "天，"
                +"采摘期"+ this.harvestTime + "天，"
                +"每季产量为" + this.numsOfFruits);
    }

    public void grow(int days){
        System.out.println("作物生长"+days+"天");
    }

    public void printGrowReport(int days){
        System.out.println("输出作物生长报告……");
    }

    //……省略 getter 方法
}
```

测试类关键代码：

```
public class Test {
    public static void main(String[] args) {
        Crop crop = new Crop(); //①抽象类不能被实例化
        crop.print();
    }
}
```

运行示例 1 的代码，代码行①处会出现编译错误，提示 Crop 是抽象类，不能被实例化，如图 11.1 所示。

```
3  public class Test {
4      public static void main(String[] args) {
5          Crop crop = new Crop();    'Crop' is abstract; cannot be instantiated
6          crop.print();
7      }
8  }
```

图11.1　抽象类不能被实例化

在 Crop 类中，定义了作物的 grow()方法以及 printGrowReport()方法，但因为 Crop 只表示抽象的概念，所以这两个方法要通过在子类中重写来实现。可是如果子类没有进行重写，则子类将会继承该方法，没办法正确地实现作物生长的方法。那么，能否强制子类重写该方法，否则提示出错呢？这时就需要将该方法定义为抽象方法。

示例 2

将 Crop 类中的 grow()方法和 printGrowReport()方法修改为抽象方法。

分析

添加 abstract 关键字来修饰 grow()方法和 printGrowReport()方法。这两个方法必须在子类中进行重写。

关键代码：

```
public abstract class Crop {
    private String name;          //名称
```

```
    private int maturity;          //成熟期
    private int numsOfFruits;      //果实数量
    private int harvestTime;       //采摘期
    private LocalDateTime plantDate;       //种植时间
    public Crop(){
        this.name = "默认";
    }
    public Crop(String name, int maturity, int numsOfFruits, int
harvestTime){
        this.name = name;
        this.maturity = maturity;
        this.numsOfFruits = numsOfFruits;
        this.harvestTime = harvestTime;
        this.plantDate = LocalDateTime.now();
    }

    public void print(){
        System.out.println("*****作物特性*****");
        System.out.println(this.name);
        System.out.println("每季成熟期"+ this.maturity + "天，"
                +"采摘期"+ this.harvestTime + "天，"
                +"每季产量为" + this.numsOfFruits);
    }

    public abstract void grow(int days);  //抽象方法

    public abstract void printGrowReport(int days); //抽象方法

    //……省略 getter 方法
}
```

在子类 SingleSeasonCrop 类中，去掉 grow()和 printGrowReport()的方法定义，即不重写父类的方法，代码如下：

```
public class SingleSeasonCrop extends Crop {
    private String status;
    private boolean harvested;
    public SingleSeasonCrop(String name, int maturity,
                            int numsOfFruits, int harvestTime){
        super(name,maturity,numsOfFruits,harvestTime);
        this.status = Constants.GROW;
        this.harvested = false;
    }

    public String getStatus() {
        return status;
    }

    public boolean isHarvested() {
        return harvested;
    }
}
```

此时运行程序，就会在“SingleSeasonCrop extends Crop”这行代码处出现编译错误，如图 11.2 所示。提示 SingleSeasonCrop 类必须声明为抽象类或者必须实现父类 Crop 中定义的抽象方法 grow(int)。

```
1  package com.javaex.examp...
2                  Class 'SingleSeasonCrop' must either be declared abstract or implement abstract method 'grow(int)' in 'Crop'
3                  Class 'SingleSeasonCrop' is never used
4  public class SingleSeasonCrop extends Crop {
5      private String status;
6      private boolean harvested;
```

图11.2　子类没有重写父类抽象方法的错误提示

解决办法就是在子类中重写父类定义的所有抽象方法，包括 grow()和 printGrowReport()。具体如下：

```
public class SingleSeasonCrop extends Crop {
    private String status;
    private boolean harvested;
    //……省略构造方法

    @Override
    public void grow(int days){
        int seasonDuration = super.getMaturity()
                            + super.getHarvestTime();//计算生长季周期
        if(days >= seasonDuration){
            this.status = Constants.DEAD;
        }else{
            if(days >= super.getMaturity() ){
                this.status = Constants.MATURE;
            }else{
                this.status = Constants.GROW;
            }
        }
    }
    @Override
    public void printGrowReport(int days){
        System.out.println("您种植的" + super.getName() + "处于" +
this.status);
        switch(this.status){
            case Constants.GROW:
                System.out.println("已生长" + days
                        + "天，距离收获果实还有"
                        + (super.getMaturity() - days) + "天");
                break;
            case Constants.MATURE:
                if(harvested==true){
                    System.out.println("本季果实已完成采摘！");
                }
                else{
                    System.out.println("果实已成熟，请尽快采摘！");
                }
                break;
        }
```

```
    }

    //……省略 getter 方法
}
```

通过定义抽象方法，避免了遗忘重写父类方法引发的错误。

注意

（1）抽象类中可以没有抽象方法，可以有一个或多个抽象方法，甚至可以定义全部方法为抽象方法。

（2）抽象方法只有方法声明，没有方法实现。有抽象方法的类必须声明为抽象类。子类必须重写父类所有的抽象方法才能被实例化，否则子类还是一个抽象类。

（3）抽象类可以有构造方法，其构造方法可以被该类的其他构造方法调用，若此构造方法不是由 private 修饰，也可以被该类的子类的构造方法调用。

11.1.2 final 修饰符

在第 8 章中，我们已经对 final 修饰符有了一定的认识。final 是 Java 的关键字，表示最后的、最终的，这部分是不可变的。使用 final 修饰符修饰的变量，只能进行一次赋值操作，并且在整个运行时中它的值都不可改变，即称为常量。final 修饰符除了修饰常量，还可以修饰类和类的方法。

1. final 修饰类

用 final 修饰的类不能被继承。看下面的示例：

```
public final class Dog {
}
class LittleDog extends Dog(){
}
```

执行以上代码，会出现编译错误，提示“LittleDog 类不能继承标识为 final 的 Dog 类”。

2. final 修饰类的方法

用 final 修饰方法，表示该方法不能被子类重写。例如定义一个学生类，包含一个 print()方法，该方法使用 final 修饰。

代码：

```
public class Student {
      public final void print(){
            System.out.println("我是一个学生！");
      }
}
```

此时，print()方法不能在 Student 的子类中被重写。通常，使用 final 修饰类的方法主要是从程序设计的角度考虑，即明确告诉其他开发人员，不希望他们重写这个方法。如果试图重写标识 final 的方法，就会出现编译错误。

对比：final 和 abstract 关键字的用法

（1）abstract 可以用来修饰类和方法，不能用来修饰属性和构造方法。final 可以用来修饰类、方法和属性，不能修饰构造方法。

（2）Java 提供的很多类都是由 final 修饰的类，如 String 类、Math 类，它们不能有子类。Object 类中的一些方法，如 getClass()、notify()、wait()都是由 final 修饰的方法，它们只能被子类继承而不能被重写，但是 hashCode()、toString()、equals(Object obj)不是由 final 修饰的方法，可以被重写。

3. 常见错误

（1）用 final 修饰引用类型变量时，变量所指对象的属性值是否可以改变？

常见错误 1

请找出下列代码中存在错误的地方。

代码：

```
public class Student {
      String name;
      public Student(String name){
            this.name = name;
      }

      public static void main(String[] args) {
            final Student stu = new Student("李明"); //①
            stu.name = "李明航"; //②
            stu = new Student("王亮"); //③
      }
}
```

在以上代码中，出错的位置可以锁定在代码行②和代码行③，考虑到学生对象 stu 被定义为 final 修饰的常量，其值不可改变，你可能认为代码行②和代码行③都是错误的。事实上，代码行②是正确的。

对于引用类型变量，一定要区分对象的引用值和对象的属性值两个概念。使用 final 修饰引用类型变量时，变量值就是该引用变量所指向的内存地址，该值不变，即该引用不可以再指向另外的对象，所以代码行③是错误的。但是该变量所指对象的属性值却是可以改变的，所以代码行②是正确的。

小结

使用 final 修饰引用类型变量时，变量的值是固定不变的，而变量所指对象的属性值是可变的。

（2）用 final 修饰方法的参数，参数的值是否可以改变？

常见错误 2

请找出下列代码中存在错误的地方。

代码：

```
class Value{
      int v;
}
public class Test {
      public void changeValue(final int i, final Value value){ //①
            i = 8; //②
            value.v = 8; //③
      }
}
```

在以上代码中，代码行②处会出现编译错误。final 修饰符可以修饰方法的参数，它表示在整个方法中，不能改变该参数的值。因此变量 i 和引用类型变量 value 的值不可改变，但是 value 的属性值可以改变。

（3）abstract 是否可以和 private、static 或 final 共用？

常见错误 3

阅读以下代码，思考其中是否存在错误。

代码：

```
public static abstract void print(); //①
private abstract void print();//②
public final abstract void print();//③
```

以上 3 条语句均为错误的。具体分析如下。

代码行①中，抽象方法只有声明没有实现，static 方法可以通过类名直接进行访问，但无法访问一个没有实现的方法。因此，abstract 和 static 不能结合使用。

代码行②中，抽象方法需要在子类中进行重写，但是 private 方法又不能被子类继承，自然无法进行重写。因此，abstract 和 private 不能结合使用。

代码行③中，抽象方法需要在子类中进行重写，但是 final 修饰的方法不能被子类重写，两者相互矛盾。因此，abstract 和 final 不能结合使用。

技能训练

上机练习 1——使用抽象类模拟愤怒的小鸟游戏

需求说明

➢ 在愤怒的小鸟游戏中，当弹弓被拉到极限以后，小鸟就飞出去进行攻击。分裂鸟会分裂后攻击，火箭鸟会加速冲撞攻击。在小鸟飞行过程中伴有“嗷嗷叫”的行为。模拟分裂鸟和火箭鸟飞行、叫、攻击的行为。

实现思路及关键代码

（1）定义抽象类 Bird。编写 Bird 类的飞行方法 fly()和叫方法 twitter()。

关键代码：

```
/**
 * 抽象类：鸟类
 */
public abstract class Bird {
     public void fly(){
          System.out.println("弹射飞");
     }
     public void twitter(){
          System.out.println("嗷嗷叫");
     }

     /**
      * 抽象方法
      */
     public abstract void attack();
}
```

（2）定义分裂鸟类 SplitBird，继承自抽象类 Bird，编写其攻击方法 attack()。

关键代码：

```
/**
```

```
  * 分裂鸟类
  */
public class SplitBird extends Bird {
    public void attack(){
        System.out.println("分裂攻击！");
    }
}
```

（3）定义火箭鸟类（RocketBird），继承自抽象类 Bird，编写其攻击方法 attack()。

关键代码：

```
/**
  * 火箭鸟类
  */
public class RocketBird extends Bird {
    public void attack(){
        System.out.println("加速冲撞！");
    }
}
```

（4）编写测试类，模拟游戏。

关键代码：

```
public class Test {
    public static void main(String[] args) {
        //火箭鸟
        Bird rocketBird = new RocketBird();
        rocketBird.fly();
        rocketBird.twitter();
        rocketBird.attack();
        //分裂鸟
        Bird splitBird = new SplitBird();
        splitBird.fly();
        splitBird.twitter();
        splitBird.attack();
    }
}
```

11.1.3　抽象类和抽象方法的优势

通过以上示例，我们已经了解了抽象类的使用，它的优势体现在哪里呢？抽象类可以看作类的一个模板，定义了子类的行为，它可以为方法提供默认实现，避免了在子类中重复实现这些方法，提高了代码的可重用性。同时，子类可以分别实现父类（抽象类）中定义的抽象方法，这实现了方法定义和方法实现的分离，使代码具有松散耦合的优点。抽象类作为继承关系中的抽象层，不能被实例化，使用的时候通常将变量定义为抽象类类型，其具体引用是实现抽象类的子类对象，因此能够方便地实现多态。

11.2　任务 2：使用接口模拟愤怒的小鸟游戏

学习目标如下。

- 理解接口的概念。
- 会定义和实现接口。
- 掌握接口的应用场景。
- 理解面向对象设计原则。

11.2.1 为什么需要接口

在有些场合，使用抽象类具有一定的局限性。看下面的问题。

问题

上机练习 1 中实现的愤怒的小鸟游戏，假设需求发生如下变更。

- 当弹弓被拉到极限时，鸟飞出去后进行攻击，并“嗷嗷叫”。
- 允许为角色“鸟”添加不同的装备，包括炸弹、喷火器、旋转引擎和加速马达。其中，拥有炸弹的鸟可以使用炸弹进行爆炸攻击，拥有喷火器的鸟可以喷射火焰进行攻击，拥有旋转引擎的鸟可以旋转攻击，拥有加速马达的鸟可以加速冲撞攻击。
- 鸟也可以具有特殊能力，例如，分裂能力使鸟在攻击时可以分裂提升攻击效果，放大能力可以使鸟身体膨胀具有更强的攻击力。
- 玩家根据不同的游戏级别可以拥有具有不同装备和能力的鸟。不同的鸟类具体如表 11.1 所示。
- 模拟游戏，展示不同鸟的攻击行为。

表 11.1 不同的鸟类

名称	装备	能力	攻击方式
炸弹鸟	炸弹	—	使用炸弹进行爆炸攻击
喷火分裂鸟	喷火器	分裂能力	分裂并喷射火焰进行攻击
旋转鸟	旋转引擎	—	旋转攻击
超级鸟	加速马达	分裂能力、放大能力、膨胀、加速	加速冲撞、分裂并膨胀进行攻击

分析需求发现，鸟的能力比之前更加多样化，鸟可以拥有不同的装备，还可以被赋予某种特殊能力，这些都可以使它具有更强的攻击力。这时，除了飞行、叫和攻击行为外，还需要给鸟赋予不同的能力，因此这些不能在父类抽象类中统一实现。但是如果在子类中分别实现这些特殊能力，势必会造成代码冗余。另外，随着游戏的升级，鸟的装备可能发生变化，如何支持这种变化呢？为了解决这些问题，就需要使用 Java 中的接口。

11.2.2 初识接口

生活中的接口就是一套规范，满足这个规范的设备就可以组装在一起。大家熟悉的计算机，其主板上的 PCI 插槽就可以理解为接口，它有统一的标准，规定了可插入设备的尺寸、排线等。主板厂商和各种卡的厂家都遵守这个统一的接口规范，因此，声卡、显卡、网卡尽管内部实现结构不一样，但是都可以插在 PCI 插槽上，如图 11.3 所示。

Java 中接口的作用和生活中的接口类似，它是一种规范和标准，它可以约束类的行为，使得实现该接口的类（或结构）在形式上保持一致。

接口是一些方法特征的集合，从这个角度来讲，接口可以看作一种特殊的“抽象类”，但是它采用与抽象类完全不同的语法表示，两者的设计理念也不同。抽象类利于代码重复使用，接口利于代码的扩展和维护。

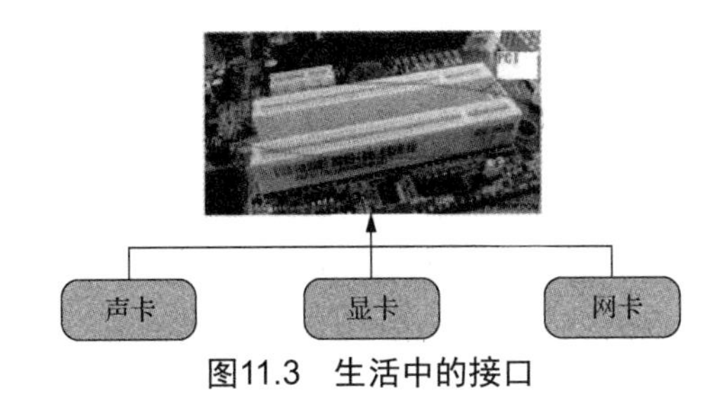

图11.3　生活中的接口

11.2.3　定义和实现接口

1. 定义一个简单的接口

如何使用接口

JDK1.8 版本与之前版本相比，接口的功能更加强大灵活。下面以 JDK1.8 版本为基础讲解如何定义一个接口。

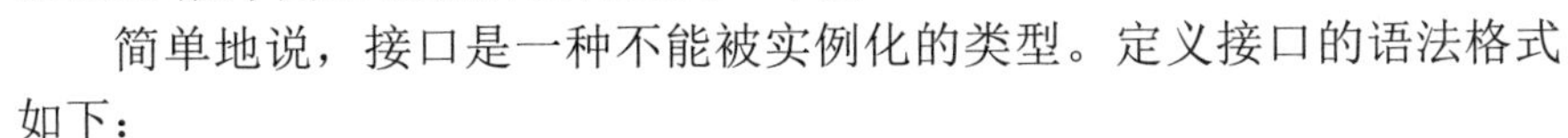

简单地说，接口是一种不能被实例化的类型。定义接口的语法格式如下：

```
[访问修饰符] interface 接口名 {
// 接口成员
}
```

类实现接口的语法格式如下：

```
class 类名 implements 接口{
    //类成员
}
```

对于接口的语法说明如下：

（1）接口的定义使用 interface 关键字，接口的命名规则与类相同。如果接口的访问修饰符是 public，则该接口在整个项目中可见；如果省略访问修饰符，则该接口只在当前包中可见。

（2）接口中只能定义常量。接口中的属性都会自动使用 public static final 修饰，即接口的属性都是全局静态常量。接口中的属性必须在定义时指定初始值。例如，在接口中定义以下成员，其中代码行①和代码行②的两条语句是等效的：

```
int P=5; // ①
public static final int P = 5;// ②
int P; //错误，接口中的属性必须指定初始值，在类中会有默认值
```

（3）在 JDK1.8 版本之前的版本中，接口中只能定义抽象方法。自 JDK1.8 版本开始，接口还允许定义静态方法和默认方法。

例如，定义 MyInterface 接口，包含 3 个方法 function1()、function2()和 function3()。

代码：

```
public interface MyInterface {
    int P = 5;

    //抽象方法
    void function1();
    //默认方法
```

```
        default void function2(){
            System.out.println("这是一个默认方法");
        }
        //静态方法
        static void function3(){
            System.out.println("这是一个静态方法");
        }
}
```

其中，fuction1()为抽象方法，类似于类的抽象方法，只有方法声明，以“;”结尾。这里，系统会自动添加 public abstract 修饰。接口的实现类必须实现接口中定义的所有抽象方法。

接口中 function2()为默认方法，使用 default 修饰。接口中的默认方法如果不能满足某个实现类的需求，可以在实现类中重写这个默认方法。

接口中 fuction3()为静态方法，使用 static 修饰。它与默认方法类似，但不同的是静态方法不允许在实现接口的类中进行重写。另外，接口中定义的静态方法，只能通过接口名称调用，不能通过实现类的类名或实现类的对象调用。

以下代码定义 MyClass 类实现 MyInterface 接口，并在 main()方法中分别调用接口中定义的 3 个方法。

```
public class MyClass implements MyInterface {
        @Override
        public void function1() {
            System.out.println("实现 MyInterface 接口的 function1()！");
        }

        public static void main(String[] args) {
            MyClass myClass = new MyClass();
            myClass.function1(); //执行接口实现类中重写的方法
            myClass.function2(); //执行接口中的默认方法
            MyInterface.function3(); //执行接口中的静态方法
        }
}
```

自 JDK1.8 版本开始，接口中允许有默认方法和静态方法，其主要目的是允许开发者在将新的方法添加到已有接口时，不需要改动已经实现该接口的所有实现类，也就是我们所说的向后兼容。

小技巧

在 IntelliJ IDEA 中，可以在接口的实现类中快速添加需要实现或重写的方法。具体步骤是：将鼠标悬停在接口名上，通过组合键 Alt+Shift+Enter 打开“Select Methods to Implement”对话框，选择需要实现或重写的方法，单击“OK”按钮完成方法的添加。

下面使用接口模拟生活中的 PCI 插槽。

示例 3

定义 PCI 接口，包含的方法有开始方法 start()、停止方法 stop()和默认方法 print()。使用 PCI 接口模拟将声卡、显卡和网卡装配到 PCI 插槽后进行工作的过程。

关键代码：

```
/**
 * 定义 PCI 接口
 */
public interface PCI {
      //开始
      public void start();
      //停止
      public void stop();
      //输出信息
      public default void print(){
            System.out.println("符合 PCI 插槽标准！");
      }
}
```

定义声卡类，若声卡符合 PCI 插槽标准，则可以发声。

关键代码：

```
/**
 * 声卡类
 */
public class SoundCard implements PCI {
      @Override
      public void start() {
            System.out.println("声卡发出声音！");
      }

      @Override
      public void stop() {
            System.out.println("声卡停止发出声音！");
      }
}
```

定义显卡类，若显卡符合 PCI 插槽标准，则可以显示图像。

关键代码：

```
/**
 * 显卡类
 */
public class GraphicCard implements PCI {
      @Override
      public void start() {
            System.out.println("显卡显示图像！");
      }

      @Override
      public void stop() {
            System.out.println("显卡停止显示图像！");
      }
}
```

定义网卡类，若网卡符合 PCI 插槽标准，则可以传输网络数据。

关键代码：

```
/**
```

```
 * 网卡类
 */
public class NetworkCard implements PCI {
    @Override
    public void start() {
        System.out.println("网卡开始传输数据！");
    }

    @Override
    public void stop() {
        System.out.println("网卡停止传输数据！");
    }
}
```

定义装配类，安装网卡、声卡和显卡并模拟其工作过程。

关键代码：

```
public class Assembler {
    /**
     * 装配方法
     * @param pci PCI 接口
     */
    public static void assemble(PCI pci){
        pci.print();
        pci.start();
        pci.stop();
    }

    public static void main(String[] args) {
        //装配网卡
        System.out.println("***装配网卡***");
        PCI networkCard = new NetworkCard();
        Assembler.assemble(networkCard);
        //装配声卡
        System.out.println("***装配声卡***");
        PCI soundCard = new SoundCard();
        Assembler.assemble(soundCard);
        //装配显卡
        System.out.println("***装配显卡***");
        PCI graphicCard = new GraphicCard();
        Assembler.assemble(graphicCard);
    }
}
```

在装配类 Assembler 中定义装配方法，接收 PCI 接口类型的参数完成网卡、声卡、显卡的装配。在 main()方法中，声明 PCI 接口，实例化其实现类 NetworkCard、SoundCard 和 GraphicCard，这符合多态中向上转型的规则。

运行程序，输出结果如图 11.4 所示。

这里通过调用接口类型变量的 print()方法，执行接口中定义的默认方法 print()。通过接口类型变量调用 start()方法和 stop()方法，执行接口实现类中对应的方法，这也体现了多态的特性。

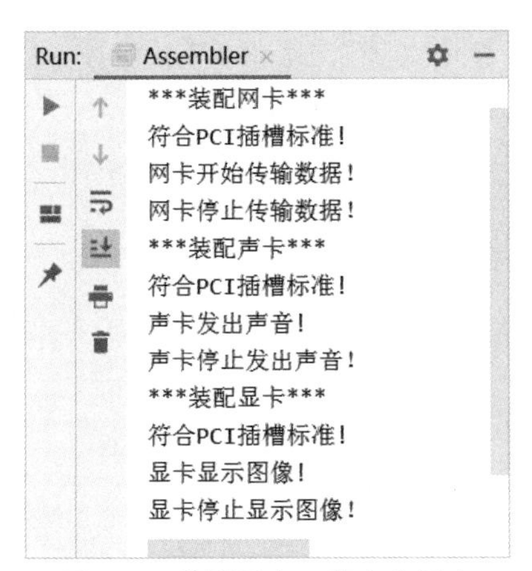

图11.4　装配网卡、声卡和显卡

2. **定义复杂的接口**

接口本身也可以继承接口。具体语法如下：

```
[ 修饰符 ] interface 接口名 extends 父接口 1, 父接口 2,…{
    //常量定义
    //方法定义
}
```

接口之间可以通过 extends 实现继承关系，一个接口可以继承多个接口，但接口不能继承类。

一个普通类只能继承一个父类，但能同时实现多个接口，也可以同时继承一个父类并实现多个接口。具体语法如下：

```
class 类名 extends 父类名 implements 接口 1, 接口 2,…{
//类的成员
}
```

这里，类继承一个父类，但通过 implements 实现多个接口，此时 extends 必须位于 implements 之前。另外，这个类必须实现所有接口（接口 1、接口 2……）的全部抽象方法，否则必须定义为抽象类。

问题：如果一个类实现了多个接口，且这些接口有相同的默认方法，这种情况该如何处理？

回答如下。

实现类必须提供自己的默认方法覆盖接口中的默认方法。例如，接口 A 中定义了默认方法 print()，接口 B 中也定义了默认方法 print()。如果类 C 实现了接口 A 和接口 B，则类 C 中必须定义自己的 print()方法。否则，在调用 C 类对象的 print()方法时无法确定是访问接口 A 的 print()方法，还是访问接口 B 的 print()方法。

技能训练

上机练习 2——模拟生活中的 USB 接口

需求说明

➢　生活中的 USB 接口是企业和组织所制定的一种规范和标准，不管设备的类型以及内部结构，只要符合规范，设备就可以插到 USB 接口上正常工作。例如，计算机的 USB 接口插入 U 盘或手机，计算机就可以正确地识别设备。使用接口模拟 USB 接口以及插入 U 盘和手机的工作过程。

实现思路及关键代码

（1）定义 Usb 接口，包括 start()和 stop()方法。

关键代码：

```
/**
 * Usb 接口
 */
public interface Usb {
      void start();
      void stop();
}
```

（2）定义 UDisk 类实现 Usb 接口。

关键代码：

```
public class UDisk implements Usb {
      @Override
      public void start() {
            System.out.println("U 盘开始工作……");
      }

      @Override
      public void stop() {
            System.out.println("U 盘停止工作……");
      }
}
```

（3）定义 Phone 类实现 Usb 接口。可参考 UDisk 类进行实现。

（4）定义计算机 Computer 类，模拟 USB 接口插入不同设备后进行识别的过程。

关键代码：

```
public class Computer {
      //插入 USB 设备
      public void plugIn(Usb usb){
            usb.start();
      }
      //拔出 USB 设备
      public void plugOut(Usb usb){
            usb.stop();
      }

      public static void main(String[] args) {
            Computer computer = new Computer();
            Usb uDisk = new UDisk();
            computer.plugIn(uDisk);
            computer.plugOut(uDisk);
            Usb phone = new Phone();
            computer.plugIn(phone);
            computer.plugOut(phone);
      }
}
```

11.2.4 接口的应用

接口定义了一种协议和规范，使类可以以某种规范的形式与其他外部类进行交互。

例如，之前实现的 PCI 接口、USB 接口，实现这些接口的设备就可以按照统一的行为与其他设备进行交互。

接口也可以表示一种能力，实现了这个接口的类就具备了接口定义的能力。下面使用接口重新模拟愤怒的小鸟游戏。

示例 4

使用接口实现 11.2.1 小节中变更后的游戏需求。

分析

按照面向对象程序设计的方法，可以通过提取名词和动词的方法分别找出类的属性和方法。根据需求，鸟类具有的属性是装备，鸟类具有统一的行为，包括飞行、叫、攻击等，因此，这些可以作为抽象类“鸟类”的属性和方法。因为每种鸟的攻击行为不同，所以可以将攻击行为定义为抽象方法，在子类中进行实现。

对于鸟类的装备属性，为了使程序具有更好的扩展性，可以定义装备接口，然后提供不同装备的实现类。装备接口其实是定义了一种规范，凡是实现该接口的装备都可以被某种鸟所拥有。

对于鸟类的特殊能力，可以定义为接口来实现，因此，具体的鸟类可以在继承父类（鸟类）的同时，根据需求实现不同特殊能力的接口。

根据分析，可以将类、接口之间的关系用类图来描述，如图 11.5 所示。

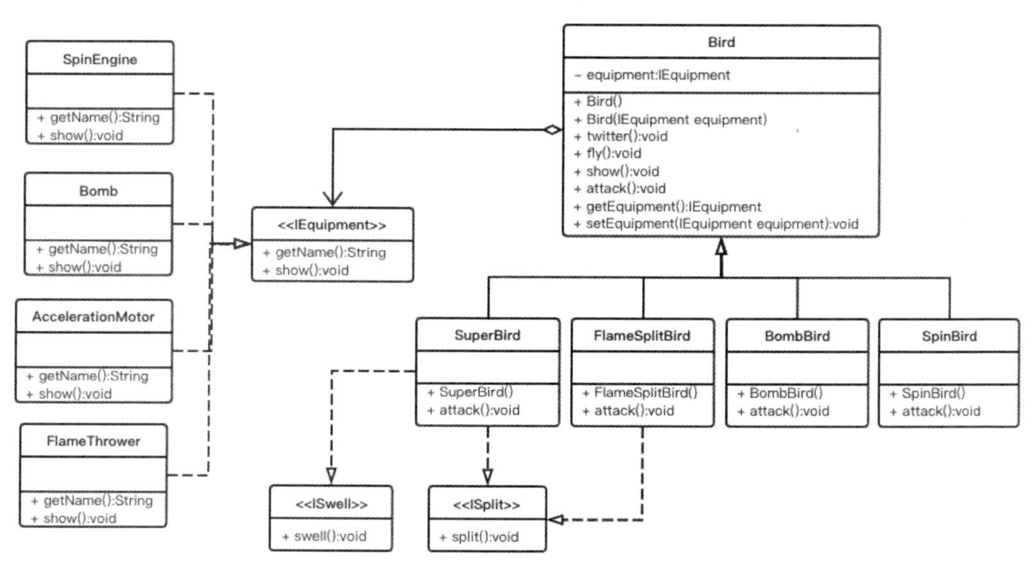

图11.5　愤怒的小鸟类图

这里，抽象类 Bird 定义了装备属性，类型为 IEquipment 接口类型。Bird 的子类分别是炸弹鸟 BombBird 类、旋转鸟 SpinBird 类、喷火分裂鸟 FlameSplitBird 类以及超级鸟 SuperBird 类。其中，SuperBird 类通过实现 ISwell 接口和 ISplit 接口而具有放大和分裂能力。FlameSplitBird 类通过实现 ISplit 接口而具有分裂能力。根据类图编写如下代码。

（1）定义装备接口 IEquipment。接口中定义 getName()用于获取装备名称，show()用于展示装备功能。所有实现装备接口的类必须实现这两个方法。

关键代码：

```
/**
```

```
 * 装备接口
 */
public interface IEquipment {
    /**
     * 返回装备名称
     * @return 装备名称
     */
    String getName();

    /**
     * 展示装备功能
     */
    void show();
}
```

（2）定义装备接口的实现类，包括炸弹 Bomb 类、喷火器 FlameThrower 类、旋转引擎 SpinEngine 类和加速马达 AccelerationMotor 类。

编写炸弹 Bomb 类。

关键代码：

```
/**
 * 实现炸弹装备
 */
public class Bomb implements IEquipment {

    @Override
    public String getName() {
        return "炸弹";
    }

    @Override
    public void show() {
        System.out.print(this.getName()+"爆炸攻击！");
    }
}
```

编写喷火器 FlameThrower 类。

关键代码：

```
/**
 * 实现喷火器装备
 */
public class FlameThrower implements IEquipment {
    @Override
    public String getName() {
        return "喷火器";
    }

    @Override
    public void show() {
        System.out.print("使用"+this.getName()+"喷射火焰！");
    }
}
```

编写旋转引擎 SpinEngine 类。

关键代码：

```
/**
  * 实现旋转引擎装备
  */
public class SpinEngine implements IEquipment {
      @Override
      public String getName() {
            return "旋转引擎";
      }

      @Override
      public void show() {
            System.out.print("使用"+this.getName()+"旋转攻击！");
      }
}
```

编写加速马达 AccelerationMotor 类。

关键代码：

```
/**
  * 实现加速马达装备
  */
public class AccelerationMotor implements IEquipment {
      @Override
      public String getName() {
            return "加速马达";
      }

      @Override
      public void show() {
            System.out.print("加速冲撞！");
      }
}
```

（3）定义分裂能力接口。

关键代码：

```
/**
  * 分裂能力接口
  */
public interface ISplit {

      public default void split(){
            System.out.print("分裂攻击！");
      }
}
```

这里在分裂能力接口中提供了默认方法 split()。

（4）定义放大能力接口。

关键代码：

```
/**
  * 放大能力接口
  */
```

```
public interface ISwell {

    public default void swell(){
        System.out.print("膨胀攻击！ ");
    }
}
```

这里，在放大能力接口中提供默认方法 swell()。

（5）编写抽象类 Bird 类。

关键代码：

```
public abstract class Bird {
    private IEquipment equipment;//装备
    public Bird(){}
    public Bird(IEquipment equipment){
        this.equipment = equipment;
    }
    public void twitter(){
        System.out.println("嗷嗷叫");
    }
    public void fly(){
        System.out.println("弹射飞");
    }

    /**
     * 展示鸟的行为
     */
    public void show(){
        fly();
        twitter();
        attack();
    }
    /**
     * 抽象方法：攻击
     */
    public abstract void attack();

    public IEquipment getEquipment() {
        return equipment;
    }

    public void setEquipment(IEquipment equipment) {
        this.equipment = equipment;
    }
}
```

根据代码可知，在 Bird 类的带参构造方法中，其参数为装备接口，因此允许鸟装配不同的装备。

（6）下面编写具体的鸟类。

编写炸弹鸟类。

关键代码：

```
/**
```

```
 * 炸弹鸟类
 */
public class BombBird extends Bird {
    public BombBird(){
        super(new Bomb()); //装备炸弹
    }

    @Override
    public void attack() {
        System.out.print("炸弹鸟攻击：");
        this.getEquipment().show();
    }
}
```

编写喷火分裂鸟类。

关键代码：

```
/**
 * 喷火分裂鸟类
 */
public class FlameSplitBird extends Bird implements ISplit {

    public FlameSplitBird(){
        super(new FlameThrower()); //装备喷火器
    }

    @Override
    public void attack() {
        System.out.print("喷火分裂鸟攻击：");
        this.split();
        this.getEquipment().show();
    }
}
```

编写旋转鸟类。

关键代码：

```
/**
 * 旋转鸟类
 */
public class SpinBird extends Bird {
    public SpinBird(){
        super(new SpinEngine());//装备旋转引擎
    }

    @Override
    public void attack() {
        System.out.print("旋转鸟攻击：");
        this.getEquipment().show();
    }
}
```

编写超级鸟类。

关键代码：

```
/**
 * 超级鸟类
```

```
 */
public class SuperBird extends Bird implements ISplit, ISwell {
    public SuperBird(){
        super(new AccelerationMotor()); //装备加速马达
    }
    @Override
    public void attack() {
        System.out.print("超级鸟攻击: ");
        this.split();
        this.swell();
        this.getEquipment().show();
    }
}
```

注意，在具体鸟的实现类的构造方法中，通过 super 调用父类 Bird 类的构造方法，并传入不同的装备对象。这样就实现了不同鸟类灵活地装配不同的装备，体现了多态性。另外，即使装备的具体实现发生变化，也不用修改具体的鸟类代码，程序具有更好的可维护性。

另外，对于 ISwell 接口和 ISplit 接口，因为接口中的 swell()方法和 split()方法为默认方法，所以不需要在实现接口的类中再进行实现，这就实现了代码重用。

（7）模拟游戏功能，展示不同鸟的攻击行为。

关键代码：

```
import java.util.Scanner;
public class Game {
    public static Bird chooseBird(int type){
        Bird bird = null;
        switch(type){
            case 1:
                bird = new BombBird();
                break;
            case 2:
                bird = new FlameSplitBird();
                break;
            case 3:
                bird = new SpinBird();
                break;
            case 4:
                bird = new SuperBird();
                break;
        }
        return bird;
    }
    public static void main(String[] args) {
        Scanner input = new Scanner(System.in);
        System.out.println("请选择鸟的类型: 1.炸弹鸟  " +
                "2.喷火分裂鸟 3.旋转鸟 4.超级鸟 ");
        int type = input.nextInt();
        Bird bird = Game.chooseBird(type);
        bird.show();
    }
```

```
}
```

程序运行结果如图 11.6 所示。

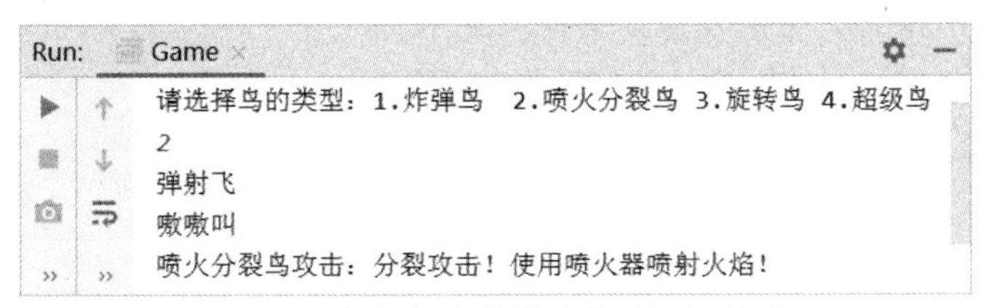

图11.6　愤怒的小鸟游戏程序运行结果

在以上示例中，根据用户选择的类型，创建对应的鸟类对象。当调用 Bird 类的 show()方法时，执行 Bird 类的 fly()方法、twitter()方法以及子类重写的 attack()方法。在创建子类对象时，传入符合 IEquipment 接口规范的装备对象而使鸟拥有了相应的装备，例如喷火分裂鸟 FlameSplitBird，通过“super(new FlameThrower());”语句它拥有了喷火器装备，因此在它的 attack()方法中，当执行“this.getEquipment().show()”时，输出“使用喷火器喷射火焰！”信息，这体现了多态的特点。FlameSplitBird 类通过实现 ISplit 接口，具有了分裂能力，当执行它的 attack()方法时，通过“this.split();”语句输出“分裂攻击！”信息。

将接口作为类的属性，就可以灵活地接收所有实现这个接口的类的对象，即使需求变化，只要符合接口规范，就能直接装配，不需要改动已有的代码。这使得程序具有更好的可扩展性和可维护性。

另外，接口也是对 Java 类的单继承性的一种补充。在 Java 中，类只能继承自一个父类，这种单继承性使代码更加纯净，但是也使类的扩展变得困难。在示例代码中，具体的鸟类在继承父类 Bird 的同时，通过实现某个特定能力的接口，就可以轻松具有一种或多种特殊能力，这弥补了单继承性的缺陷，使类可以灵活地扩展。接口类似于一个组件，需要时可以自由组装，因此更利于代码的扩展和维护。

事实上，在 Java API 中，定义了很多接口。例如：实现对象比较的 Comparable 接口、实现类序列化的 Serializable 接口等。Java API 定义了接口，开发人员必须按照接口定义的规则（也就是定义的方法名、参数以及返回值）来实现相应的功能。

技能训练

上机练习 3——实现打印机打印功能

需求说明

➢ 要求实现打印机打印功能。打印机的墨盒可能是彩色的，也可能是黑白的，所用的纸张可以有多种类型，如 A4、B5 等，并且墨盒和纸张都不是打印机厂商提供的。打印机厂商要保证自己的打印机与市场上的墨盒、纸张匹配。具体实现效果如图 11.7 所示。

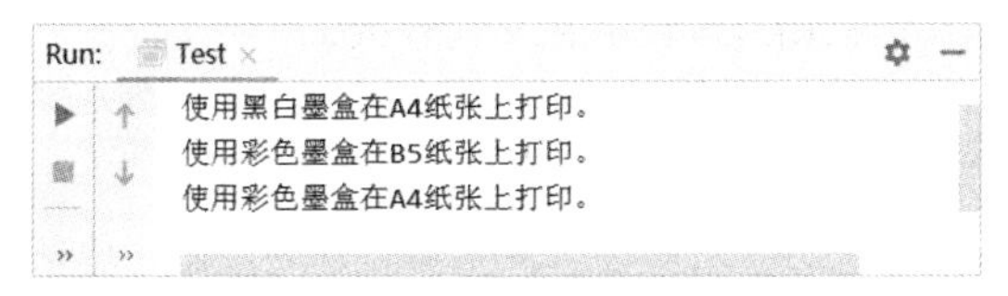

图11.7　上机练习3的程序运行结果

实现思路及关键代码

为了保证打印机与市场上的墨盒、纸张匹配，需要制定墨盒、纸张的标准，然后打印机厂商按照标准对墨盒、纸张提供支持。无论最后使用的是哪个厂商提供的墨盒或纸张，只要符合统一的标准，打印机都可以打印。这里考虑使用接口来定义墨盒和纸张的标准。实现打印功能的具体步骤及参考代码如下。

（1）定义墨盒接口 InkBox，约定墨盒有颜色。

关键代码：

```
/**
 * 墨盒接口
 */
public interface InkBox {
    /**
     * 获取墨盒颜色
     * @return 墨盒颜色
     */
    public String getColor();
}
```

（2）定义纸张接口 Paper，约定纸张大小。

关键代码：

```
/**
 * 纸张接口
 */
public interface Paper {
    /**
     * 获取纸张大小
     * @return 纸张大小
     */
    public String getSize();
}
```

（3）定义打印机类，引用墨盒接口、纸张接口实现打印功能。

关键代码：

```
/**
 * 打印机类
 */
public class Printer {
    InkBox inkBox;  //墨盒
    Paper paper;    //纸张

    /**
     * 设置打印机墨盒
     * @param inkBox 打印使用的墨盒
     */
    public void setInkBox(InkBox inkBox){
        this.inkBox=inkBox;
    }

    /**
     * 设置打印机纸张
     * @param paper 打印使用的纸张
     */
```

```
    public void setPaper(Paper paper){
        this.paper=paper;
    }

    /**
     * 使用墨盒在纸张上打印
     */
    public void print(){
        System.out.println("使用"+inkBox.getColor()+
                "墨盒在"+paper.getSize()+"纸张上打印。");
    }
}
```

（4）墨盒厂商按照 InkBox 接口实现 ColorInkBox 类和 GrayInkBox 类。

（5）纸张厂商按照 Paper 接口实现 A4Paper 类和 B5Paper 类。

（6）“组装”打印机，让打印机可以使用不同墨盒和纸张实现打印功能。

上机练习 4——模拟组装机器人

需求说明

➢ 某厂商提供定制机器人服务，例如：清洁机器人能够移动、做清洁；小狗机器人能够移动、模仿狗叫；厨师机器人可以移动、做饭；超级机器人可以移动、做清洁、模仿狗叫、做饭。编程实现不同的机器人，模拟其启动和停止工作。

实现思路

（1）首先分析定制机器人的技能，列举如下。

清洁机器人 = mover + cleaner；

小狗机器人 = mover + barker；

厨师机器人 = mover + cooker；

超级机器人 = mover + cleaner + barker + cooker。

考虑到技能可能随着定制发生变化，因此适合使用接口来实现。

（2）将不同的技能分别定义为接口，并提供默认实现方法。

（3）定义抽象类 Robot，包含 startToWork()和 stop()。

（4）定义具体的机器人类（包括 CleanRobot、DogRobot、CookRobot 和 SuperRobot），分别“组装”各自具备的技能。

（5）编写测试类，测试超级机器人的技能。

（6）程序运行结果如图 11.8 所示。

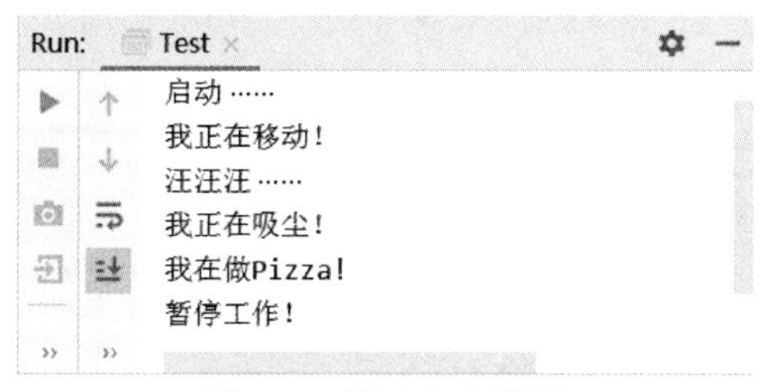

图11.8　程序运行结果

参考解决方案

定义技能接口。关键代码：

```
/**
 * Mover 接口
 */
public interface Mover {
     public default void move(){
          System.out.println("我正在移动！");
     }
}
/**
 * Cleaner 接口
 */
public interface Cleaner {
     public default void clean(){
          System.out.println("我正在吸尘！");
     }
}
/**
 * Cooker 接口
 */
public interface Cooker {
     public default void cook(){
          System.out.println("我在做 Pizza！");
     }
}
/**
 * Barker 接口
 */
public interface Barker {
     public default void bark(){
          System.out.println("汪汪汪……");
     }
}
```

定义抽象类 Robot。关键代码：

```
public abstract class Robot {
//启动
public abstract void startToWork();
//停止
     public void stop(){
          System.out.println("暂停工作！");
     }
}
```

定义 SuperRobot 类。关键代码：

```
public class SuperRobot extends Robot
        implements Barker,Cleaner, Cooker,Mover {
     @Override
     public void startToWork() {
          System.out.println("启动……");
          move();
          bark();
          clean();
```

```
            cook();
        }
    }
```

11.2.5　面向对象设计原则

在实际开发过程中，遵循以下原则会让代码更具灵活性，更能适应变化。

1. 选取代码中变化的部分定义为接口

例如，在愤怒的小鸟游戏中，鸟的装备可能随着游戏的升级发生变化，因此可以将其定义为接口。

2. 多用组合，少用继承

继承表示的是“is a/an”关系，例如，“Cat is an animal”。在继承关系中，子类的创建是基于父类完成的。而组合是把需要的东西组合在一个类里面，这个类不需要继承任何父类，也可以提供你想要的方法，它表示的是“has a/an”关系，例如，“ Car has an engine”。

在愤怒的小鸟游戏中，Bird 类组合了装备接口，因此具有了接口提供的方法。另外，在上机练习 3 中，打印机类组合了墨盒接口和纸张接口，使打印机可以灵活地更换各种符合标准的墨盒和纸张。

3. 面向接口编程，不依赖于具体实现

接口体现了定义和实现相分离的原则，通过面向接口编程，可以降低代码间的耦合性，提高程序的可扩展性和可维护性。例如，在实现愤怒的小鸟游戏功能时，接口定义和实现分离，即使装备接口的实现类发生变化，也只需要修改具体的装备类，而不需要修改鸟类。

面向接口编程就意味着开发系统时，系统的主体构架使用接口。如果系统对某个类型有依赖，应该尽量使其依赖接口，少依赖子类。因为子类一旦变化，代码变动的可能性大，而接口要稳定得多。在具体的代码实现中，该原则体现在方法参数尽量使用接口、方法的返回值尽量使用接口、属性类型尽量使用接口等。

使用接口构成系统的骨架，就可以通过更换实现接口的类来实现程序的扩展，非常灵活。

经验

面向接口编程可以使接口定义和实现分离，这样做的好处是能够在客户端未知的情况下修改实现类的代码。那么接口用在什么地方呢？以常见的三层架构为例，即根据功能模块划分为表示层、业务逻辑层和数据访问层，此时定义接口可以用在层与层之间的调用。层与层之间最忌讳耦合度过高或修改过于频繁。设计优秀的接口能够解决这个问题。另一种是使用在那些不稳定的部分。如果某些需求的变化性很大，那么定义接口是一种解决方法。好的接口就像日常使用的万能插座，不论插头如何变化，都可以使用。

最后强调一点，好的接口一定是依据需求设计的，而不是程序员绞尽脑汁空想出来的。

4. 针对扩展开放，针对改变关闭

通常人们把这个原则称为“开闭原则”。也就是说软件应该通过扩展实现变化，而不是通过修改已有的代码实现变化。例如，项目中的需求发生了变化，应该添加一个新的接口或者类，而不要修改原有的代码。

本章小结

本章学习了以下知识点。

- 抽象类使用 abstract 修饰，不能被实例化。
- 抽象类中可以有零到多个抽象方法。抽象方法使用 abstract 修饰，没有方法体。
- 非抽象类若继承抽象类，则必须实现父类的所有抽象方法，否则子类还是一个抽象类。
- 用 final 修饰的类不能被继承。用 final 修饰的方法不能被子类重写。用 final 修饰的变量将变成常量，只能在初始化时进行赋值，不能在其他地方修改其值。
- 接口中的属性都是全局静态常量。自 JDK1.8 版本起，接口中可以定义的方法包括抽象方法、静态方法和默认方法。
- 类只能继承一个父类，但是可以实现多个接口。Java 通过实现接口可以达到多重继承的效果。
- 接口表示一种约定，也表示一种能力。接口体现了定义和实现相分离的原则。面向接口编程可以降低代码间的耦合性，提高程序的可扩展性和可维护性。

本章作业

1. 代码分析与改错。请指出以下 Java 代码中存在的错误，并解释原因。删除错误语句后，程序输出结果是什么？请解释原因。

```
/*几何图形类*/
abstract class Shape{
     public abstract double getArea();
}
class Square extends Shape{
     private double height=0;   //正方形的边长
     public Square(double height){
          this.height=height;
     }
     public double getArea(){
          return (this.height * this.height);
     }
}
class Circle extends Shape{
     private double r=0;  //圆的半径
     private final static double PI=3.14; //圆周率
     public Circle(double r){
          this.r=r;
     }
     public double getArea(){
          return (PI * r * r);
```

```
        }
    }
    public class Test {
        public static void main(String[] args){
            Shape square=new Square(3);
            Shape circle=new Circle(2);
            System.out.println(square.getArea());
            System.out.println(circle.getArea());
            Square sq=(Square) circle;
            System.out.println(sq.getArea());
        }
    }
```

2. 请指出以下代码中的错误，并改正。

```
interface Utility {
    void use(){
        System.out.println("using utility");
    }
}
class Phone implements Utility {
    void use(){
        System.out.println("using phone");
    }
}

public class Test {
    public static void main(String[] args) {
        Utility util = new Phone();
        util.use();
    }
}
```

3. 创建打印机类 Printer，定义抽象方法 print()。创建针式打印机类 DotMatrixtPrinter 和喷墨打印机类 InkpetPrinter 两个子类，并在各自类中重写 print()方法，编写测试类实现两种打印机的打印功能。再添加一个激光打印机子类 LaserPrinter，在该类中重写 print()方法，修改测试类，实现该打印机的打印功能。

4. 使用接口实现汽车销售店销售额计算的功能。具体描述如下。

（1）定义 Car 接口，包含的方法是 getName()和 getPrice()。

（2）定义宝马汽车 BMWCar 类，并实现 Car 接口。

（3）定义丰田汽车 ToyotaCar 类，并实现 Car 接口。

（4）定义 CarShop 类，包含销售额属性 money，以及 sellCar(Car car)方法。

（5）定义测试类，假设销售一辆宝马汽车和一辆丰田汽车，计算销售额。

第 12 章

综合实战——QuickHit

技能目标

❖ 会使用类图理解类的关系
❖ 会使用面向对象思想进行程序设计

本章任务

学习本章，需要完成以下任务。
任务：完成综合实战——QuickHit。

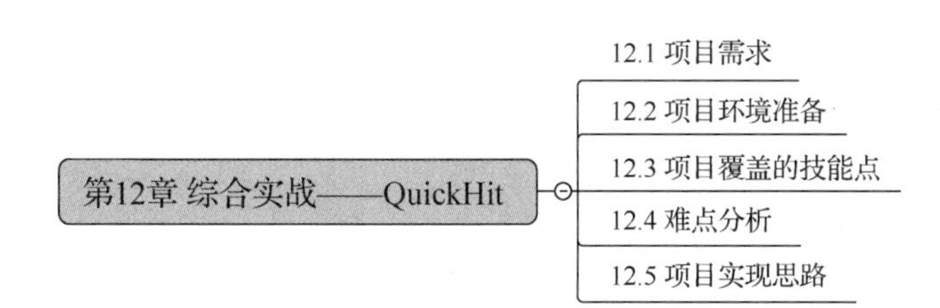

12.1 项目需求

QuickHit 游戏考验学员从键盘输入内容的速度和准确性。

根据输入速率和正确率将玩家分为不同级别，级别越高，一次显示的字符越多，玩家正确输入一次的得分也越高。如果玩家在规定时间内完成规定次数的输入，正确率达到规定要求，则玩家升级（为简单起见，规定用户只要输入错误一次，游戏就结束）。玩家最高级别为 6 级，初始级别一律为 1 级。游戏各级别参数设置如表 12.1 所示。

表 12.1　游戏各级别参数设置

级别	字符长度	输出字符串的次数	时间限制	得分
1	2	10	30	1
2	3	9	26	2
3	4	8	22	5
4	5	7	18	8
5	6	6	15	10
6	7	5	12	15

12.2 项目环境准备

QuickHit 游戏对于开发环境的要求如下。

- 开发工具：IntelliJ IDEA。
- JDK 1.8。

12.3 项目覆盖的技能点

完成 QuickHit 游戏需要的技能点如下。

- 面向对象程序设计的思想。
- 使用类图理解类的关系。
- 类的封装。
- 构造方法的使用。
- this 和 static 关键字的使用。

12.4 难点分析

1. 需要用到的类

本项目功能简单，代码较少，采用面向过程的思想可能更容易实现。此处的关键是锻炼大家面向对象的程序设计能力，分析各段功能代码放到什么位置更合理，为大型项目的设计打好基础。

面向对象设计的过程就是抽象的过程。通过在需求中找出名词的方式确定类和属性，通过找出动词的方式确定方法；然后对找到的词语进行筛选，剔除无关、不重要的词语；最后对词语之间的关系进行梳理，从而确定类、属性、属性值和方法。

本项目需求中和业务相关的名词主要是游戏、输入速率、玩家、级别、一次显示的字符长度、正确输入一次的得分、规定时间、规定次数、超时、玩家积分和玩家用时等。动词主要是输出、输入、确认和显示。

第一步：发现类。

玩游戏肯定离不开玩家与游戏，可以首先抽象出玩家、游戏两个类。一次显示的字符长度、正确输入一次的得分、规定时间和规定次数都与玩家的当前级别有关，可以再抽象出一个级别类。而玩家积分和玩家用时可以考虑设置为玩家属性。

经过分析，我们暂时先从需求中抽象出如下类：玩家（Player）、游戏（Game）和级别（Level）。相应类图如图 12.1 所示。

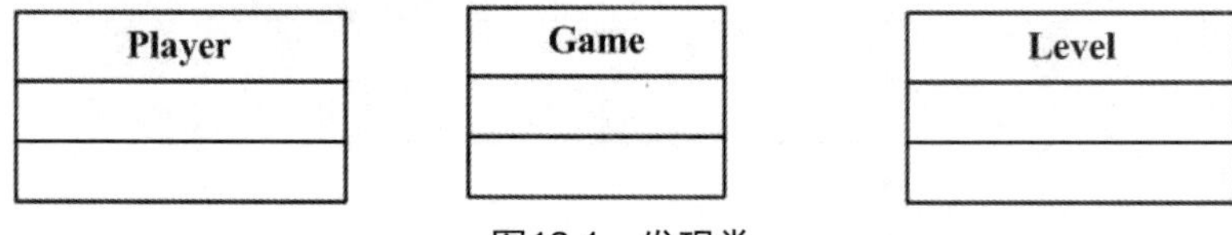

图12.1 发现类

第二步：发现类的属性。

经过分析可知，玩家的属性有当前级别、玩家积分和玩家用时等，而玩家用时是当前时间与开始时间之差；级别的属性有级别号、一次显示的字符长度、正确输入一次的得分、规定时间和规定次数。

将上述属性进行整理并命名，得到如下结果。

玩家（Player）类的属性：玩家当前级别号（levelNo）、玩家当前级别积分（curScore）、当前级别开始时间（startTime）和当前级别已用时间（elapsedTime）。

游戏（Game）类的属性：玩家实例对象（player）。级别（Level）类的属性：各级别编号（levelNo）、各级别一次输出字符串的长度（strLength）、各级别输出字符串的次数（strTime）、各级别闯关的时间限制（timeLimit）和各级别正确输入一次的得分（perScore）。

定义好 Level 类后，再补充一个 LevelParam 类：级别参数类，用来配置各个级别参数。部分类图如图 12.2 所示。

第三步：发现类的方法。

经过分析，游戏 Game 类的主要方法有 3 个：输出字符串、确认玩家输入是否正确和输出相应结果信息。其中，第 2 个方法很简单，可以和第 3 个方法合并。而玩家类的方法只有一个，即玩游戏（根据游戏的输出来输入相同字符串）。级别类主要是存放信息，没有具体操作。

Player
-levelNo : int -curScore : int -startTime : long -elapsedTime : int

Level
-levelNo : int -strLength : int -strTime : ing -timeLimit : int -perScore : int

图12.2　发现类的属性

将上述方法进行整理并命名，得到如下结果。

玩家类的方法：玩游戏 play()。

游戏类的方法有两个：String printStr()，输出字符串，返回的字符串用于和玩家的输入进行比较；void printResult(String out,String in)，比较游戏输出 out 和玩家输入 in，根据比较结果输出相应信息。

相应类图如图 12.3 所示。

Player
-levelNo : int -curScore : int -startTime : long -elapsedTime : int
+play()

Game
+printStr() : String +printResult() : void

Level
-levelNo : int -strLength : int -strTime : int -timeLimit : int -perScore : int

图12.3　发现类的方法

2. 主要功能分析

游戏输出字符串：主要步骤是生成长度固定但内容随机的字符串，同时向控制台输出生成的字符串并返回此字符串（必须返回，用于和玩家输入比较）。

确认输入并输出结果：根据玩家输入是否正确输出不同结果，若输入正确并且未超时，要输出玩家的当前级别、当前积分和已用时间。如何计算玩家的当前级别、当前积分和已用时间是关键。

玩家玩游戏：游戏的 6 个级别可以通过循环实现，而每个级别的多次字符串输出通过内部子循环实现，该控制功能放在 Player 类的 play()方法中。每次玩家晋级后积分清零、计时清零。

3. 界面分析

如果玩家输入正确且未超时，则输出玩家输入的正确信息，并输出玩家当前级别、当前积分和已用时间。如果玩家输入正确但超时，则输出玩家超时信息，并退出系统。参考运行界面如图 12.4 所示。

如果玩家输入错误，则输出“输入错误，退出！”的信息，并退出系统。参考运行界面如图 12.5 所示。

如果在规定时间内完成第 1 级别任务，则晋级。参考运行界面如图 12.6 所示。

```
Run:  Test
<<
<<
输入正确，您的级别1 ,您的积分1,已用时间2秒。
<>
<>
输入正确，您的级别1 ,您的积分2,已用时间4秒。
><
><
输入正确，您的级别1 ,您的积分3,已用时间6秒。
>>
>>
输入正确，您的级别1 ,您的积分4,已用时间14秒。
<>
<>
输入正确，您的级别1 ,您的积分5,已用时间20秒。
<<
<<
输入正确，您的级别1 ,您的积分6,已用时间27秒。
<>
<>
你输入太慢了，已经超时，退出!
```

图12.4　玩家输入正确与输入超时的界面

```
Run:  Test
><
><
输入正确，您的级别1 ,您的积分1,已用时间2秒。
<>
<>
输入正确，您的级别1 ,您的积分2,已用时间4秒。
<<
<>
输入错误，退出!
```

图12.5　玩家输入错误时的界面

```
Run:  Test
输入正确，您的级别1 ,您的积分7,已用时间12秒。
<>
<>
输入正确，您的级别1 ,您的积分8,已用时间13秒。
<<
<<
输入正确，您的级别1 ,您的积分9,已用时间15秒。
>>
>>
输入正确，您的级别1 ,您的积分10,已用时间16秒。
><>
><>
输入正确，您的级别2 ,您的积分2,已用时间3秒。
<<<
<<<
输入正确，您的级别2 ,您的积分4,已用时间7秒。
<*<
<*<
输入正确，您的级别2 ,您的积分6,已用时间11秒。
```

图12.6　玩家晋升至第2级别的界面

12.5 项目实现思路

QuickHit 游戏的执行步骤描述如下。

（1）游戏根据玩家的级别在控制台输出指定长度的字符串。

（2）玩家根据控制台的输出，输入相同字符串，按 Enter 键确认。

（3）游戏确认玩家输入是否正确。

（4）如果输入错误，则输出玩家输入错误提示信息，游戏非正常结束。

（5）如果输入正确但超时，则输出玩家超时提示信息，游戏非正常结束。

（6）如果输入正确且没有超时，则输出玩家的当前级别、当前积分和用时信息。重复以上步骤，继续输出、输入和确认。

（7）玩家在规定时间内连续正确输入规定次数后，将显示玩家升级提示信息，游戏将重新计时计分，一次输出更多字符。玩家第 6 级闯关成功，输出恭喜信息，游戏正常结束。

1．游戏输出字符串

实现步骤可以设计为以下几步。

（1）生成字符串。

（2）输出字符串。

（3）返回字符串（必须返回，用于和玩家的输入进行比较）。

这其中的关键是第一步的实现。字符串的长度是多少？如何生成长度固定但内容随机的字符串？

提示

Game 类中的 player 属性代表玩家，查询 player 的级别号，然后根据级别号在 LevelParam 类中获取该级别的字符串长度。

字符串长度固定，可以通过 for 循环实现；字符串为随机内容，可以通过获取随机数，不同随机数对应不同字符来实现。

参考代码：

```
StringBuffer buffer = new StringBuffer();
Random random = new Random();
//通过循环生成要输出的字符串
for (int i = 0; i < strLength; i++) {
      // 产生随机数
      int rand = random.nextInt(strLength);
      // 根据随机数拼接字符串
      switch (rand) {
            case 0:
                  buffer.append(">");
                  break;
            case 1:
                  buffer.append("<");
                  break;
            case 2:
                  buffer.append("*");
                  break;
            case 3:
                  buffer.append("&");
                  break;
            case 4:
                  buffer.append("%");
```

```
                    break;
                case 5:
                    buffer.append("#");
                    break;
                case 6:
                    buffer.append("$");
                    break;
            }
        }
```

2. 确认输入的字符并输出结果

实现步骤可以设计为以下几步。

（1）确认玩家的输入是否正确。

（2）如果输入不正确，则直接输出错误信息并退出程序。

（3）如果输入正确，则会有以下两种情况。

① 如果超时，则直接输出玩家超时信息并退出程序。

② 如果没有超时，则执行以下操作。

计算玩家当前积分。

计算玩家已用时间。

输出玩家当前级别、当前积分和已用时间。

判断用户是否已经闯过最后一关并处理。

提示

关于已用时间、当前积分和当前级别的操作都会涉及 Game 类的 player 属性，有些操作还会用到 LevelParam 类中 levels 数组的数据。

参考代码：

```
long currentTime = System.currentTimeMillis();
// 如果超时
if ((currentTime - player.getStartTime()) / 1000
        >LevelParam.levels[player.getLevelNo() - 1].getTimeLimit()) {
        System.out.println("你输入太慢了，已经超时，退出！");
        System.exit(1);
}

// 计算玩家当前积分
player.setCurScore(player.getCurScore()
+ LevelParam.levels[player.getLevelNo() - 1].getPerScore());

// 计算已用时间
player.setElapsedTime((int) ((currentTime - player
    .getStartTime()) / 1000));
```

3. 玩家玩游戏

实现步骤可以设计为以下几步。

（1）创建 Game 对象并传入 player 属性。

（2）外层循环（循环次数是 6，每循环一次，玩家晋升一级）。

① 晋级。

② 积分清零，计时清零。

③ 内层循环（循环次数是该级别的 strTime，每循环一次完成一次人机交互）。

游戏输出字符串。

玩家输入字符串。

判断玩家输入的字符串是否正确并输出相应结果。

提示

玩游戏方法的参考代码：

```
public void play() {
        Game game = new Game(this);
        Scanner input = new Scanner(System.in);
        // 外层循环，循环一次级别提升一级
        for (int i = 0; i < LevelParam.levels.length; i++) {
              // 1.  晋级
              this.levelNo += 1;
             // 2.  晋级后计时清零，积分清零
             this.startTime = System.currentTimeMillis();
             this.curScore = 0;
             // 3.  内层循环，循环一次完成一次字符串的输出、输入、比较
             for (int j = 0; j < LevelParam.levels[levelNo-1]. getStrTime();
j++) {
                    // 3.1 游戏输出字符串
                    String outStr = game.printStr();
                    // 3.2 接收用户输入
                    String inStr = input.next();
                    // 3.3 游戏判断玩家输入是否正确，并输出相应结果信息
                    game.printResult(outStr, inStr);
             }
        }
}
```

这里，创建 Game 对象并传入 player 属性可以通过“Game game = new Game(this);”语句实现，这涉及 this 关键字的用法。Game 类的构造方法 Game(Player player)需要传入一个 Player 对象，但此时还没有创建 Player 对象，也就谈不上对象的名称，而当前方法（play()）正是 Player 类的方法，使用 this 代表对以后创建的 Player 对象的引用。

执行语句：

```
Player player = new Player();
player.play();
```

this 就代表对已经创建的对象 player 的引用。

4. 初始化各个级别的具体参数

各个级别的具体参数信息，如各级别编号、各级别一次输出字符串的长度、各级别输出字符串的次数、各级别闯关的时间限制和各级别正确输入一次的得分，应该在游戏开始之前进行初始化。

提示

游戏各级别的参数设置是固定的，因此可以保存在静态常量 Level 数组中。Level 数组的初始化通过 static 静态代码块来实现。注意，当类被载入的时候（类第一次被使用的时候载入，如创建对象或直接访问 static 属性与方法），执行静态代码块，且只执行一次，主要作用是实现 static 属性的初始化。这里各级别参数在游戏开始之前完成初始化。

参考代码：

```
/**
 * 级别参数类，配置各个级别参数
 */
public class LevelParam {
     public final static Level levels[]=new Level[6];//对应 6 个级别
     static {
          levels[0]=new Level(1, 2, 10, 30,1);
          levels[1]=new Level(2, 3, 9, 26,2);
          levels[2]=new Level(3, 4, 8, 22,5);
          levels[3]=new Level(4, 5, 7, 18,8);
          levels[4]=new Level(5, 6, 6, 15,10);
          levels[5]=new Level(6, 7, 5, 12,15);
     }
}
```

本章小结

使用面向对象程序设计思想设计 QuickHit 类结构。

本章作业

独立完成 QuickHit 综合实战。

附录

附录 1 Java 初学者学习方法

作为一门高级编程语言，Java 在信息科技时代有着广泛的应用，如电子政务、金融、通信、各种企业级的应用管理系统等。下面是针对初学者总结出来的几种学习 Java 的方法。

（1）掌握基本概念

作为一门语言，Java 有着丰富而又简单的概念。掌握这些基本概念是必不可少的，死记硬背肯定不行，重在理解，理解它们之间的区别与联系，知道它们分别有哪些应用。

（2）多练习

只是理解了 Java 的基本概念远远不够，还要知道怎样去使用它。刚开始，你可能会遇到很多问题，就连写一个小小的入门级程序都要出现很多问题。但是，当你亲手在键盘上敲了几遍程序之后，就会觉得之前的那些问题都不是问题了。

（3）学会看帮助文档与源代码

Java 是一门开放源代码的编程语言。利用网络可以下载官方的帮助文档，当你不知道一个类或方法怎么用时，打开帮助文档，问题很快就解决了。也可以打开搜索引擎，输入问题，你也会找到答案。如果希望弄懂 Java 底层原理的话，可以去网上下载对应的源代码。看了源代码之后，你会发现 Java 的世界是多么奇妙，也会提高你的 Java 编程水平。

掌握好的而且适合自己的学习方法很重要。在学习 Java 的过程中难免会陷入误区，下面列出了初学者容易陷入的误区。

（1）盲目追求速度，不注重代码质量

速度很重要，但代码质量更重要。一个在只追求速度而不注重代码质量的环境下完成的项目，肯定会有很多问题，后期要花更多的人力物力来弥补，反而得不偿失。

（2）没有开源精神

一门技术，如果它是开源的话，它就会变得越来越成熟。当你写了一段在团队里能通用的程序代码时，你可以告诉团队其他成员，节省团队开发的时间，也创造了别人给你提出问题的条件，让你的代码更加完善。

附录 2 IntelliJ IDEA 常用基本操作汇总

一、IntelliJ IDEA 的基本操作

1. 创建项目

在菜单中单击“File”→“New”→“ Project”选项打开附图 2.1 所示的“New Project”

界面进行项目创建。

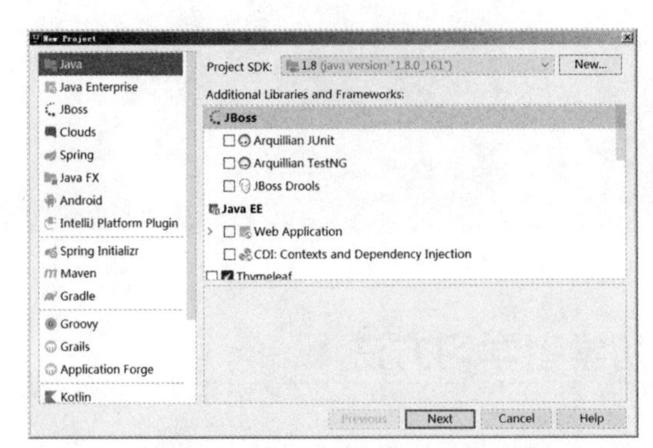

附图2.1 “New Project”界面

在界面的左侧单击“Java”选项，并设置项目使用的 SDK，单击“Next”按钮。

然后，选择是否从模板创建项目，在附图 2.2 所示界面直接单击“Next”按钮进入下一步。

接下来，在附图 2.3 所示界面设置项目名称和项目存储位置。

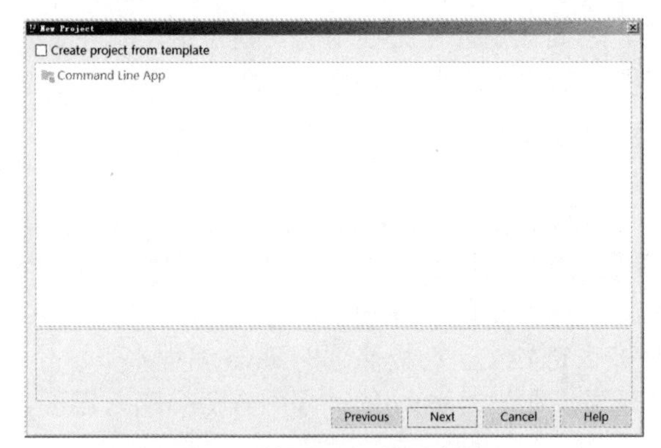

附图2.2 选择是否从模板创建项目

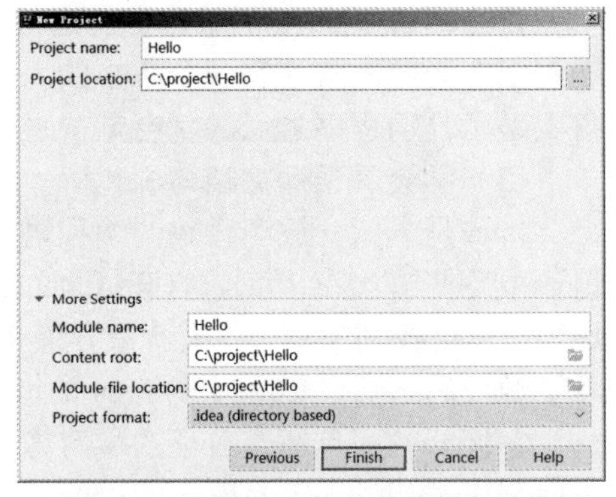

附图2.3 设置项目名称和项目存储位置

最后，单击“Finish”按钮完成项目的创建。

2. **创建包**

展开项目，在 src 下创建包。具体方法是：右击 src，在菜单中单击“New”→“Package”选项，在“New Package“界面中输入包名，单击“OK”按钮，如附图 2.4 所示。

3. **创建类**

右击包名，在菜单中单击“New”→“Java Class”选项，在打开的界面中输入类名，如附图 2.5 所示。创建完类之后的工作窗口如附图 2.6 所示。

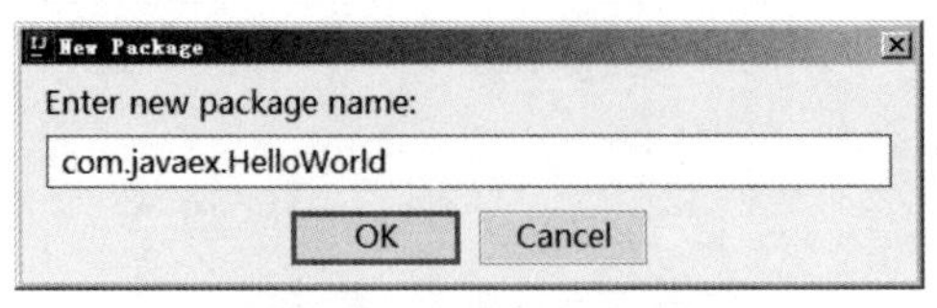

附图2.4 设置包名对话框

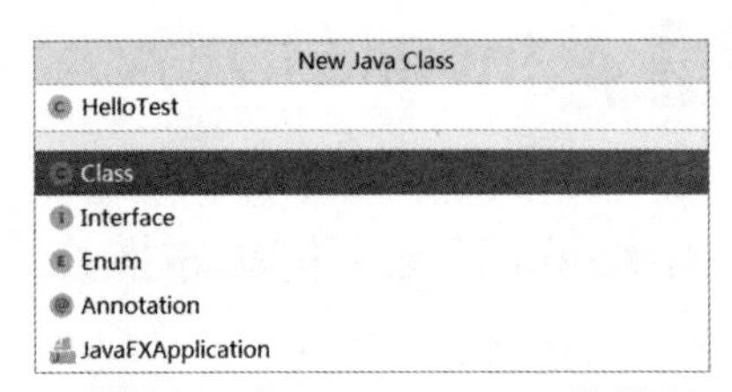

附图2.5 “New Java Class”界面

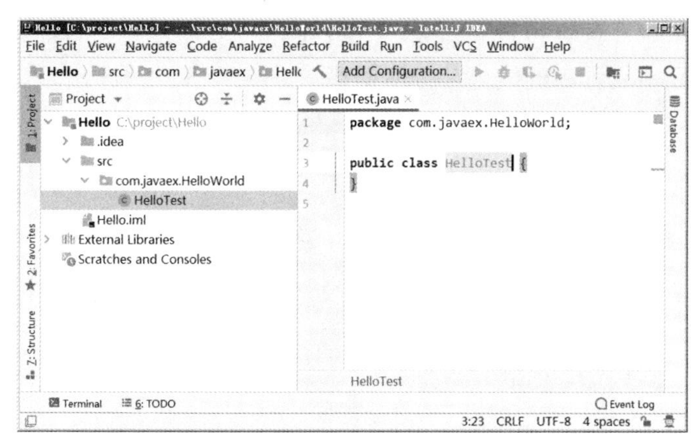

附图2.6　创建完类之后的工作窗口

4. **编译**

自动编译，在保存程序时已经做好了。

5. **运行**

（1）运行程序

单击 main()方法左侧的绿色三角形按钮或者代码编辑区上方的绿色三角形按钮来运行程序，运行结果显示在下方窗口中，这就是 IntelliJ IDEA 自带的 Console 窗口，如附图 2.7 所示。

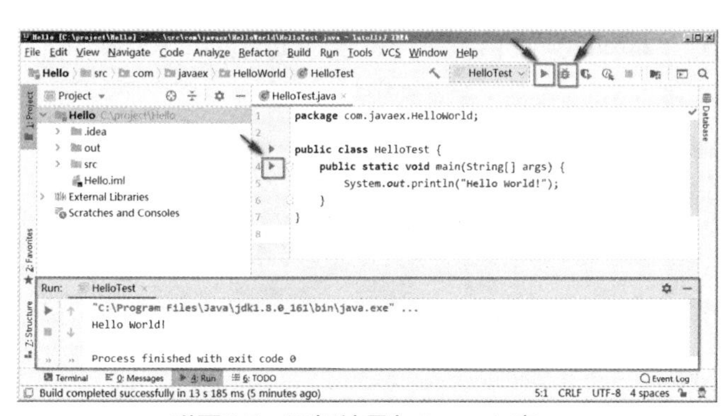

附图2.7　运行结果与Console窗口

（2）调试程序

单击代码编辑区上方绿色三角形右边的按钮启动调试运行，如附图 2.7 所示。

二、IntelliJ IDEA 样式设置

所谓“工欲善其事，必先利其器”，IntelliJ IDEA 就是我们开发程序的利器。刚装好的 IntelliJ IDEA 主题样式是黑色的，字体也很小，如果不习惯这种样式，可以设置自己喜欢的样式。所有设置在 Settings 中完成，可以通过“File”→“Settings”选项启动设置界面。

下面具体说明如何设置 IntelliJ IDEA 的字体样式、主题样式等。

1. **设置字体样式**

在设置界面中单击左侧“Editor”→“Font”选项，设置需要的字体、字号以及行间

距，如附图 2.8 所示。这里设置字体为“Consolas”，字号为 18，行间距为 1.2，在下方的显示区会实时显示设置后的效果，方便调整。

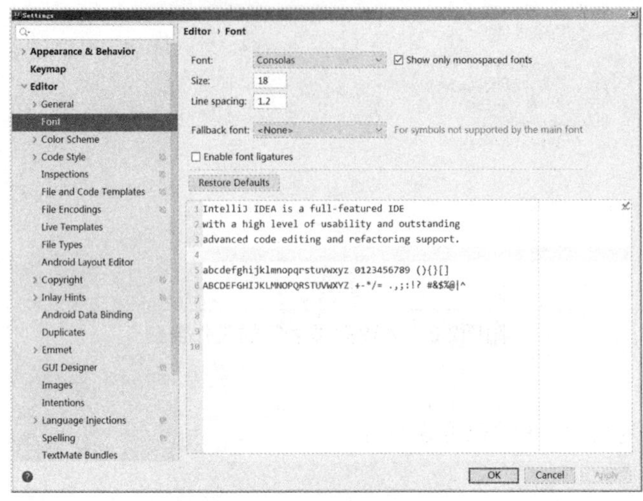

附图2.8　设置字体样式

注意，这里修改的是代码编辑区的字体样式。

2. 设置主题样式

在设置界面中单击左侧“Appearance & Behavior”→“Appearance”选项，设置主题“Theme”，这里选择“IntelliJ”，并设置字体为“Microsoft YaHei”，字号为 16，如附图 2.9 所示。

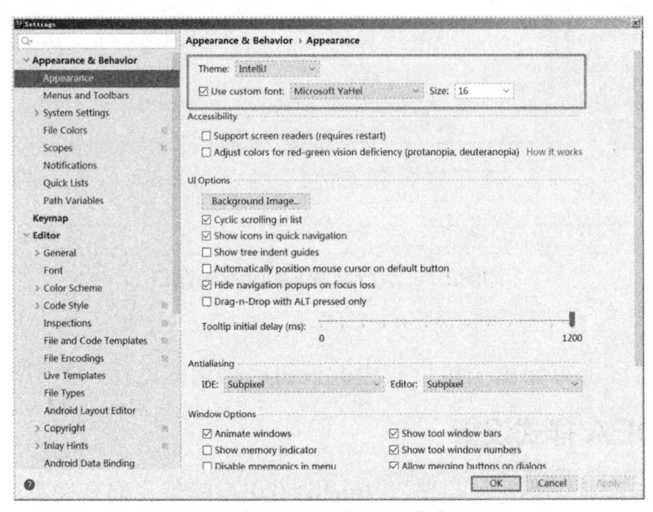

附图2.9　设置主题样式

注意，可供选择的主题包括 Darcula、High Contrast 和 IntelliJ，可以根据自己的爱好进行选择。

3. 设置 Console 窗口字体

在设置界面中单击左侧“Editor”→” Color Scheme”→“Console Font”选项进行设置，如附图 2.10 所示。

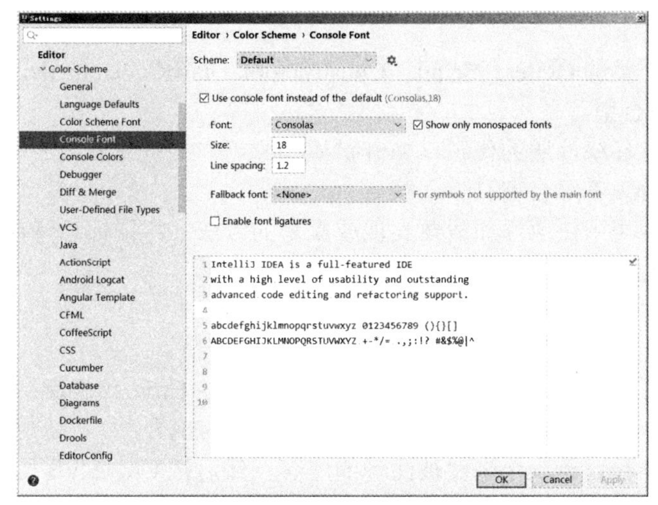

附图2.10　设置Console窗口字体

4. 设置背景色

在设置界面中单击左侧“Editor”→“Color Scheme”→“General”选项进行设置。例如，设置默认的文本背景色为绿色，如附图 2.11 所示。

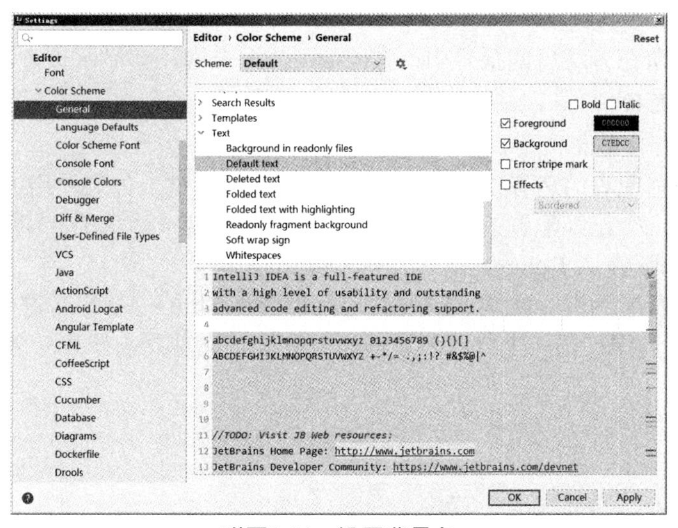

附图2.11　设置背景色

通过一系列设置，主题和字体就会变得非常友好了。

三、IntelliJ IDEA 常用快捷键

IntelliJ IDEA 中有很多快捷键/组合键，它们能够帮助开发者更方便快速地完成代码编写。一些经常使用的快捷键/组合键应该熟记在心，这样能够大大提升编写代码的效率。以下列举了一些开发中使用频率较高的代码编辑快捷键/组合键和编译运行快捷键/组合键。

1. 代码编辑

➢ 查看源码

鼠标悬停在类名或方法名上，按住 Ctrl 键单击。

➢ 代码生成

自动生成某个类的 Getter、Setter、Constructors、hashCode/equals、toString 等代码，使用 Alt+Insert 组合键。

自动生成具有环绕性质的代码，如 if-else、for 等，首先选择好需要环绕的代码块，然后使用 Ctrl + Alt + T 组合键。

在接口的实现类中快速添加需要实现或重写的方法，将鼠标悬停在接口名上，使用 Alt + Shift + Enter 组合键。

➢ 注释

单行注释：选中需要被注释的内容，按 Ctrl+/组合键。

取消单行注释：再次选中要被注释的内容，然后按 Ctrl+/组合键。

代码块注释：选中需要被注释的内容：Ctrl+Shift+/组合键。

取消代码块注释：再次选中要被注释的内容，然后按 Ctrl+Shift+\组合键。

➢ 格式化

格式化代码：Ctrl + Alt + L。

➢ 包

自己手动写完代码导入包：Alt+Shift+Enter。

去除没有用到的包：Ctrl + Alt + O。

➢ 显示方法参数列表

鼠标指针停留在方法后的括号中，按 Ctrl + P 组合键，会显示该方法的参数列表。

2. 编译与运行

➢ 启动运行（Run）

立即运行当前配置的运行实例，按 Shift + F10 组合键。如果使用 Alt + Shift + F10 组合键，则打开一个已经配置的运行列表，你需要选择某一个程序，再启动运行。

➢ 启动调试运行（Debug）

立即对当前配置的运行实例启动调试运行，使用 Shift + F9 组合键。如果使用 Alt + Shift + F9 组合键，则打开一个已经配置的运行列表，你需要选择某一个程序，再启动调试运行。

➢ 调试

跳到当前代码下一行：F8。

跳入调用的方法内部代码：F7。

跳出当前的类到上一级：Shift + F8。

四、使用 IntelliJ IDEA 代码补全功能提升开发效率

代码补全功能很实用，编写代码时只需输入关键字，就能够自动出现一个常见的语句或代码框架，节省手动敲代码的时间，从而提升开发效率。以下列出两种常用的代码补全关键字用法。

➢ 创建 main()框架

在类中输入 m 或 psvm，系统会提示创建 main()方法声明，按 Enter 键即可完成 main()框架的创建。

➢ 生成输出语句

输入 sout，然后按 Enter 键，将自动生成 System.out.println()语句。